BIBLIOTHÈQUE ÉLECTROTECHNIQUE (N° 4)

LES
APPLICATIONS MÉCANIQUES

DE

L'ÉNERGIE ÉLECTRIQUE

PAR

J. LAFFARGUE

INGÉNIEUR ÉLECTRICIEN, LICENCIÉ ÈS SCIENCES PHYSIQUES
ANCIEN DIRECTEUR DE L'USINE MUNICIPALE D'ÉLECTRICITÉ
DES HALLES CENTRALES DE LA VILLE DE PARIS

Installations Particulières

Utilisation mécanique de l'énergie électrique par installations particulières. — Applications diverses dans les usines, dans les mines, dans la marine, à la campagne. — Renseignements pratiques sur l'installation et l'exploitation.

180 FIGURES & PLANCHES

PARIS

LIBRAIRIE INDUSTRIELLE

J. FRITSCH, ÉDITEUR

30, RUE DU DRAGON, 30

1896

LES
APPLICATIONS MÉCANIQUES
DE
L'ÉNERGIE ÉLECTRIQUE

BIBLIOTHÈQUE ÉLECTROTECHNIQUE (N° 4)

LES
APPLICATIONS MÉCANIQUES

DE

L'ÉNERGIE ÉLECTRIQUE

PAR

J. LAFFARGUE

INGÉNIEUR ÉLECTRICIEN, LICENCIÉ ÈS SCIENCES PHYSIQUES
ANCIEN DIRECTEUR DE L'USINE MUNICIPALE D'ÉLECTRICITÉ
DES HALLES CENTRALES DE LA VILLE DE PARIS

Installations Particulières

Utilisation mécanique de l'énergie électrique par installations particulières. — Applications diverses dans les usines, dans les mines, dans la marine, à la campagne. — Renseignements pratiques sur l'installation et l'exploitation.

180 FIGURES & PLANCHES

PARIS
LIBRAIRIE INDUSTRIELLE
J. FRITSCH, ÉDITEUR
30, RUE DU DRAGON, 30

1896

PRÉFACE

—

Dans notre premier volume, nous avons surtout insisté sur les avantages des applications mécaniques de l'énergie électrique sur les réseaux de distribution. Nous avons donné quelques renseignements sur l'utilité de la force motrice dans l'industrie, sur l'état actuel dans les stations centrales des consommations d'énergie électrique pour applications diverses. Nous avons montré que ces applications étaient encore peu développées et nous nous sommes contenté de donner ensuite la description des divers appareils électriques qui pourraient être utilisés (tours, machines à percer, ascenseurs, grues, ventilateurs etc., etc.).

Nous avons pensé qu'il serait intéressant de faire connaître également quelques-uns des résultats obtenus dans les installations particulières. Encouragé par l'accueil bienveillant qu'a reçu notre premier volume dans la presse scientifique et auprès des praticiens, nous nous sommes mis à l'œuvre, et nous avons recueilli de tous côtés des documents sérieux et intéressants ; nous en avons fait un choix judicieux, et nous le présentons aux électriciens.

Dans notre premier ouvrage, nous avions réuni plusieurs figures dans un même tableau. Il en était résulté peu de netteté dans les détails. Dans ce deuxième volume, l'éditeur a particulièrement soigné les figures, et la plupart d'entre elles sont tirées en simili hors texte.

Cet ensemble d'installations choisies parmi les plus importantes convaincra nos lecteurs, nous en avons l'assurance, que les applications mécaniques de l'énergie électrique peuvent être avantageuses dans toutes les industries, et apporter bien souvent des solutions économiques qu'aucun autre mode de transmission ne saurait donner.

Mars, 1896.

J. LAFFARGUE.

INTRODUCTION

Dans l'introduction de notre premier volume, nous avons défini nettement les diverses applications électriques qui nous occupaient. Parmi les applications mécaniques (traction, transmission de force motrice, applications diverses), nous avons distingué spécialement l'utilisation du moteur électrique pour la mise en marche d'appareils et engins divers (treuils, ventilateurs, cabestans, grues, pompes, etc.).

Nous avons étudié ces installations sur les réseaux de distribution et nous avons montré, avec des chiffres à l'appui, qu'elles n'étaient pas encore très nombreuses.

Mais en dehors des stations centrales d'énergie électrique se trouvent une grande quantité de petites usines individuelles dans les fabriques, les usines, les chantiers, les mines, l'agriculture. L'éclairage électrique a d'abord été essayé ; une courroie fixée sur la machine à vapeur a bientôt actionné une dynamo de faible puissance, puis sont venus quelques moteurs branchés sur le circuit de distribution générale. Leur fonctionnement a été satisfaisant, et leur nombre s'est bientôt développé dans de grandes proportions. On a augmenté la puissance des dynamos, des machines à vapeur, et on a réalisé en divers endroits des usines privées vraiment remarquables à tous les points de vue.

L'initiative industrielle n'a rencontré dans ces essais aucune gêne spéciale, et ne s'est heurtée au début qu'à quelques difficultés techniques qui ont bientôt été résolues. L'industriel, toujours occupé à améliorer ses procédés de fabrication, a vu dans les transmissions électriques des perfectionnements considérables aux procédés usités jusqu'à ce jour et il n'a pas hésité à les adopter.

Ce sont ces circonstances qui nous expliquent que les installations privées avec applications mécaniques de l'énergie électrique se sont développées très rapidement et atteignent aujourd'hui un nombre considérable.

Il n'aurait pas été possible de donner dans quelques pages les descriptions de toutes les installations actuellement existantes ; mais nous avons voulu fixer l'attention sur quelques-unes des applications déjà réalisées et sur les résultats obtenus.

Dans le chapitre Premier, nous avons étudié les applications mécaniques de l'énergie électrique dans les usines, fabriques et ateliers. Une première partie est consacrée aux généralités et donne quelques renseignements sur le principe des transmissions électriques, les avantages, l'économie, la simplicité, les avantages dans l'installation et dans l'exploitation. Nous avons fait ressortir également les facilités des mesures, les comparaisons avec les autres modes de transmission, ainsi que les diverses applications possibles. Nous avons ensuite passé en revue les principales installations en France et à l'étranger, en donnant sur chacune d'elles les renseignements les plus complets et les plus détaillés.

Dans le chapitre II, nous parlons des applications mécaniques de l'énergie électrique dans les mines. Nous commençons par quelques généralités, et nous faisons ressortir toutes les commodités et les grands avantages que présente l'emploi de l'électricité à ce point de vue spécial. Nous terminons ce chapitre par l'examen d'un certain nombre d'installations dans les divers pays. Nous devons dire que, malgré toutes nos recherches, les exemples ne sont pas très nombreux. Ceux que nous citons suffisent cependant pour nous donner une idée générale de ces applications.

Nous ne pouvions omettre les services que l'électricité rend à la marine. Le chapitre III est consacré à cette étude. Nous avons d'abord fait voir quelles étaient les applications possibles à bord des bâtiments, et nous avons cité quelques exemples. L'électricité a surtout été employée à bord des bâtiments de guerre pour les services militaires ; nous n'avons examiné que très sommairement cette question tout à fait en dehors de notre compétence. Du reste, les ouvrages spéciaux à ce sujet ne manquent pas. Il nous a suffi de rappeler ces applications. Nous n'avons examiné dans ce chapitre que l'électricité à bord des bâtiments ; nous avons laissé de côté les applications dans les ports de mer, car nous retrouverons ces applications dans un autre chapitre.

Depuis quelques années, on cherche beaucoup à utiliser dans l'agriculture, dans les fermes, diverses machines motrices, et notamment les moteurs à pétrole, pour actionner les engins indispensables dans toutes ces exploitations. Nous avons cru intéressant d'attirer l'attention sur les avantages d'une distribution d'énergie électrique, d'autant plus que dans bien des cas la force motrice pourra être fournie par une chute d'eau voisine. Nous avons indiqué les principes de cette utilisation, parlé des avantages, de l'économie qui pouvaient en résulter et nous avons ensuite appuyé nos conclusions par divers exemples. Nous n'avons pas oublié les expériences de labourage électrique, effectuées pour la première fois en 1879 à Sermaize, et reprises depuis dans tous les pays, notamment en 1895.

Il nous est ensuite resté quelques exemples d'applications que nous n'avons pu classer dans les chapitres précédents; ils ont tous été réunis dans le chapitre V. Nous trouvons là les applications mécaniques de l'énergie électrique réalisées dans les divers ateliers des chemins de fer, dans les ports de mer, dans les carrières et dans divers établissements.

Pour fixer complètement les idées, il était nécessaire de donner quelques prix de revient d'installation et d'exploitation. Ces renseignements sont contenus dans le chapitre VI. Nous n'osons pas affirmer qu'ils soient à l'abri de toute critique, ni qu'ils représentent exactement les prix de revient obtenus aujourd'hui. Mais ceux-ci sont très variables suivant les circonstances lo-

cales, et on ne peut donner que des moyennes très approchées.

Cette étude longue, que nous avons cherché à appuyer par les documents les plus certains et les plus précis, nous semble donner une idée suffisamment juste de l'état actuel des applications mécaniques de l'énergie électrique dans l'industrie.

L'Auteur.

CHAPITRE PREMIER

APPLICATIONS MÉCANIQUES DE L'ÉNERGIE ÉLECTRIQUE DANS LES USINES, FABRIQUES ET ATELIERS

Les applications mécaniques de l'énergie électrique ont surtout un grand intérêt pour les usines, fabriques et ateliers. Dans ces chantiers, établis souvent sur une vaste étendue de terrain, il s'agit de transmettre en chaque point la force motrice suivant les besoins de la fabrication et de la manière la plus économique. Cette question, on peut dire, est de première nécessité : l'usine doit travailler dans les meilleures conditions et produire le plus possible. Parmi tous les modes de transmission, la transmission électrique est certainement la plus avantageuse à tous ces points de vue. Ce problème a déjà reçu en pratique un grand nombre de solutions ; chaque fabrique, chaque usine a pu, en effet, installer pour son propre compte des transmissions électriques, ainsi que son éclairage. Les difficultés que nous avons signalées pour l'établissement des stations centrales d'énergie électrique et des réseaux de distribution dans les villes ne se sont pas rencontrées dans ces cas particuliers. C'est ce qui explique que les utilisations de ce genre sont déjà très nombreuses, non seulement dans les usines établies à la campagne ou aux environs des grandes villes, mais encore dans les villes elles-mêmes.

Notre but est de décrire en détail quelques-unes de ces installations les plus remarquables, en faisant ressortir les conditions particulières dans lesquelles se trouve chacune d'elles, et les avantages qu'elle retire de l'emploi de la transmission électrique. Nous ne pourrons passer en revue qu'un certain nombre d'applications; mais elles suffiront pour fixer les idées.

Dans un premier paragraphe, nous insisterons sur quelques généralités qui nous serviront à établir nettement tout l'intérêt de la question, et nous décrirons ensuite les principales installations que nous venons d'annoncer.

L'ordre que nous adopterons dans ce chapitre sera donc le suivant.

A. — Généralités.

B. — Exemples divers d'installations.

Chacune de ces divisions comportera à son tour un certain nombre de sous-divisions que nous allons faire connaître successivement.

A. — Généralités.

Il convient tout d'abord de bien établir le principe des transmissions électriques dans une usine, et de faire ressortir tous les avantages qui peuvent en découler. Nous n'avons pu qu'ébaucher cette partie dans notre premier ouvrage, qui était surtout destiné à étudier les applications possibles sur les réseaux de distribution.

a. Principe de la transmission électrique pour installations privées.

Le principe des transmissions ordinaires dans l'industrie est déjà bien connu ; nous en avons parlé dans notre premier volume, mais nous croyons utile d'y revenir.

La Fig. 1 nous donne le schéma général d'une installation de ce genre. Une machine à vapeur, dont on voit le volant en Y, actionne par une courroie A une poulie fixée sur un arbre principal de transmission OO. Ce même arbre porte diverses poulies qui à l'aide de courroies B mettent en marche une deuxième transmission intermédiaire P'' qui, à son tour, fournit

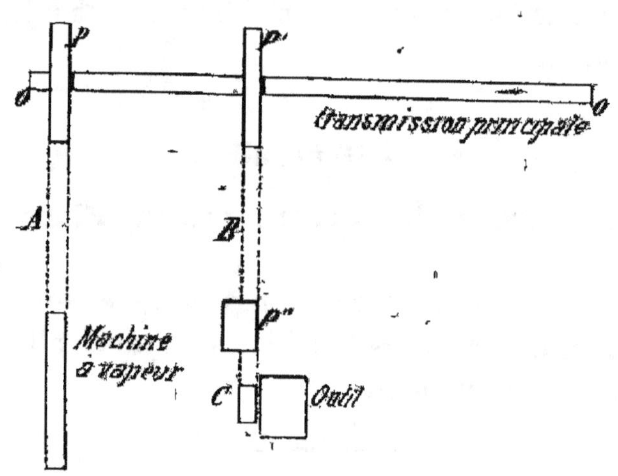

Fig. 1. — Schéma général d'une transmission par courroie dans une usine.

en C le mouvement à la machine-outil. La force motrice, avant d'arriver à l'outil, passe par plusieurs intermédiaires que nous venons de signaler et qui constituent les divers degrés des transmissions. Une transmission est, en général, à 2 ou 3 degrés ; quelquefois cependant on rencontre 5 et 6 degrés.

La transmission électrique supprime tous ces intermédiaires, et nous en verrons plus loin tous les avantages. Cette transmission électrique peut se faire de deux façons : par groupes ou par moteurs séparés. Dans la transmission par groupes, on établit des moteurs électriques qui commandent chacun un groupe d'engins et de machines-outils ; dans la transmission par moteurs séparés, chaque appareil est muni de son moteur et forme un petit groupe entièrement indépendant. Le premier mode de transmission forme un mode intermédiaire entre la transmission par courroies et la transmission par moteurs électriques ; la deuxième disposition est véritablement la disposition à préférer. La Fig. 2 représente

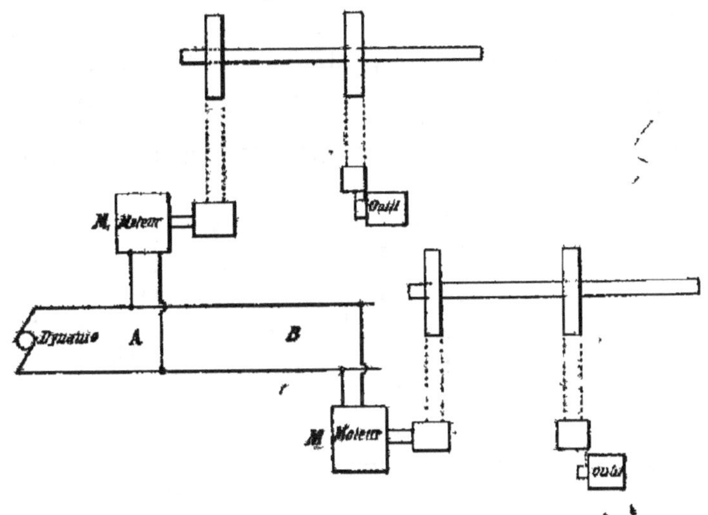

Fig. 2. — Schéma général d'une transmission électrique par groupes de moteurs.

le schéma général d'une transmission électrique par groupes de moteurs. Une dynamo alimente un réseau de distribution ; des moteurs électriques M et M₁ sont branchés en A et B, et chacun de ces moteurs alimente par courroie une transmission particulière qui à son tour met en marche les machines-outils. Dans une transmission complètement électrique, dont nous voyons le schéma général dans la Fig. 3, toutes ces complications disparaissent. Sur un réseau de distribution AB sont installés des circuits C, D qui alimentent des moteurs E, F de faible puissance, et chacun de ces moteurs actionne directement un outil.

Il est facile de se rendre compte tout de suite des avantages respectifs de ces divers modes de transmission. La transmission électrique, par groupes ou par moteurs séparés, l'emporte de beaucoup, en raison de sa simplicité, sur la transmission par courroies ; nous appuierons plus loin notre assertion par des arguments détaillés. La transmission électrique par groupes peut convenir à une fabrication suivie, où les machines doivent travailler continuellement sans aucun arrêt. Ces

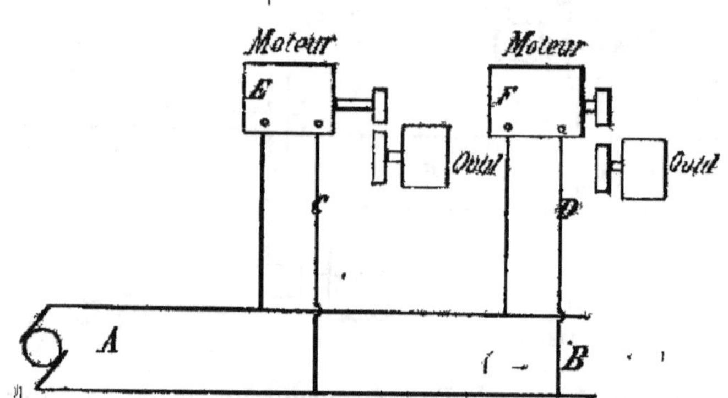

Fig. 3. — Schéma général d'une transmission électrique par moteurs de faible puissance.

conditions ne sont pas toujours réalisées dans la pratique courante. Ajoutons que dans bien des installations, soit quand il se présentera plusieurs bâtiments séparés à fournir de force motrice, soit quand la machine-outil se trouvera à une très grande distance de la machine à vapeur ou de l'atelier, la transmission électrique seule sera possible. Mais, dans un atelier ordinaire, la transmission électrique, même à de faibles distances, offre de grands avantages et une certaine supériorité.

Dans le cas d'une transmission électrique proprement dite, l'usine devra disposer une station centrale avec chaudière, machines à vapeur, dynamo et tableau de distribution. De ce tableau partiront des circuits qui se répandront dans les ateliers, et sur lesquels se brancheront les moteurs nécessaires. Le même réseau de distribution servira le plus souvent aussi à l'éclairage. Ce sera là encore une autre simplification dans le service général de l'usine. La surveillance du mécanicien se portera uniquement sur la station centrale, sur le bon fonctionnement de la chaudière, de la machine à vapeur et de la dynamo, et n'aura plus à s'occuper des courroies, des poulies, des arbres de transmission... etc. Chaque ouvrier surveillera particulièrement le moteur électrique actionnant sa machine-outil.

    b. Avantages, économie, simplicité des transmissions électriques.

Les avantages des transmissions électriques sont nombreux ; pour en donner une énumération complète il faudrait passer en revue toutes les installations possibles et montrer dans chaque cas les résultats obtenus. Ces transmissions offriront des avantages spéciaux dans les usines, fabriques, ateliers de toutes sortes, brasseries, filatures, scieries... etc ; nous aurons l'occasion d'insister plus loin sur ces divers avantages, quand nous donnerons les descriptions de plusieurs installations. Nous

nous contenterons ici de faire une énumération générale des diverses qualités reconnues d'une manière inconstestable.

Avantages dans l'installation.

Ces avantages sont nombreux :

Facilité d'établissement. — Avec les transmissions électriques, il n'y a plus à se préoccuper des dispositions spéciales à donner aux bâtiments, des poutres, consoles à établir pour les arbres de transmission... etc. Les transmissions électriques peuvent descendre à un poids de 35 kilogrammes par cheval.

Meilleures dispositions. — Les outils peuvent être installés et disposés de la façon la plus avantageuse, du côté du jour, pour la facilité du travail, l'utilisation de la place disponible, la facilité de la manutention... etc. — On n'a pas à chercher à faciliter l'attaque des arbres.

Encombrement évité. — Les transmissions électriques font disparaître tout encombrement ; il n'y a plus d'arbres de transmission, de poulies, de courroies dans l'atelier. Il devient alors très aisé d'établir, dans toute la longueur, comme nous en verrons des exemples, soit des ponts-roulants, des grues qui peuvent rendre les plus grands services.

Éclairage meilleur. — Toutes les poulies, courroies et accessoires disparaissant, l'éclairage sera meilleur, et l'ouvrier travaillera dans de meilleures conditions au point de vue de sa propre sécurité, et pour son travail qu'il distinguera plus nettement.

Déplacement facile des machines-outils. — La transmission électrique n'astreint pas à garder constamment la même disposition des machines-outils dans l'atelier, quels que soient les besoins, comme les transmissions par arbres. S'il se présente un travail considérable, nécessitant un espace plus grand, en longueur ou en largeur, il suffit de déplacer les machines-outils, d'allonger les canalisations électriques et de mettre des coupe-circuits convenablement disposés.

Groupe générateur indépendant. — Le groupe générateur (chaudière, machine à vapeur et dynamo) peut devenir complètement indépendant de l'atelier, et être installé même à une certaine distance, c'est-à-dire dans de bien meilleures conditions.

Il y aurait encore beaucoup d'autres avantages particuliers à invoquer ; nous les retrouverons dans la suite. Nous allons voir également plus loin, en comparant les divers modes de transmission, les dépenses respectives d'installation.

Avantages dans l'exploitation.

Les avantages réalisés dans l'exploitation sont de plusieurs sortes : les uns se trouvent dans la marche proprement dite, les autres au point de vue économique.

Commodité d'emploi. — Avec les transmissions électriques, il n'y a plus de courroies à embrayer, à débrayer. Il suffit de manœuvrer un interrupteur pour mettre aussitôt l'appareil en route.

Facilité de réglage. — Le réglage est des plus aisés : le rhéostat permet d'opérer tous les réglages possibles et avec une grande facilité.

Facilité de mise en marche et arrêt. — L'ouvrier peut à volonté, et au moment où cela lui est nécessaire, mettre son moteur en marche et l'arrêter. L'interrupteur est à sa portée. Il n'a plus à se préoccuper des trois coups de sifflet ou de cloche séparés par un intervalle de cinq secondes, que donne le mécanicien lorsqu'il met le moteur en marche avec les transmissions. Il n'aura pas besoin d'attendre le dernier signal pour se mettre en contact avec les transmissions... etc. On avait reconnu de ce côté la nécessité absolue d'instructions formelles pour éviter des accidents, et l'*Association des industriels de France contre les accidents du travail* a dû rédiger des instructions spéciales concernant la mise en marche et l'arrêt des moteurs. Tous ces inconvénients disparaissent avec les transmissions électriques. Le mécanicien seul doit se préoccuper de la mise en marche de sa machine à vapeur et de sa dynamo. Dans l'atelier, l'ouvrier manœuvre lui-même son moteur en ouvrant ou en fermant l'interrupteur.

Faculté de marche en avant ou en arrière. — Un simple commutateur permet la marche en avant ou en arrière : il n'en est plus de même avec les transmissions par courroies, et il faut employer des courroies croisées, ou autres dispositions.

Variations de vitesse. — Les variations de vitesse sont bien plus faciles et plus aisées avec le rhéostat ; avec les courroies, il faut des cônes étagés, et dans chaque cas la courroie doit être ajustée.

Surveillance supprimée. — La surveillance des transmissions (arbres, poulies, courroies), soit pour le fonctionnement, soit pour le graissage est complètement supprimée. La canalisation électrique, bien installée et bien établie, n'a pas besoin de surveillance ; les coupe-circuits fusibles assurent de ce côté toute sécurité.

Division de la puissance. — La transmission électrique permet de diviser beaucoup la puissance et de la répandre sur une grande surface, tandis qu'avec les transmissions par courroies on cherche à réunir aussi près que possible les uns des autres tous les outils, pour éviter des transmissions longues, encombrantes et coûteuses.

Elasticité. — Les moteurs électriques ont une très grande élasticité, et peuvent produire souvent des puissances notablement supérieures à leur puissance normale, souvent même 2 fois supérieures. Il n'en est pas de même avec les transmissions par courroies.

Sécurité. — La sécurité du personnel est assurée dans de bien meilleures conditions. Il n'y a plus à craindre les chutes de courroies, les entraînements par courroies, les ruptures de tuyaux de vapeur traversant l'atelier pour actionner à distance un moteur à vapeur, et autres accidents qui avaient dû nécessiter des mesures spéciales de la part des industriels.

Bruit. Ronflements. — Des bruits de ferraille causés par les transmissions en mouvement disparaissent en grande partie. Il ne reste que les ronflements des moteurs électriques, bruits qui ne sont pas à comparer aux précédents.

Si nous examinons maintenant les avantages purement économiques, nous en trouvons plusieurs que nous pouvons résumer dans les quelques mots suivants :

Consommation proportionnée au travail. — Les moteurs électriques ont à vide une consommation des plus minimes : ils ne consomment réellement de l'énergie électrique que lorsqu'ils fournissent un travail. Il y a donc, on peut le dire, une consommation proportionnée au travail produit. Avec les poulies et courroies, au contraire, la consommation n'est pas négligeable ; elle atteint souvent, au contraire, les proportions les plus élevées.

Durée d'utilisation. — Il ne suffit pas d'avoir des transmissions et de les faires tourner constamment ; il faut surtout les utiliser. La plupart des ateliers, on peut même dire la grande majorité, ne marchent pas continuellement à charge maxima. Il y a toujours un grand nombre d'arrêts répartis par quarts d'heure. Les transmissions par courroies ne peuvent arrêter pour un espace de temps aussi limité. Les moteurs électriques, au contraire, sont mis facilement au repos, grâce à la manœuvre de l'interrupteur. Ces derniers ne consomment donc que pendant la durée stricte de l'utilisation aux machines-outils.

Rendement élevé. — Les moteurs électriques se distinguent par des rendements industriels élevés qui, dès les plus faibles puissances, atteignent rapidement 70 et 80 pour 100. De plus, à partir de la charge la plus faible, ces rendements restent sensiblement constants. La machine-outil peut donc accomplir un travail nécessitant une faible puissance maxima ; le moteur électrique travaillera dans des conditions économiques presque semblables. Ce sont là des avantages que ne présentent pas les transmissions par courroies où le rendement, déjà faible, diminue encore s'il s'agit d'un travail demandant une puissance minime.

Comme nous le disions au commencement de ce paragraphe, nous n'avons pu réunir dans notre énumération que quelques-uns des avantages généraux reconnus ; chaque installation peut nous fournir des avantages particuliers.

Quant aux derniers avantages, dont nous venons de

parler, ils se traduisent par des économies de toutes sortes que nous étudierons ultérieurement.

c. **Facilités des mesures. Appréciation exacte des dépenses.**

On reconnaît aujourd'hui que dans toute industrie il importe de se rendre compte du fonctionnement des outils, des appareils, afin de trouver les points faibles et d'y remédier aussitôt pour éviter de grandes pertes.

Dans les diverses applications mécaniques, il serait intéressant de connaître la puissance transmise par la machine motrice, à vapeur ou autre, et la puissance reçue par les machines-outils. Pour déterminer ces éléments, on a recours à des appareils, dynamomètres de transmission fort ingénieux, mais qui nécessitent une certaine installation et occasionnent un encombrement assez grand. On peut également employer les freins de Prony ou autres, et opérer par substitution en remplaçant les machines-outils par ces freins. Mais tous ces appareils demandent une installation et, pour s'en servir, il faut se livrer à de véritables expériences. On comprend que l'industriel n'a pas toujours le temps d'entreprendre ces essais, il préfère maintenir le *statu quo* et la marche ordinaire qui lui permettent d'accomplir le travail qu'il doit fournir.

Avec les transmissions électriques, tous ces inconvénients disparaissent. On tire des diagrammes aux cylindres de la machine à vapeur; ces diagrammes donnent la puissance indiquée. On établit ensuite des ampèremètres et voltmètres enregistreurs sur les circuits de la dynamo, et on peut ainsi connaître à chaque instant la puissance électrique utile. On a ainsi, avec les premiers diagrammes, le rendement industriel des transformations de la puissance indiquée en puissance électrique. Ce diagramme électrique de la journée nous indique de plus à chaque instant la puissance exactement consommée par les machines-outils. Si maintenant nous plaçons un ampèremètre enregistreur, la différence de potentiel restant sensiblement constante, sur le circuit de dérivation alimentant un moteur électrique qui dessert une machine-outil quelconque, nous pourrons trouver à chaque instant la puissance électrique utile et, par suite, l'énergie électrique dépensée pour un travail donné, suivant le temps nécessaire. Si les courbes de rendement industriel et électrique de ce moteur ont été déterminées à diverses puissances, nous connaîtrons exactement la puissance mécanique demandée sur l'arbre de la machine-outil. Nous pouvons appuyer nos appréciations par quelques diagrammes que nous devons à l'obligeance de M. le capitaine Leneveu, ancien directeur de la manufacture d'armes de Puteaux, et à M. E. Sartiaux, chef des services électriques du chemin de fer du Nord. La Fig. 4 nous représente le diagramme obtenu sur l'ampèremètre enregistreur dans le circuit d'un moteur électrique actionnant une scie à ruban. Le travail exécuté était la refente d'un morceau de bois d'orme de 40 millimètres d'épaisseur. La durée de l'opération représentée était de 26 minutes, et constituait le temps nécessaire pour un tour entier du cylindre enregistreur. On remarque au départ une intensité qui augmente brusquement, monte à 38 ampères pour retomber bientôt à 20 ampères, intensité normale. Le moteur a été mis en marche et, à partir de ce moment, la scie entame le bois; on peut lire sur le diagramme, par

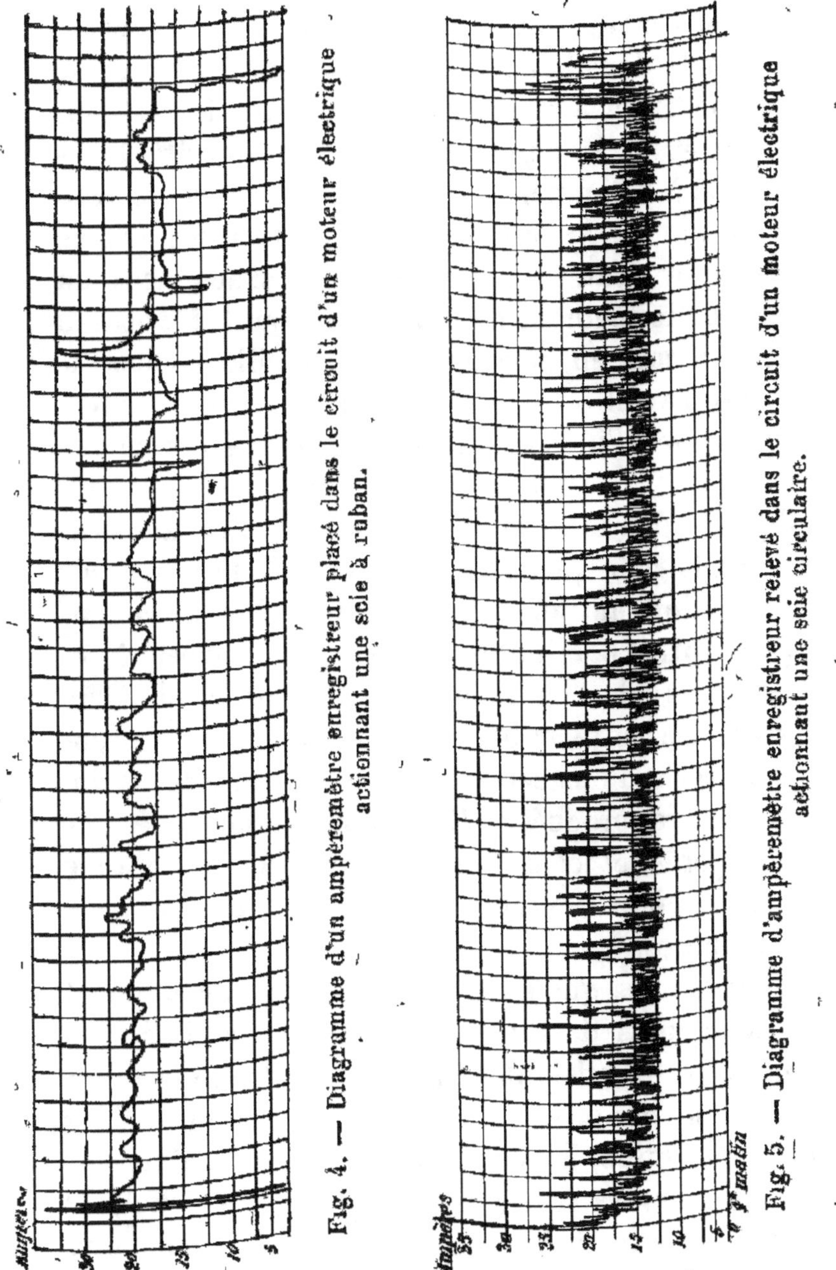

Fig. 4. — Diagramme d'un ampèremètre enregistreur placé dans le circuit d'un moteur électrique actionnant une scie à ruban.

Fig. 5. — Diagramme d'ampèremètre enregistreur relevé dans le circuit d'un moteur électrique actionnant une scie circulaire.

les ascensions et les descentes successives de la courbe,

les efforts faits par la lame de métal en attaquant le bois..
Un peu avant la fin, on trouve divers obstacles, peut-
être des nœuds dans le bois, et aussitôt l'intensité monte
deux fois de suite à une valeur supérieure à la valeur
normale 30 et 35 ampères. Peu après l'intensité diminue et tombe à 12 ampères ; le bois a offert à cet endroit
peu de résistance. Avec les indications fournies par ce
diagramme on peut se rendre compte exactement du
mode de fonctionnement de la machine-outil. L'appareil
a-t-il été bien mis en marche, bien surveillé pendant le
travail ? Le travail a-t-il été normal ? Autant de questions auxquelles l'inspection du diagramme permet de
répondre.

La Fig. 5 nous montre le diagramme d'un ampèremètre enregistreur placé dans le circuit d'un moteur
électrique actionnant une scie circulaire. L'opération en-
registrée a duré 26 minutes ; le travail a consisté à re-
fendre une planche en bois blanc de 20 millimètres
d'épaisseur. On voit sur le diagramme que la scie a rencontré une série d'obstacles qui se sont succédés à in-
tervalles très rapprochés. L'intensité normale a été de
12 à 15 ampères, et les accroissements successifs ont été
de 20 à 25 ampères, excepté à la fin où l'intensité a atteint 30 ampères.

Les diagrammes que nous venons de voir ne donnent
que les indications de l'intensité, puisque la différence
de potentiel reste constante. Pour fournir les indications
nécessaires, le nombre d'ampères-heure dépensés dans
un temps déterminé, il est nécessaire de les planimétrer.
Nous nous sommes servis très souvent, à cet effet, du
planimètre hachette de M. le capitaine Pryzt, planimètre
dont la description et la théorie ont été données dans le

Journal l'*Industrie Électrique* (n° 62 du 23 juillet 1894, p. 325). Nous avons obtenu des résultats très satisfaisants et comparables, de 1 à 3 pour 100 près, aux résultats fournis par un planimètre Richard.

En décrivant plus loin l'installation de la manufacture d'armes de Puteaux, nous aurons l'occasion de parler d'autres diagrammes relatifs à des machines-outils.

Nous donnerons maintenant quelques renseignements sur des diagrammes obtenus sur les moteurs électriques actionnant les cabestans électriques de la gare du Nord. La Fig. 6 représente le diagramme d'un ampèremètre enregistreur, fourni par un moteur électrique actionnant un cabestan à action directe de 900 kilogrammes pour plaques tournantes de locomotives de 6,80 mètres de diamètre. En abscisses sont portés les temps : les gros traits représentent les minutes. Sur l'original qui nous a été fourni, la durée d'une minute était représentée par 1,1 centimètre. Le diagramme nous montre plusieurs opérations successives en a_1, b_1, c_1, d_1, e_1 et f_1. L'intensité au début monte vers 40 à 50 ampères. La locomotive ayant servi à l'expérience avait un poids de 34,9 tonnes. Si nous relevons les indications de ce diagramme, nous trouvons successivement :

Opérations	Ampères-heure dépensés	Volts	Kilowatts-heure dépensés
a_1	0,195	115	0,0224
b_1	0,110	115	0,0115
c_1	0,180	115	0,0206
d_1	0,097	115	0,0111
e_1	0,187	115	0,0215
f_1	0,360	115	0,0415

La dernière manœuvre a été plus lente que les précédentes, aussi la consommation a été double environ. Mais la dépense moyenne par manœuvre s'est élevée à 0,0214 kilowatt-heure.

La Fig. 7 nous donne le diagramme d'un ampèremètre enregistreur relevé sur des moteurs électriques actionnant des cabestans, pendant le fonctionnement de plusieurs manœuvres. Les courbes a_2, b_2, c_2 et d_2 se rapportent à un cabestan de 400 kilogrammes, faisant la manœuvre des wagons. On voit que l'intensité monte d'abord rapidement à 30-33 ampères, se maintient peu de temps à cette valeur et retombe ensuite. Les diverses consommations relevées dans ces manœuvres ont été les suivantes :

Opérations	Ampères-heure dépensés	Volts	Kilowatts-heure dépensés
a_2	0,3075	115	0,0354
b_2	0,2325	115	0,0267
c_2	0,3450	115	0,0395
d_2	0,2175	115	0,0250

Les courbes e_2, f_2, g_2, h_2, i_2, j_2, k_2, nous montrent les intensités successives pendant des opérations consistant à tourner les wagons sur des plaques tournantes avec un cabestan de 900 kilogrammes. On voit que les intensités successives sont très variables. Au début ce sont d'abord des variations faibles, l'intensité tombe après à 12 ampères environ et remonte aussitôt à 25 ampères. Des variations plus prononcées encore se retrouvent pour les opérations suivantes.

Voici le détail des dépenses :

Opérations	Ampères-heure dépensés	Volts	Kilowatts-heure dépensés
e_2	0,180	115	0,0207
f_2	0,150	115	0,0170
g_2	0,165	115	0,0190
h_2	0,214	115	0,0246
i_2	0,150	115	0,0172
j_2	0,075	115	0,0086
k_2	0,060	115	0,0069

Les dernières courbes à l'extrémité droite de notre diagramme sont relatives aux dépenses d'un moteur électrique actionnant un cabestan de 900 kilogrammes qui tire des wagons sur une voie. Les diverses opérations représentées en l_2, m_2, n_2, o_2, p_2, q_2 sont bien différentes les unes des autres, quoique affectant une allure générale semblable. On s'explique ces différences par la nature même de ces manœuvres. On a relevé les dépenses suivantes :

Opérations	Ampères-heure dépensés	Volts	Kilowatts-heure dépensés
l_2	0,742	115	0,0853
m_2	0,120	115	0,0138
n_2	0,195	115	0,0224
o_2	0,345	115	0,0395
p_2	0,127	115	0,0146
q_2	0,150	115	0,0160

La dépense moyenne par manœuvre pour les divers cabestans dont nous venons de parler a été de 0,0233 kilowatt-heure.

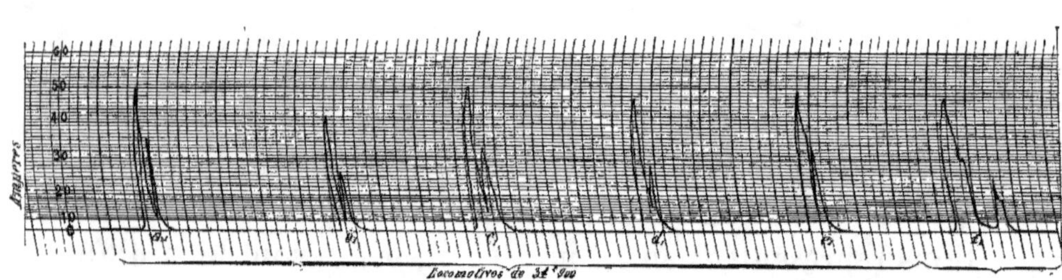

Fig. 6. — Diagramme d'ampèremètre enregistreur relevé sur un moteur électrique actionnant un cabestan à action directe de 900 kilogrammes pour plaques tournantes de locomotives.

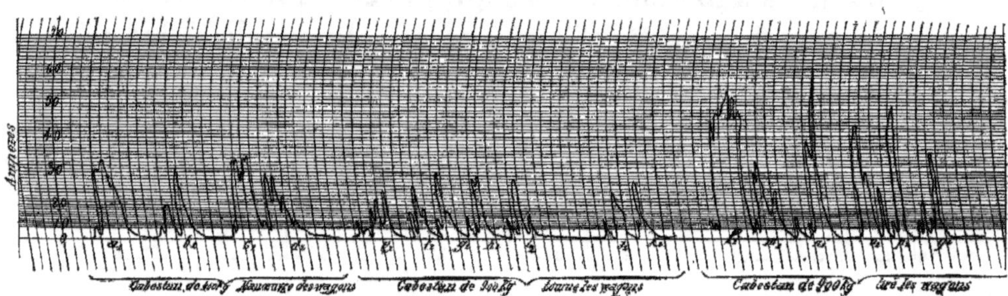

Fig. 7. — Diagramme d'ampèremètre enregistreur relevé sur des moteurs électriques actionnant des cabestans. Fonctionnement pendant diverses manœuvres (p. 24).

Nous pourrions encore citer un grand nombre de diagrammes relevés dans les mêmes circonstances sur des moteurs électriques. Ceux que nous avons mentionnés suffisent pour montrer combien il est facile d'apprécier très exactement le mode de fonctionnement pratique des diverses machines-outils, d'avoir des renseignements sur les dépenses d'énergie faites pour un travail donné, et de surveiller le travail effectué à diverses heures de la journée par les différents ouvriers. Or ces constatations sont absolument impossibles avec les transmissions par courroies ; ou pour les faire, il est nécessaire d'établir des installations coûteuses. C'est le point que nous voulions surtout faire bien ressortir dans ce paragraphe.

d. Comparaison avec les autres modes de transmission.

Le mode de comparaison le plus convaincant et le plus frappant est certainement d'examiner les dépenses respectives des divers modes de transmission, dépenses d'installation et dépenses d'exploitation. Nous avons réuni à ce sujet dans le chapitre VI une série de projets que nous avons eu à établir pour des installations de ce genre. On verra plus loin le détail de ces diverses études ; nous nous contenterons de tirer ici des déductions générales.

D'abord, en ce qui concerne l'installation, il est certain qu'il est beaucoup plus facile d'établir des transmissions électriques. Les transmissions par courroies nécessitent un montage bien plus compliqué et plus soigné. Il suffira, au contraire, d'installer deux câbles électriques et des appareils de dérivation. Sans doute, si l'on ne tient compte que des appareils de transmission propre-

ment dits, tels que arbres de transmission et supports,
poulies, courroies, etc., on trouvera dans bien des cas
une dépense supérieure pour l'établissement des transmissions électriques. Mais, il faudrait tenir compte des
bâtiments, poutres, consoles, charpentes qui seront nécessaires dans le premier cas et qui seront inutiles dans
le second. Cette simple considération nous montre que
dans des installations déjà faites, le prix d'établissement
peut paraître élevé. Avec les transmissions électriques il
faut compter une dépense de premier établissement supérieure d'environ 20 à 50 pour 100, suivant les puissances et les conditions locales des installations. Aussi,
nous ne sommes pas étonnés de voir M. Dubreuil, dans
une séance de la *Société des Ingénieurs civils*, affirmer
qu'une transmission électrique coûtait une somme de
325 000 francs, alors que la même transmission par
câbles ou courroies avait coûté 180 000 francs. Nous
reconnaissons donc très volontiers, et en cela nous
sommes d'accord avec M. G. Dumont, qui a particulièrement étudié les questions des transmissions électriques,
et avec tous les spécialistes compétents, que les transmissions électriques peuvent être souvent d'un prix plus
élevé. Il faut reconnaître maintenant que les moteurs
électriques constituent un matériel important, pouvant
être utilisé à plusieurs fins, ne réclamant pas un entretien très grand et pouvant être déplacé très aisément. De
plus, en augmentant légèrement la puissance de la dynamo génératrice, il sera facile d'assurer l'éclairage le
soir sans grande dépense supplémentaire. La comparaison des dépenses respectives devrait donc comprendre
tous ces détails ; et nous sommes persuadé que le résultat serait tout en faveur des installations électriques.

Nous admettrons, cependant, pour ne pas nous arrêter outre mesure à tous ces détails, que les transmissions électriques peuvent être d'un prix d'établissement plus élevé d'environ 20 à 50 pour 100 que les transmissions mécaniques ; mais les résultats de l'exploitation nous montreront que l'économie réalisée permettra d'amortir très rapidement le surcroît de dépense, et d'assurer ensuite le service dans les conditions les plus avantageuses.

Nous avons énuméré plus haut tous les avantages résultant pour l'exploitation de l'emploi des transmissions électriques. Nous ne voulons nous arrêter ici de nouveau que sur deux avantages nettement déterminés : *rendement industriel plus élevé, utilisation meilleure de la force motrice.*

L'emploi des courroies, poulies et arbres de transmission entraîne des pertes de puissance considérables. De nombreuses expériences ont déjà fixé les idées sur la valeur de ces pertes. Dans notre premier volume (page 192 et suivantes), nous avons cité quelques exemples et nous avons montré que les pertes atteignaient parfois 80 pour 100 pour des transmissions à 5 degrés, et 65 pour 100 pour des transmissions à 2 degrés. Nous avons également fait connaître les chiffres fournis au 17ᵉ Congrès tenu en 1894 par les ingénieurs en chef des *Associations de propriétaires de machines à vapeur,* desquels il résulte que les pertes par transmissions mécaniques peuvent varier entre 18 et 72 pour 100.

M. Gustave Richard, dont on connaît toute la compétence et toute l'autorité en ce qui concerne les machines-outils, a cité plusieurs cas de transmissions par courroies aux États-Unis dans divers articles de l'*Éclairage*

Électrique (nᵒ 14 du 6 avril 1895 p. 19). Il a donné notamment le diagramme que nous reproduisons dans la Fig 8. A chaque heure de la journée, on a porté en abscisses la puissance moyenne indiquée, produite à la machine à vapeur. On obtient le diagramme marqué par un gros trait. On a figuré successivement par des hachures la puissance absorbée par le moteur lui-même et les transmissions. Sur une puissance moyenne indiquée de 44,1 chevaux à la machine, 10 ont été absorbés par

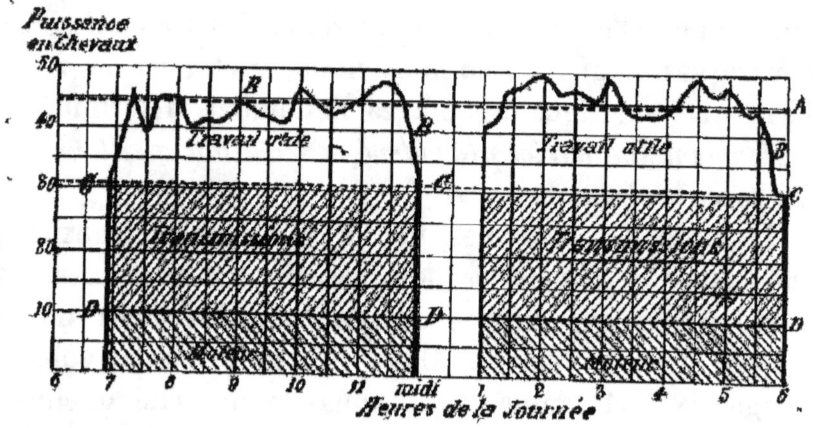

Fig. 8. — Diagramme représentant pour une journée le travail utile et le travail absorbé dans les transmissions et le moteur.

le moteur 21,3 par les transmissions, soit au total 31,3 chevaux perdus, soit 62,5 pour 100 de la puissance totale, et 66,4 pour 100 de la puissance utilisée aux machines-outils.

Avec les transmissions électriques au contraire, dans es mêmes conditions, et en tenant compte du rendement de la dynamo génératrice, de la ligne et des moteurs électriques, nous arrivons à des pertes qui ne dépassent pas 20 à 39 pour 100. Il peut donc résulter de ce chef de très grandes économies. C'est là un point que personne aujourd'hui ne peut contester, et qui est évident, si l'on considère la nature même des mécanismes mis en jeu pour les transmissions.

Mais, il est encore un autre point qu'il convient de faire ressortir : c'est l'utilisation même de la force motrice fournie. Une transmission par courroies fait tourner des arbres principaux, ceux-ci entraînent des arbres secondaires, et un appareil de débrayage permet de mettre au repos une machine-outil. Bien souvent l'appareil de débrayage n'existe pas pour chaque machine. Les machines-outils ne travaillent pas toutes constamment aux mêmes moments ; quelques-unes sont arrêtées, d'autres travaillent à pleine charge, et *vice versâ*. Il arrive donc que pendant une journée les périodes de charge sont très variables. Pendant tout le temps, cependant, la transmission tourne, et consomme pour son propre mouvement une partie de la force motrice. De sorte qu'à la fin de la journée, une grande quantité de travail a été fournie par les transmissions, mais une très faible partie seulement a été utilisée pour la fabrication. Il en résulte que le rendement industriel est des plus faibles.

Avec les transmissions électriques ces inconvénients ne se retrouvent pas. La dynamo génératrice fournit l'énergie électrique par les câbles de distribution ; mais dès que les moteurs électriques sont arrêtés, la dynamo tourne sans rien produire et en consommant une faible puissance. En tournant même à très faible charge, la dynamo fonctionne encore dans des conditions parfaitement acceptables. Or, il est très facile à un moment donné, par la simple manœuvre d'un interrupteur, d'arrêter un moteur dès que l'outil qu'il actionne ne fonctionne pas. Ces conditions de marche assurent de très grandes économies.

Dans le chapitre VI, nous avons établi les prix d'exploitation comparatifs de transmissions électriques, de transmissions par courroies, pour des puissances variables, et en admettant sur un total de marche de

12 heures une durée de 2 heures à vide,

$$
\begin{array}{lll}
- & 2 & - \quad \text{à pleine charge} \\
- & 3 & - \quad 1/2 \text{ charge} \\
- & 3 & - \quad 1/4 \text{ charge.}
\end{array}
$$

Ce sont, en général, les conditions d'utilisation des machines-outils dans l'industrie. Nous sommes arrivés en faveur des transmissions électriques à des économies variables de 12 à 70 pour 100, en admettant que les dépenses de graissage, nettoyage, entretien, amortissement et personnel restent les mêmes, et en ne comptant que les dépenses de combustible.

Nos conclusions sont aussi appuyées par quelques chiffres que nous citons ci-après dans les descriptions des diverses installations, et par les chiffres que nous avons déjà donnés dans notre premier volume p. 203 (installation de la gare de l'Est, installation de la manufacture d'armes de Puteaux, installation des ateliers de Saint-Ouen du chemin de fer du Nord, installation Weyher et Richemond, etc., etc.).

Si les machines-outils font un travail continuel, il peut ne pas y avoir grand avantage à substituer les transmissions électriques aux transmissions par courroies, bien que le rendement industriel soit toujours plus élevé dans le premier cas. M. G. Richard a cité le cas d'une grande filature américaine employant 435 chevaux dont 250 utilisés. La perte était donc de 185 chevaux dont 135 dans la transmission. Le rendement industriel de la transmission était de 65 pour 100. L'électricité n'aurait guère assuré qu'un rendement de 70 pour 100 environ.

A ce sujet, M. A Bollinckx, de Bruxelles, a trouvé que la perte par transmissions dans ses ateliers était de 18 chevaux, et lui occasionnait une dépense annuelle de 695 francs, en comptant 10 heures de travail par jour et 300 jours de travail. La machine à vapeur ne consomme que 7,4 kilogrammes de vapeur par cheval-heure indiqué et la chaudière produit 8 à 8,2 kilogrammes de vapeur par kilogramme d'un charbon coûtant rendu 13,90 fr. la tonne. Ces résultats prouvent que l'installation de M. Bollinckx est bien établie, et que son fonctionnement est bien surveillé. Il n'en pourrait être autrement chez un constructeur de machines à vapeur, mais ce ne sont pas là les conditions ordinaires.

Dans ce qui précède, nous n'avons examiné que les transmissions par câbles et courroies. Il est encore un autre mode de transmission parfois utilisé. Il consiste à répartir à distance dans l'usine des moteurs à vapeur de faible puissance et à les alimenter de vapeur à l'aide de conduites spéciales amenées de la chaudière. Ce procédé offre de très grands inconvénients. Il nécessite une installation de tuyauteries coûteuses, l'emploi de moteurs peu économiques, encombrants dans l'atelier, la présence d'un personnel de surveillance. Au point de vue pratique, les conduites dépensent 25 pour 100 par condensation, et il n'est pas rare d'atteindre des consommations de 25 à 30 kilogrammes de vapeur par cheval-heure. Les transmissions électriques dans ces conditions offriront en pratique des économies variant de 40 à 60 pour 100.

e. Applications diverses possibles avec les transmissions électriques.

Les transmissions électriques présentent encore de grands avantages pour toutes les applications à réaliser dans une usine, une fabrique, des ateliers, etc.

En dehors des transmissions, on a souvent besoin dans une usine d'actionner à distance divers engins, des ventilateurs dans des pièces éloignées, des ventilateurs à la forge, une pompe auprès d'un puits dans la cour ou le champ près de l'usine, etc. Les applications de tout genre sont nombreuses. Or, les transmissions électriques seules permettent d'effectuer ces applications ; il serait impossible de songer à des transmissions mécaniques. Ce point est absolument reconnu par ceux même qui combattent le plus les transmissions électriques.

En résumé, nous venons de trouver pour les transmissions électriques les plus grands avantages pratiques, tels que simplicité et commodité, facilités de mesure, économies d'exploitation ; il nous reste à montrer maintenant par des exemples tirés de la pratique que tous ces avantages ont déjà été reconnus et appréciés.

B. — Exemples divers d'installation.

Ce second ouvrage est surtout destiné à donner des exemples d'installation et à montrer comment les divers appareils commandés par des moteurs électriques, dont il a été question dans le premier volume à propos de l'utilisation de l'énergie électrique des stations centrales, ont pu trouver leur emploi dans l'industrie. Nous devons même ajouter que les premières applications ont été ainsi réalisées dans diverses fabriques et ateliers.

En cherchant à nous procurer quelques renseignements sur les principales installations déjà faites, nous avons été frappé du grand nombre de celles-ci, nous en avons formé un dossier très important que nous allons analyser. Nous ne suivrons pas l'ordre chronologique, ce qui aurait l'inconvénient de rassembler à côté les unes des autres des installations souvent disparates. Nous avons préféré passer successivement en revue les installations dans les divers pays : en France, en Angleterre, en Amérique, en Allemagne, en Belgique et en Suisse. Nous ne décrirons pas toutes les installations existantes, mais seulement quelques-unes parmi celles qui nous auront paru les plus importantes, et de nature à bien fixer nos idées en nous montrant les résultats pratiques déjà obtenus.

a. Installations en France.

Depuis quelques années, on a beaucoup utilisé en France l'énergie électrique comme source de force motrice, et dans ces derniers temps, le mouvement semble s'être accentué encore davantage. Nous avons réuni dans les pages suivantes quelques exemples d'installations qui nous ont semblé mériter une description ; nous avons cherché à donner des applications un peu diverses, soit dans les fabriques, usines, ateliers, moulins, chantiers pour les transmissions, la ventilation, les pompes, l'élévation pneumatique, les transports,.. etc. Afin de ne pas augmenter outre mesure l'étendue de ces descriptions, nous les avons rapportées le plus souvent à la maison qui a fourni le matériel électrique.

α. Installation des ateliers de construction militaire
de Puteaux (Seine).

Dans notre premier volume *(p. 204)* nous avons déjà cité la belle installation des ateliers de construction militaire de Puteaux faite en 1889, et nous avons promis d'y revenir pour en parler avec détails et donner des renseignements circonstanciés.

Conditions d'installation.

On sait les conditions dans lesquelles elle fut décidée. Il s'agissait d'effectuer rapidement un travail pressé à la menuiserie. Le temps manquait pour faire toute autre installation. M. le capitaine Leneveu, alors directeur de cet important établissement, résolut d'essayer la transmission de force motrice par l'électricité, dont on parlait à peine à cette époque. L'installation, confiée à la maison Hillairet, fut toute établie en souterrain, afin qu'on pût remplacer au besoin les transmissions électriques par des transmissions par courroies, si les résultats n'étaient pas satisfaisants, et s'il n'était pas possible d'utiliser cette installation.

Dynamos génératrices.

L'énergie électrique était fournie suivant les besoins par une ou deux dynamos compound Gramme type su-

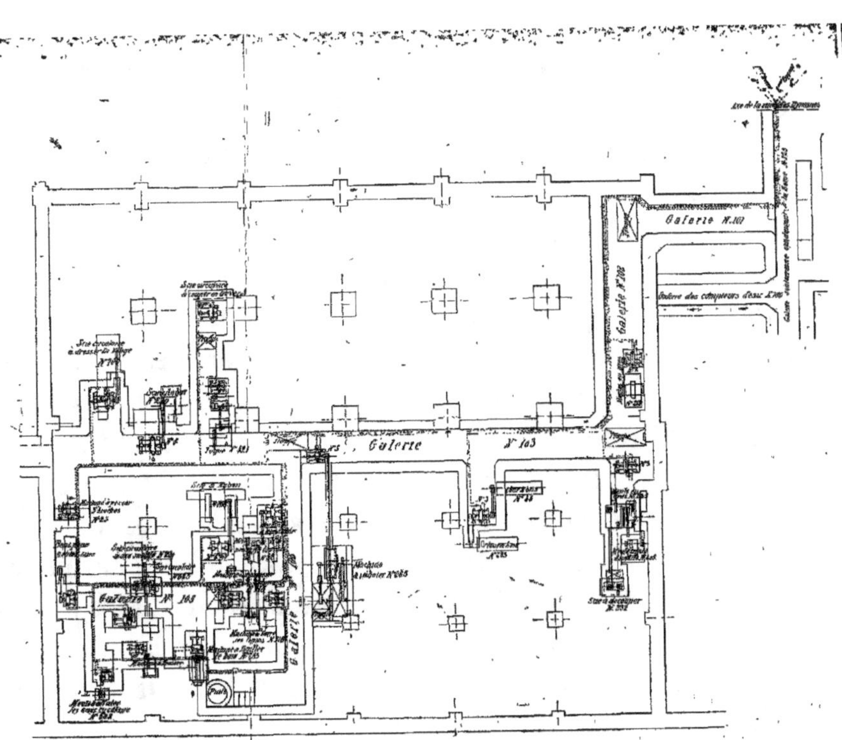

Fig. 2. — Schéma général de l'installation des circuits électriques dans le bâtiment de la menuiserie (p. 35).

périeur, donnant à la vitesse angulaire de 880 tours par minute et à la différence de potentiel de 140 volts une puissance utile de 24,5 kilowatts.

Schéma général de l'installation.

La Fig. 9 donne le schéma général de l'installation des circuits électriques dans le bâtiment de la menuiserie. Du tableau général de distribution placé dans la salle des machines partent deux circuits que l'on aperçoit à la droite de la figure. Ces circuits traversent une première galerie et se dirigent à gauche dans une seconde galerie perpendiculaire à la première. Au contour une dérivation est prise pour alimenter des meules en grès, à émeri et une scie à découper. Les circuits suivent ensuite toute la longue galerie et desservent successivement des tours à bois, et une machine à raboter. Ils se divisent ensuite, l'un d'eux dessert à la partie supérieure une toupie, une scie circulaire à couper en travers, une petite scie à ruban et une scie circulaire à dresser la volige. Le second circuit pénètre dans une autre partie et alimente les diverses machines-outils dont nous allons voir plus loin l'énumération.

Deux commutateurs spéciaux placés dans l'atelier permettent de séparer à volonté les deux circuits ou de les coupler lorsqu'une seule génératrice commande l'ensemble de l'atelier. Ces commutateurs sont placés en un point tel, que les deux génératrices, une fois la charge répartie, se trouvent également chargées.

Nous allons parler maintenant des diverses machines installées et des dispositifs adoptés.

Machines-outils desservies.

L'installation totale comprenait les machines-outils suivantes :

1 meule à émeri,	actionnée par	1	moteur de	1,3	kilowatts
2 machines à percer,	—	2	—	3,9	—
1 machine à fraiser,	—	1	—	3,9	—
1 meule à émeri triple,	—	1	—	3,9	—
2 meules en grès,	—	2	—	3,9	—
1 banc pour petite scie,	—	1	—	3,9	—
1 machine à dégauchir,	—	1	—	7,15	—
1 machine à raboter,	—	1	—	7,15	—
2 scies circulaires,	—	2	—	7,15	—
1 machine à fouiller,	—	1	—	7,15	—
1 petite scie à ruban,	—	1	—	7,15	—
1 machine à faire les tenons,	—	1	—	7,15	—
1 machine à mortaiser,	—	1	—	7,15	—
1 toupie,	—	1	—	7,15	—
2 scies circulaires,	—	2	—	13	—
1 tour à bois,	—	1	—	13	—
1 grande scie à ruban,	—	1	—	15,6	—

Total : 21 machines-outils actionnées par 21 moteurs électriques d'une puissance totale de 147,55 kilowatts.

Il faut ajouter à cela une pompe mûe par un moteur électrique, destinée à puiser l'eau dans un puits et à la refouler sous pression.

Nature des moteurs électriques.

Les moteurs électriques employés étaient construits par la maison Hillairet, et appartenaient au type Manchester. Les principales données de construction de ces moteurs étaient les suivantes :

Modèles	1	2	3	4	5
Intensité normale en ampères .	10	20	42	70	90
— maxima —	15	30	55	100	120
Différence de potentiel en volts.	130	130	130	130	130
Puissance utile normale en kilowatts	1,3	3,9	7,15	13	15,6
Vitesse angulaire en nombre de tours par minute.	1800	1400	1200	1100	1100
Poids du cuivre de l'induit en kilogrammes	4,2	7	13,2	14,1	21
Poids total de l'induit en kilogrammes.	14,6	34	54,6	90	120
Poids de fer des inducteurs en kilogrammes	—	31	59,2	125,6	180
Poids total des inducteurs en kilogrammes	107,5	159,5	260,8	465,8	637
Poids total de la machine en kilogrammes	122,2	193,5	314,8	555,8	757

Les moteurs étaient à enroulement compound afin d'avoir des vitesses angulaires sensiblement constantes, quelle que fût la charge. Seuls les moteurs de 1,3 kw, destinés à ne subir que de faibles variations de charge étaient enroulés en série.

Dispositifs de démarrage et de réglage.

Chaque moteur était pourvu d'un rhéostat de démarrage à intercaler dans le circuit principal, et d'un rhéostat de réglage du circuit d'excitation, ainsi que d'un interrupteur à bascule permettant de couper brusquement le circuit en cas d'accident.

La Fig. 10 ci-jointe représente le schéma général de
l'installation du rhéostat de démarrage et du rhéostat de
réglage sur un moteur éléctrique ; à gauche de la figure
se trouve le moteur avec les circuits principaux et d'excitation. En A est le graduateur du rhéostat de démarrage
R, servant à introduire dans le circuit principal une certaine résistance au moment du départ ; à la partie supé-

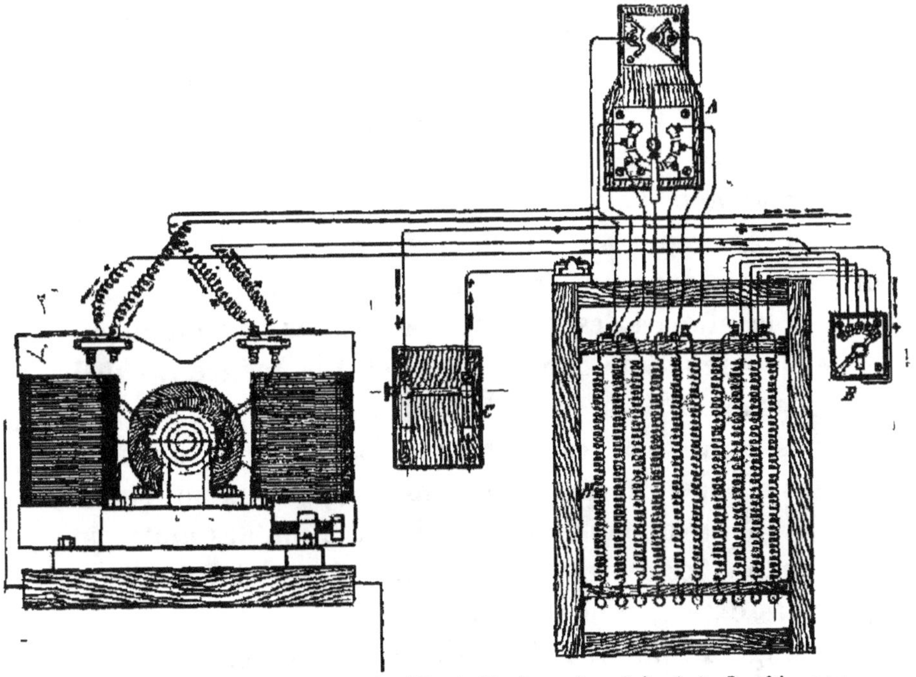

Fig. 10. — Schéma général de l'installation du rhéostat de démarrage
et du rhéostat de réglage sur un moteur électrique.

rieure est installé l'interrupteur à bascule dont nous
avons parlé. L'interrupteur à touches B sert à faire varier la résistance du circuit d'excitation. Les deux rhéostats ont été réunis sur un même appareil. En C est le
coupe-circuit fusible. Tous les interrupteurs et coupe-
circuits installés dans l'intérieur de la menuiserie étaient

montés sur ardoise. Les rhéostats avaient été établis de manière que pour l'intensité maxima de chaque machine les fils des résistances ne pussent ni rougir ni chauffer au point de faire fumer la sciure de bois la plus fine qui aurait pu être projetée. A côté de chaque moteur se trouvait également un tableau disposé pour recevoir un ampèremètre et un voltmètre afin de pouvoir contrôler à un moment quelconque l'intensité prise par le moteur et la différence de potentiel.

Plans d'installation.

Comme nous l'avons dit plus haut, l'installation avait été faite en souterrain, et chaque moteur électrique était disposé soit dans une fosse, soit sous le bâti en bois annexé à la plupart des machines-outils, de façon à ne pas gêner la circulation dans l'atelier et à le mettre à l'abri des copeaux et de la sciure de bois.

Nous avons pu, grâce à la grande obligeance de M. le capitaine Leneveu, que nous sommes heureux de remercier ici, avoir quelques plans d'installation des moteurs. Nous allons les reproduire en donnant sur chacun d'eux quelques explications sommaires.

La Fig. 11 montre la coupe de l'installation d'une meule en grès et d'une meule à émeri triple à l'aide d'une même transmission. Ces deux outils sont placés sur le sol dans l'atelier. Dans le sous-sol on aperçoit le moteur placé sur un bâtis spécial, et commandant une transmission intermédiaire. Cette dernière actionne d'abord une autre transmission qui met en marche la meule d'émeri triple. Ces transmissions multiples ont été nécessaires en raison de la vitesse angulaire à at-

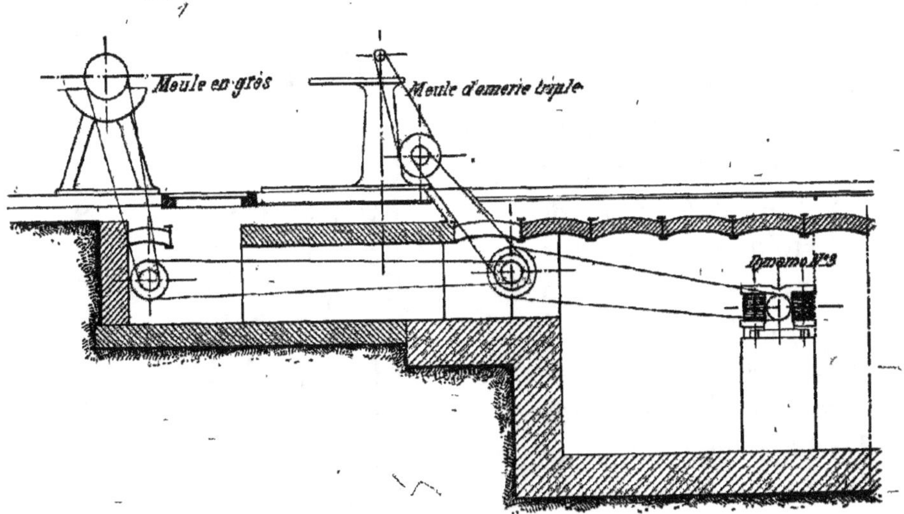

Fig. 11. — Vue en coupe de l'installation d'une meule en grès et d'une meule à émeri triple.

'teindre. La transmission du mouvement à la meule en grès se fait simplement à l'aide d'une seconde transmission intermédiaire placée dans le fond.

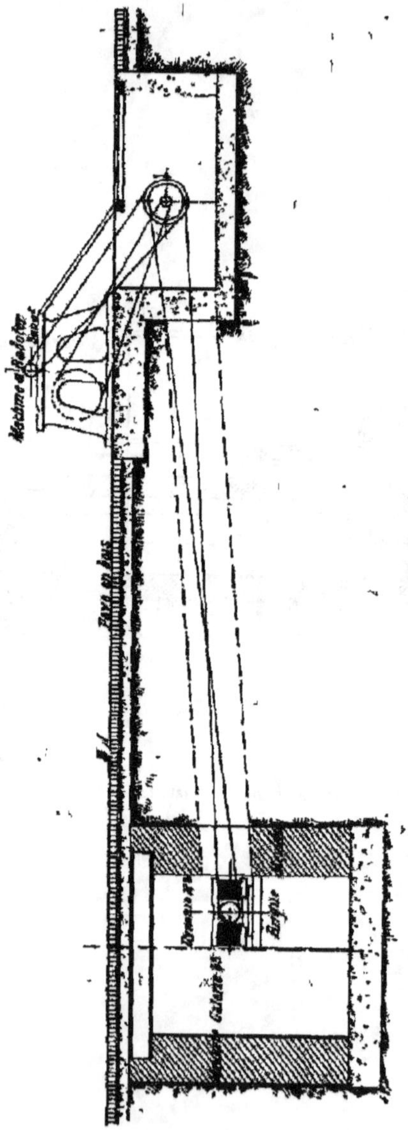

Dans la Fig. 12 est représentée en coupe l'installation d'une machine à raboter. La dynamo-moteur est placée dans une galerie latérale sur un massif en briques. Une ouverture a été ménagée pour le passage de la courroie qui vient actionner un arbre de transmission établi dans une fosse voisine. C'est de là que partent les deux courroies pour mettre en mouvement la machine à raboter.

Les Fig. 13, 14 et 15 nous montrent en coupe respectivement l'installation d'une scie circulaire et d'une toupie, d'une scie circulaire à axe mobile et d'une machine à fraiser, ainsi que d'une machine à fouiller le bois.

Dans la Fig. 16, nous trouvons le diagramme de l'ins-

Fig. 12. — Vue en coupe de l'installation d'une machine à raboter.

tallation d'une pompe électrique. Un moteur électrique actionne à l'aide d'une courroie croisée une pompe centrifuge qui aspire l'eau dans le puits par un tuyau plongeant et la refoule dans un autre tuyau placé à la partie supérieure.

Pour ne pas augmenter outre mesure la longueur de cette description, nous sommes obligés de passer sous silence certains détails se rapportant à cette installation fort remarquable pour l'époque où elle a été effectuée. Nous ajouterons cependant quelques renseigne-

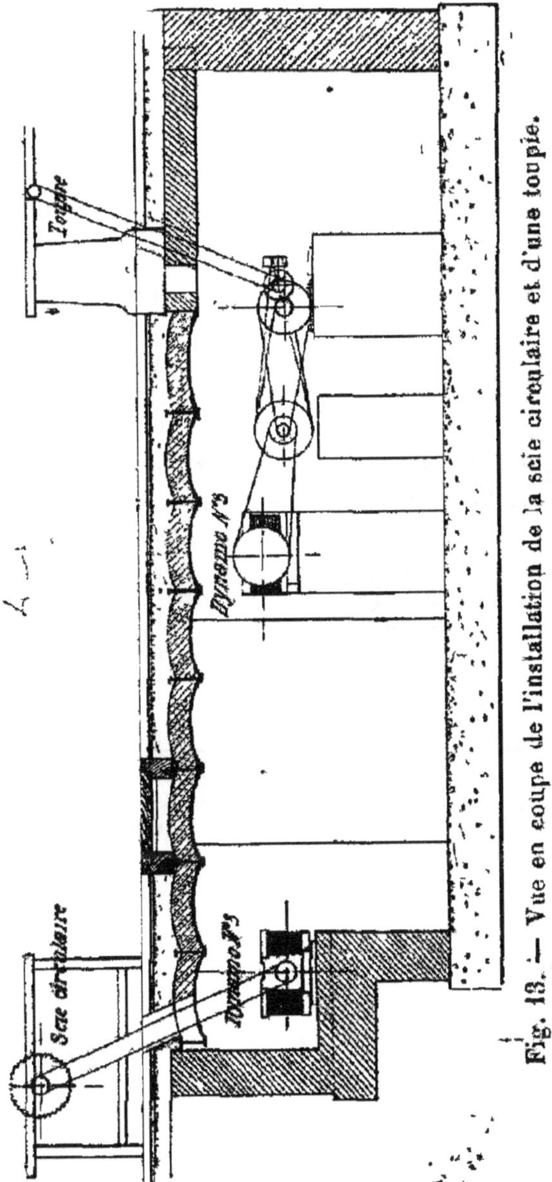

Fig. 13. — Vue en coupe de l'installation de la scie circulaire et d'une toupie.

ments sur l'exploitation, sur les rendements et sur les prix d'installation.

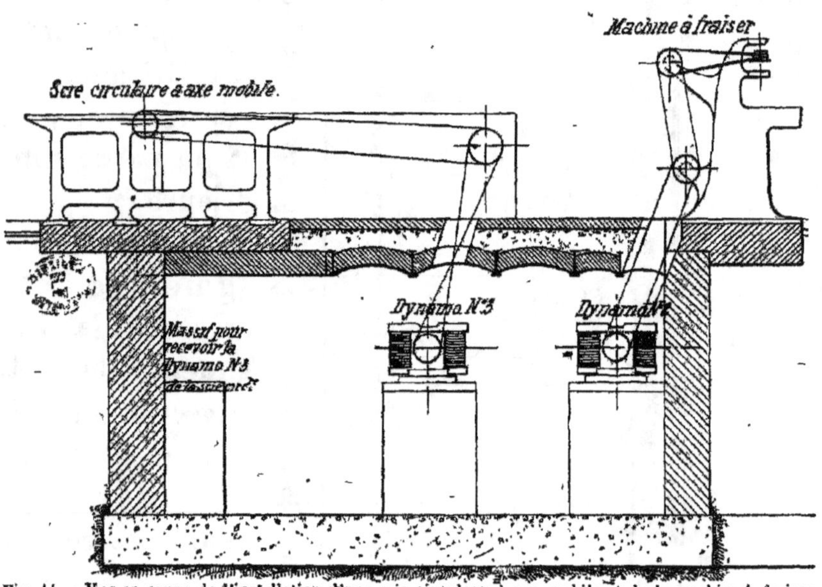

Fig. 14.— Vue en coupe de l'installation d'une scie circulaire à axe mobile et de la machine à fraiser.

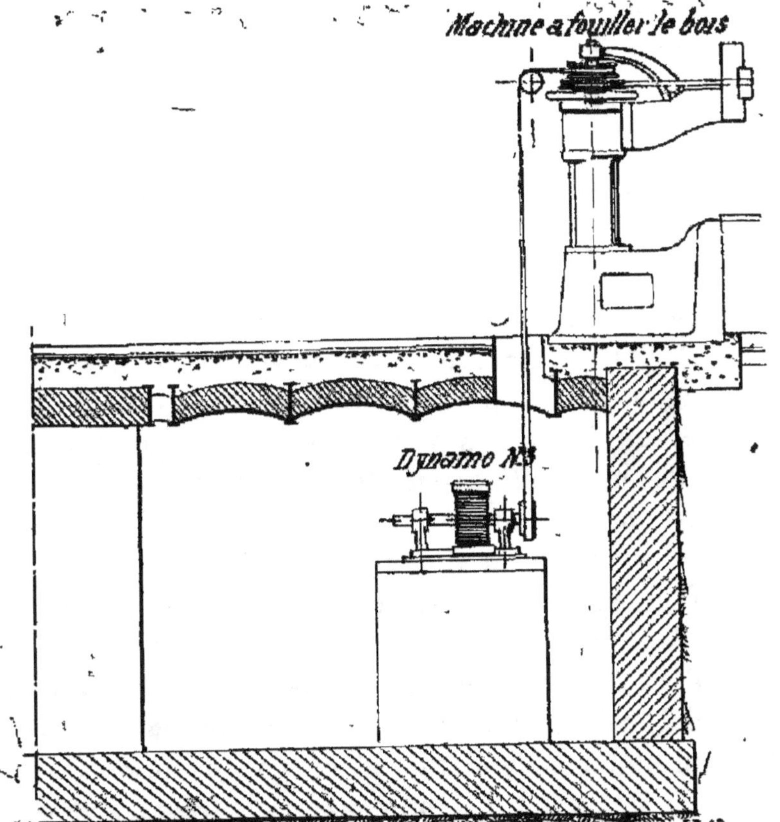

Fig. 15. — Vue en coupe de l'installation d'une machine à fouiller le bois.

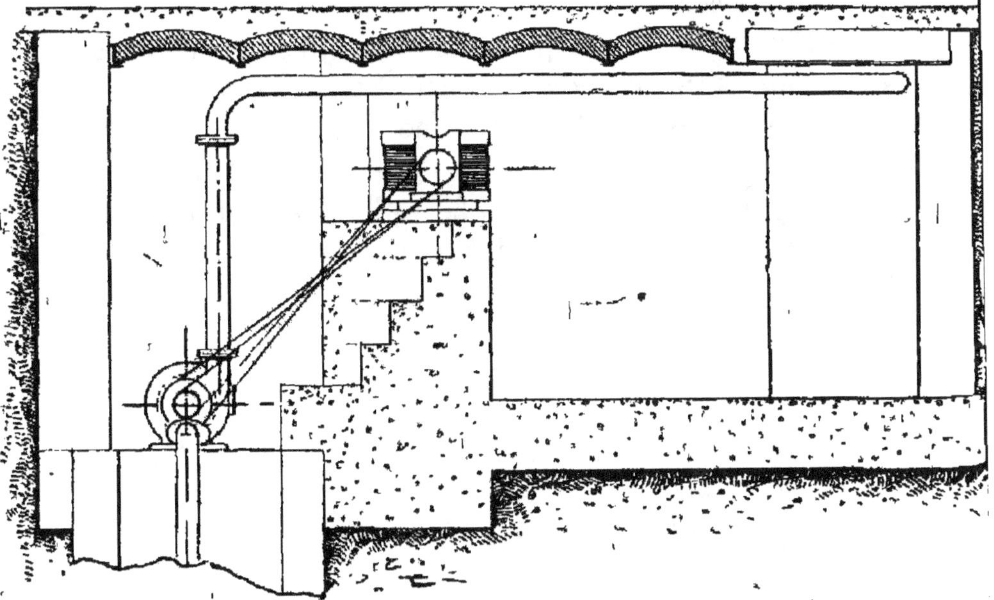

Fig. 16. — Diagramme de l'installation d'une pompe électrique.

Conditions de fonctionnement. Diagrammes des dépenses.

L'exploitation a donné les résultats les plus satisfaisants, et pour déterminer exactement les conditions de fonctionnement, M. le capitaine Leneveu avait fait installer des ampèremètres et voltmètres enregistreurs afin de tirer des diagrammes en pleine marche. Nous avons déjà parlé précédemment de quelques-uns de ces diagrammes ; nous en mentionnerons encore deux autres.

Le premier, que représente en fac-simile la Fig. 17, indique les variations successives de l'intensité dans le circuit d'un moteur électrique actionnant un tour à bois. Le travail exécuté consistait à tourner un mandrin rond de 40 millimètres de diamètre, en bois de hêtre. On remarquera nettement les moments où le travail s'accomplit facilement, et les moments où l'outil rencontre quelques obstacles.

La Fig. 18 est un diagramme donnant également les variations successives de l'intensité dans le circuit d'un moteur électrique entraînant une machine à raboter. Celle-ci a enlevé une épaisseur de bois de 2 millimètres sur une planche de sapin de 220 millimètres de largeur. Le travail n'a été enregistré que pour une durée de 26 minutes.

Rendements.

Les rendements imposés par le cahier des charges étaient de 87 pour 100 pour le rendement électrique et de 74 à 78 pour 100 pour le rendement industriel. A pleine charge, le rendement industriel de l'installation ou rap-

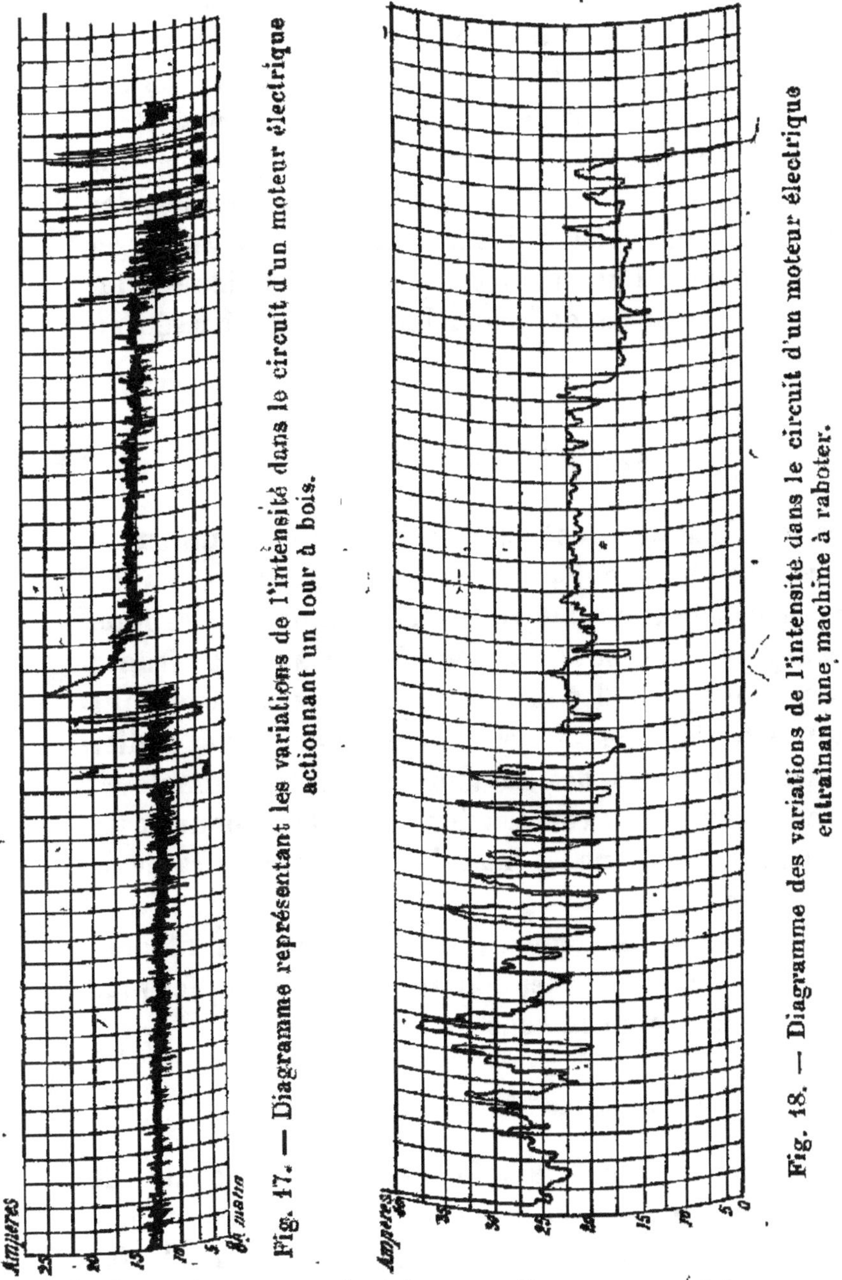

Fig. 17. — Diagramme représentant les variations de l'intensité dans le circuit d'un moteur électrique actionnant un tour à bois.

Fig. 18. — Diagramme des variations de l'intensité dans le circuit d'un moteur électrique entraînant une machine à raboter.

port de la puissance mécanique utile aux machines-outils à la puissance électrique dépensée aux bornes de la dynamo génératrice, atteignait donc cette valeur. En admettant pour la dynamo un rendement industriel moyen de 90 pour 100, on trouve pour le rendement total de la distribution électrique de force motrice une valeur de 66 à 70 pour 100. Il est certain que dans des conditions semblables des transmissions par arbres et courroies auraient donné des résultats notablement inférieurs, qui n'auraient probablement pas dépassé 15 à 20 pour 100.

Dépenses d'installation.

Les frais généraux de cette installation, comprenant la fourniture des moteurs, les accessoires de ces moteurs, la canalisation, les appareils de contrôle, les frais de transport et de pose, se sont élevés à 30 000 francs environ, dont 21 600 pour les moteurs et le reste pour les autres fournitures. Il est vrai d'ajouter que l'atelier de Puteaux a fourni des manœuvres, un aide-monteur, les moulures pour la canalisation, les châssis pour poser les moteurs, ainsi que les massifs et fosses pour recevoir ces derniers.

Depuis son établissement, cette installation a fonctionné dans de très bonnes conditions et a rendu les plus grands services pour la construction.

β. Installations de la Société Gramme.

La Société Gramme, dont le nom est bien connu de tous les électriciens, a fait jusqu'à ce jour un grand nombre d'installations électriques de toutes sortes dans les fa-

briques et usines. Il y a quelques années, elle a d'abord
fourni les machines dynamos génératrices pour la production de l'éclairage électrique ; puis, peu à peu, ses
clients lui réclament des moteurs qu'ils branchent sur le
réseau de distribution déjà existant. Nous avons pu
nous procurer la description complète de l'installation
faite par la maison Gramme, à l'usine Linet, à Aubervilliers.

*Installation dans les fabriques d'engrais et produits
chimiques de M. P. Linet, à Aubervilliers.*

Les usines Linet à Aubervilliers fabriquent des engrais et des produits chimiques ; elles occupent une
grande surface, et ce ne sont partout que des phosphates,
superphosphates qu'il s'agit de broyer, mélanger et
préparer. Dans une usine de ce genre, la force motrice
est absolument indispensable et elle doit être transmise
dans tous les ateliers, jusqu'aux extrémités les plus recu-
lées.

Depuis plusieurs années, l'usine possédait trois machines à vapeur de 150 chevaux avec arbres de transmission établis dans la fabrique. Mais, par suite, de la
grande extension prise par la maison, il a fallu songer
dernièrement à augmenter encore la force motrice. En
raison des difficultés à vaincre pour-établir les transmissions ordinaires par arbres, et surtout pour les entrete-
nir en bon état dans un milieu chargé d'autant de poussières de toutes sortes, on a eu recours à la distribution
de force motrice par l'électricité.

Nous avons eu l'occasion de visiter et d'étudier cette
installation en détail, et nous pouvons la décrire complè-

tement. L'installation actuelle comprend un moteur à gaz pauvre de 80 chevaux de MM. E. Delamare - Deboutteville et Malandin, alimenté par une batterie de gazogènes Buire Lencauchez.

La Fig. 19 donne une coupe de l'installation totale ; on voit d'un coté les gazogènes et de l'autre le moteur avec les transmissions. La Fig. 20 donne une vue d'ensemble de la salle où se trouve le moteur à gaz et du sous-sol où sont installées les transmissions. La salle est en forme de demi-ellipse ; les dispositions précédentes ont dû être adoptées en raison du manque de place. Le moteur à gaz attaque la transmission par une courroie à l'aide d'une poulie folle et

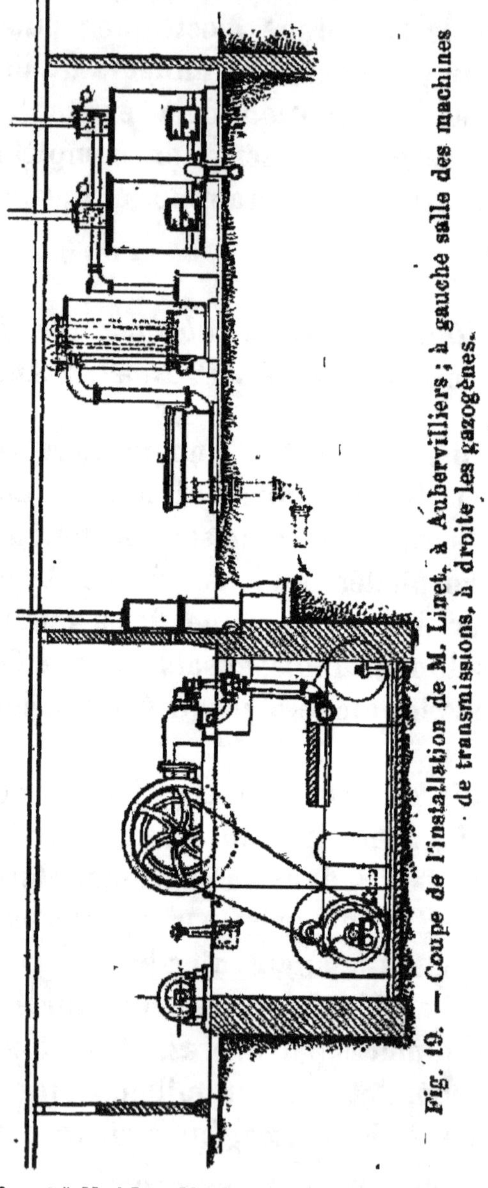

Fig. 19. — Coupe de l'installation de M. Linet, à Aubervilliers ; à gauche salle des machines de transmissions, à droite les gazogènes.

d'une poulie fixe. Par un débrayage, commandé de la salle du moteur, il est facile de faire passer la courroie sur l'une ou l'autre des deux poulies et, par suite, d'actionner la transmission ou de l'arrêter. La transmission commande à son tour la machine dynamo placée dans la salle des machines, en arrière du moteur comme le montre notre dessin. Cette deuxième transmission est munie d'un dispositif très simple dû à M. le capitaine Leneveu, et qui a pour but d'assurer l'indépendance de la dynamo par rapport à la transmission aussi bien pendant la marche que pendant les arrêts. Il a pour avantage particulier de permettre la mise en marche et l'arrêt de la dynamo avec la progression que l'on désire et de ne consommer pour son fonctionnement qu'une puissance proportionnelle à la puissance demandée à la dynamo. Ajoutons que d'autres dispositions ont également été prises pour permettre d'actionner à l'aide de transmissions spéciales, par une machine à vapeur placée dans une salle voisine, les machines dynamos génératrices et une pompe montée au-dessus d'un puits.

Les machines dynamos génératrices sont deux machines Gramme à 6 pôles et tournent à la vitesse angulaire de 360 tours par minute. L'une d'elles, machine shunt, servant indistinctement à la distribution de force motrice, d'éclairage, et à la charge d'une batterie d'accumulateurs, a une puissance de 56,5 kilowatts, avec une intensité de 390 ampères sous une différence de potentiel de 145 volts. L'autre dynamo est hypercompound, et a une puissance de 56 kilowatts également, mais avec 450 ampères et 125 volts. L'éclairage est assuré par des lampes à arc et à incandescence réparties dans les divers atéliers de l'usine. La distribution de force motrice est obtenue en divers endroits par des circuits partant du tableau de distribution général. Les moteurs électriques sont actuellement au nombre de 12, et fonctionnent tous à 120 volts. On trouve 1 moteur de 15 kilowatts pour les transmissions de l'atelier, 1 moteur de 7, 5 kilowatts pour la commande d'un broyeur, un moteur de 4,5 kilowatts pour la commande d'une soufflerie à gaz, 2 moteurs de 7,5 kilowatts pour le séchoir, 2 moteurs de 7,5 et de 4,5 kilowatts pour 2 ventilateurs, 1 moteur de 7,5 kilowatts pour le malaxeur, 1 moteur de 4,5 kilowatts pour un monte-charge, 1 moteur de 7,5 kilowatts pour un monte-sacs, 1 moteur de 7,5 kilowatts pour la fabrication et un moteur de 10,8 kilowatts pour le séchage. Tous ces moteurs sont des moteurs Gramme shunt bipolaires, et sont munis de balais en charbon. Ils fonctionnent d'une manière très satisfaisante malgré les poussières de différente nature auxquelles ils sont exposés.

Des expériences très rigoureuses et très intéressantes ont été effectuées sur les diverses parties de cette installation. M. le capitaine Leneveu a d'abord établi aux ateliers Gramme les rendements industriels des machines dynamos génératrices et des moteurs. Ce rendement pour les machines dynamos atteignait les valeurs suivantes à divers régimes : 91 pour 100 à 54 kilowatts, 90 pour 100 à 42 kilowatts ; 88 pour 100 à 30 kilowatts ; 82 pour 100 à 24 kilowatts ; et 77,5 pour 100 à 15,6 kilowatts.

Les rendements des moteurs ont été, à puissance maxima, de 89 pour 100 pour les moteurs de 15 kilowatts à la vitesse angulaire de 900 tours par minute, de 88 pour 100 pour les moteurs de 7,5 kilowatts à 1050 tours par minute et de 86 pour 100 pour les moteurs de 4,5 kilowatts à 1072 tours par minute. Une première expérience d'une durée de dix heures a permis de constater le bon fonctionnement des machines et appareils. Le régime de marche a été une puissance utile moyenne de 71,6 chevaux pour le moteur, avec une vitesse angulaire moyenne de 123, 8 tours par minute, et une puissance utile de 46 kilowatts (371 ampères et 124 volts) pour la machine dynamo à 378 tours par minute. Une deuxième série d'expériences plus complète a été faite ensuite pour déterminer exactement le nombre d'explosions, la vitesse angulaire du moteur, le travail indiqué, la manière dont les pressions se répartissent dans le cylindre et enfin la consommation de charbon. Ces derniers essais, d'une durée de 4 h. 19 minutes, ont montré que la puissance moyenne au frein sur l'arbre était de 81, 42 chevaux, ce qui porte à 76,9 pour 100 le rendement organique du moteur. La consommation de charbon a été de 0,661 kilogramme par cheval-heure au frein et de 0,508 kilogramme par cheval-heure indiqué; il s'agit du charbon maigre ordinairement employé dans les gazogènes pour moteurs à gaz pauvre.

Si nous n'avons pu nous procurer de renseignements détaillés sur les installations en service, nous avons pu toutefois avoir des explications sur quelques appareils en usage dans ces diverses usines.

Ce sont d'abord les ponts roulants électriques que représentent les Fig. 21, 22, 23. Il en existe quatre modèles

FIG. 21. — Vue de face d'un pont roulant électrique installé dans la Raffinerie Say, à Paris (p. 52).

FIG. 22. — Vue de côté du pont roulant électrique
de la raffinerie Say, à Paris (p. 52).

Fig. 23. — Vue du chariot destiné à soulever la charge du pont roulant électrique installé à la Raffinerie Say, à Paris (p. 52).

Fig. 24. — Ventilateur pour feux de forge actionné par un
moteur électrique (p. 54).

semblables dans la Raffinerie Say à Paris. La Fig. 21 nous montre une vue de face de ce pont-roulant ; on distingue au milieu sur la traverse latérale le chariot-charge avec la canalisation électrique qui l'alimente. Au-dessous est installée la cabine du conducteur avec tous les appareils nécessaires pour le réglage. On aperçoit sur le côté, dans le sens longitudinal, un des supports latéraux sur lesquels se déplace le pont. La canalisation en fils nus sur isolateurs en porcelaine est au-dessous. On distingue, dans le fond, toujours sur le même support, le moteur électrique qui commande le déplacement dans le sens longitudinal. La Fig. 22 nous fait voir une vue de côté de ce même pont électrique. Dans la Fig. 23 est représentée une vue détaillée du chariot destiné à soulever la charge. Un moteur électrique, qui est alimenté par un trolley placé à la partie supérieure, actionne à l'aide d'une vis tangente un tambour de treuil sur lequel s'enroule la chaîne maintenant la charge. Ces ponts-roulants électriques sont donc pourvus de trois moteurs, l'un d'une puissance de 1,47 kw pour le déplacement du pont, l'autre d'une puissance de 2,58 kw pour le déplacement du chariot, et le troisième d'une puissance de 6,6 kw pour l'élévation de la charge. La vitesse d'élévation pour une charge de 2 000 kilogrammes peut atteindre 10 centimètres par seconde ; la vitesse de déplacement du chariot est de 30 centimètres par seconde, et la vitesse de déplacement du pont peut aller à 40 centimètres par seconde.

La Société Gramme a également fourni dans diverses installations un grand nombre de moteurs électriques pour actionner directement sur le même arbre des ventilateurs, des pompes centrifuges. Ces modèles sont bien connus ; nous avons déjà parlé de plusieurs d'entre eux dans notre premier ouvrage. Nous mentionnerons encore ici un petit ventilateur pour feux de forge (Fig 24). Cet appareil, dont le moteur électrique consomme 110 volts et 7 ampères à la vitesse angulaire de 2 250 tours par minute, fournit un débit d'air de 7 mètres cubes d'air par minute sous une pression correspondant à une hauteur d'eau de 100 millimètres. Ce ventilateur est utilisé dans un grand nombre d'usines possédant déjà des distributions d'énergie électrique. Nous signalerons aussi la machine à fraiser actionnée directement à la partie supérieure par un moteur Gramme, que montre la Fig. 25. C'est encore là un outil qui, avec ces heureuses dispositions, rend dans l'industrie les plus grands services.

Parmi les différentes autres installations dont nous avons pu, à grand peine, nous procurer l'énumération, nous citerons les suivantes : Dans une sucrerie d'Égypte, des pompes sont commandées, les unes par 4 moteurs de 14,720 kw et 1 moteur de 1,47 kw sur une distribution à 225 volts, et une autre par 1 moteur de 47,8 kw sur une distribution à 120 volts.

Aux magasins généraux, à Aubervilliers, un moteur de 14,72 kw à 240 volts actionne une scie à bois.

Au château de l'Hamois, un moteur de 0,368 kw met en marche une pompe.

A la Raffinerie Say, à Paris, on compte 48 moteurs à 120 volts, dont 12 de 22 kw et 12 de 11 kw pour transmissions, pompes et ventilateurs, et 22 de 3,68 à 7,36 kw pour appareils divers.

Qu'il nous soit permis d'exprimer ici tous nos regrets de ne pouvoir donner de descriptions plus complètes des

FIG. 25. — Machine à fraiser actionnée directement par un moteur électrique Gramme (p. 54).

nombreuses installations faites par la maison Gramme ; diverses raisons qui nous ont été données par M. Javaux, directeur des ateliers, nous en montrent l'impossibilité. Nous retrouverons du reste encore les appareils pour les installations dans les mines ou dans les navires.

γ. Installations de la maison Bréguet.

La maison Bréguet est une de nos grandes maisons parisiennes de construction électrique qui a déjà fait un grand nombre d'applications mécaniques de l'énergie électrique, principalement dans les mines et à bord des navires. Nous mentionnerons cependant quelques applications réalisées dans des usines et fabriques.

Signalons tout d'abord les essais effectués, en janvier 1893, dans les ateliers même de la maison Bréguet, par M. E. J. Brunswick qui a étudié tout particulièrement la question des transmissions électriques et qui a publié à ce sujet dans l'*Éclairage Électrique* des articles fort remarquables. M. E. J. Brunswick a utilisé pour ses essais l'installation mécanique existante, avec des transmissions du second degré pour les machines-outils. Les ateliers sont répartis en quatre travées de 9 mètres de largeur, séparées par des galeries couvertes d'un étage. Ces galeries supportent les arbres intermédiaires et les renvois. Au-dessus de 2 galeries se trouvent les ateliers de petite mécanique dont les transmissions sont aussi actionnées par des renvois placés sur les arbres dont nous avons parlé plus haut. Autrefois la commande se faisait à l'aide d'une machine à vapeur et une courroie sur l'arbre principal.

Les machines actionnées étaient les suivantes :

8 machines à percer . . . . \
11 machines à fraiser . . . . |
39 tours . . . . |
5 machines à fabriquer les fraises . . . . |
2 mortaiseuses . . . . } au rez-de-chaussée.
4 raboteuses . . . . |
3 Etaux limeurs . . . . |
3 aléseuses . . . . |
11 meules et diverses . . . . /

50 tours d'horlogerie . . . . \
4 tours ordinaires . . . . |
3 perceuses. . . . . } au premier étage.
4 fraiseuses . . . . |
2 meules . . . . /

Pour les essais électriques, on a supprimé la transmission principale de la machine à vapeur et on a adapté un moteur électrique sur chacune des transmissions électriques. M. E. J. Brunswick a relevé avec soin, pendant plusieurs jours, diverses données qui lui ont permis de déduire les renseignements suivants. La puissance totale absorbée, en tenant compte du rendement industriel connu des moteurs, a été de 1 730 kilogrammètres par seconde avec toutes les courroies sur les poulies folles et de 3 320 kilogrammètres par seconde avec les outils en travail. La puissance utile consommée par ceux-ci est donc de 1 590 kilogrammètres par seconde. Le rendement des transmissions secondaires, dans les conditions que nous venons de rapporter, s'est donc élevé à 48 pour 100.

D'autres essais ont également été faits sur une transmission spéciale commandant l'atelier de modelage et d'ébénisterie à une distance de 40 mètres de la machine à vapeur. En tenant compte de la puissance moyenne à laquelle travaillent les machines-outils, M. E. J. Brunswick a trouvé pour le rendement industriel des transmissions secondaires des valeurs de 66,5 à 72,5 pour 100. Si l'on fait maintenant le calcul du rendement total industriel avec un moteur de rendement égal à 95 pour 100, une génératrice de rendement de 87 pour 100, on trouve pour le rendement total une valeur de 45,5 à 51 pour 100. Cette installation avec des câbles télédynamiques de rendement de 75 pour 100, des renvois de rendement de 70 pour 100, donnait un rendement total de 34,5 pour 100. Il faut ajouter les économies faites sur les frais d'entretien des câbles, et le grand avantage qui est résulté pour l'exploitation des surcharges faciles, sans à-coups sur la construction. Cette expérience réalisée à titre d'essais dans ses ateliers, par la maison Bréguet, ajoute de nouvelles preuves en faveur de la transmission électrique à celles que nous avons déjà données.

La maison Bréguet a aussi fourni un grand nombre de moteurs électriques pour diverses applications mécaniques.

Parmi les plus récentes, à l'usine hydraulique de Gennevilliers, près Colombes, pour le service municipal de la ville de Paris, elle a fourni une grue électrique de 1,5 tonnes et de 4 mètres de portée pour le déchargement du charbon, commandée par un moteur électrique de 7,3 kw, ainsi qu'une pompe électrique de 0,736 kw et un moteur de 2,944 kw pour les commandes de transmissions dans l'atelier. Nous ne faisons que mentionner la locomotive électrique de 2,944 kw pour le transport des matériaux de l'estacade à l'usine. La distribution de l'énergie électrique pour alimenter ces moteurs était assurée par deux turbines-dynamos Laval de 20 chevaux à 110 volts.

Nous n'avons pu avoir, à notre grand regret, d'autres renseignements sur les diverses autres installations que la maison Bréguet a certainement dû déjà mettre à exécution ; il aurait cependant été très intéressant pour nous de les faire connaître.

δ. Installations de la maison Fabius Henrion à Nancy.

La maison Fabius Henrion de Nancy est une des maisons de construction qui a fait, dans toutes les régions et surtout dans l'Est, un très grand nombre d'applications mécaniques de l'énergie électrique dans les fabriques, usines, et pour toutes sortes d'utilisations. Sur notre demande, cette maison nous a fourni une grande quantité de renseignements dans lesquels nous avons puisé ceux que nous allons faire connaître.

Ateliers F. Henrion. — Dans les ateliers Henrion, existe une distribution d'énergie électrique qui fournit à la fois l'éclairage, la force motrice, la chaleur, etc. On y trouve, en effet, des moteurs électriques, une grue roulante, des fers à souder, des appareils à chauffer les tôles, etc. ; l'énergie électrique est, en un mot, utilisée pour toutes sortes d'applications, et d'après les chiffres qui nous ont été fournis, dans les conditions les plus satisfaisantes.

L'installation comprend une machine à vapeur horizontale à condensation de 150 chevaux, à la vitesse angulaire normale de 75 tours par minute, commandant par courroie une dynamo à anneau plat à 6 pôles d'une puissance de 105 kilowatts à la différence de potentiel de 110 volts et à 300 tours par minute. La Fig. 26 nous

donne le schéma général des ateliers et la répartition
des machines-outils et engins divers. Dans une salle
spéciale en V se trouve la machine à vapeur et en A la

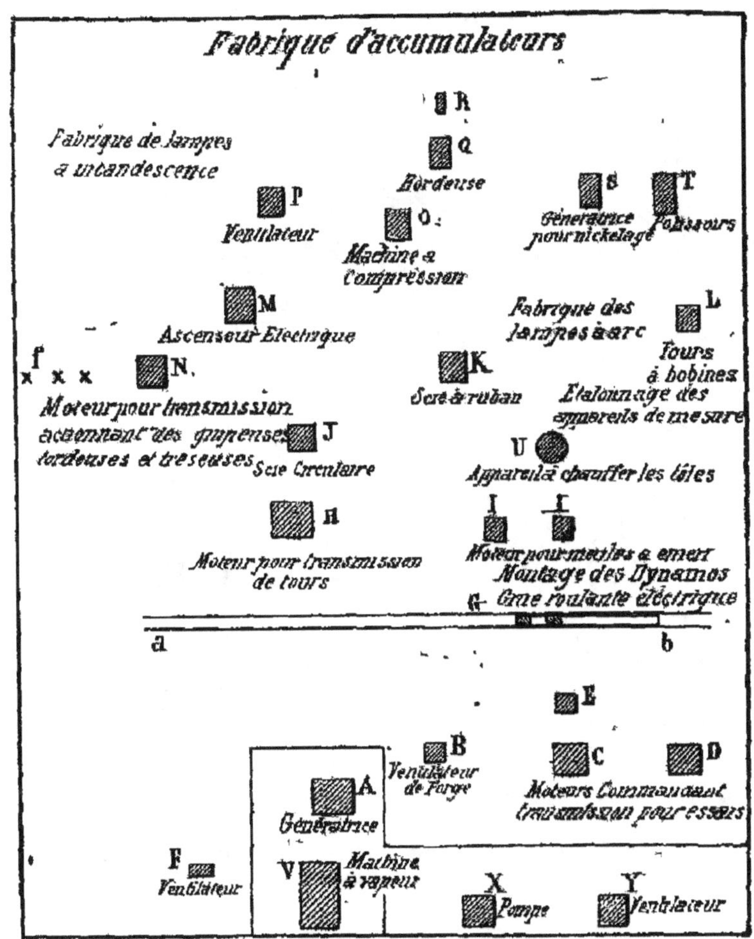

Fig. 26. — Schéma général des ateliers Fabius Henrion.
Désignation des engins électriques divers.

dynamo génératrice. Le régulateur de la machine à vapeur et le réglage automatique de la dynamo sont com-
binés de telle sorte que le voltage reste constant pour

des variations très brusques de puissance de 100 à 120000 watts. Du tableau de distribution partent les conducteurs qui traversent les ateliers, et fournissent partout la distribution de l'énergie électrique. Nous ne nous arrêterons pas aux appareils d'éclairage qui com-

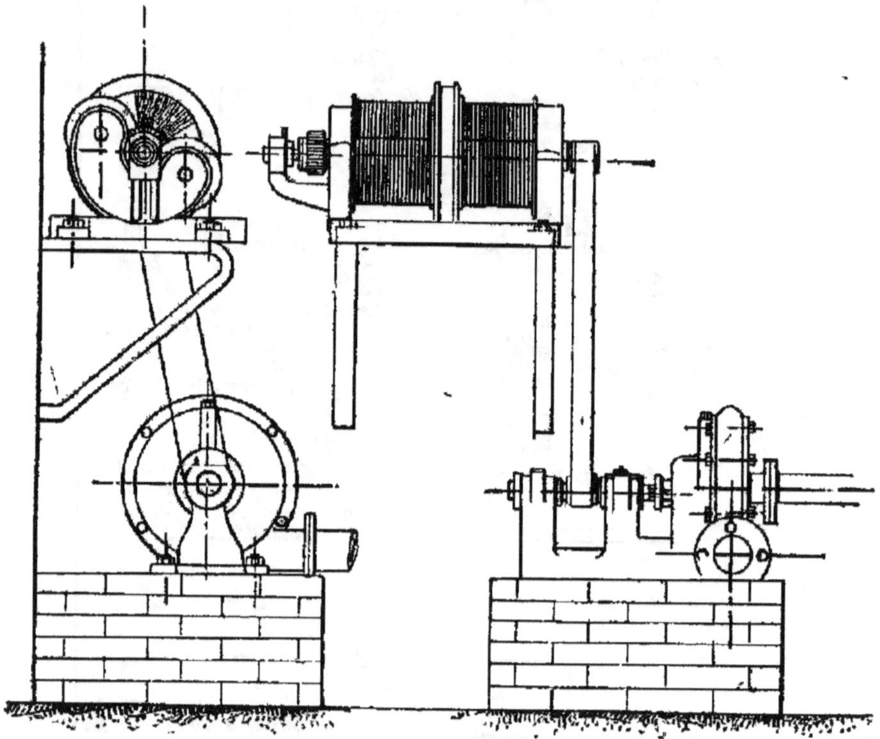

Fig. 27. — Installation d'une pompe centrifuge pour les eaux de condensation.

prennent un certain nombre de lampes à arc et à incandescence convenablement réparties. En X se trouve une pompe centrifuge commandée par un moteur électrique de 15 ampères ; cette pompe prend l'eau de la condensation de la machine à vapeur, la fait écouler dans un puits afin de la laisser refroidir, et la ramène ensuite à la machine pour la faire resservir de nouveau. La Fig. 27 représente en coupe et en long cette installation ; le moteur électrique est placé sur une console à la partie supérieure, il commande par courroie la pompe centrifuge établie sur un bâtis en briques. La marche du moteur est réglée automatiquement à l'aide d'un flotteur. Si nous reprenons la Fig. 26, nous voyons en Y un ventilateur électrique utilisé pour la réfrigération des eaux de condensation dont nous venons de parler ; en F est également un autre petit ventilateur. En B est installé un moteur électrique de 1 400 watts, tournant à 1 700 tours par minute et actionnant un ventilateur pour forges. Les moteurs E, C, D commandent des transmissions pour essais de machines ; le premier a une puissance de 24,2 kw à 775 tours par minute. En G est montée une grue roulante dont nous allons donner plus loin la description complète. En I,I des moteurs de 440 watts à 2 070 tours par minute actionnent des meules à émeri. En H un moteur de 24,2 kw commande une transmission qui met en marche plusieurs tours. La Fig. 28 représente une vue d'ensemble de cette commande. Le moteur est placé sur un bâtis en pierre et la courroie montée sur sa poulie vient mettre en marche la poulie fixée sur l'arbre de transmission à la partie supérieure. Devant le moteur, sur le sol, on aperçoit le démarreur formé d'une lame de métal striée plongeant dans une cuve remplie d'un liquide conducteur (eau acidulée sulfurique ou carbonate de soude). La lame, qui est équilibrée par un contre-poids dans toutes ses positions, peut être déplacée à l'aide d'un levier. On peut donc fermer le circuit progressivement suivant la marche que l'on désire. La surface de la lame a été calculée pour obtenir des diminutions successives de la résistance. Ce démarreur porte sur le côté un contact qui permet de fermer tout d'abord le circuit d'excitation du moteur avant que le circuit principal ne soit fermé. De même pour l'arrêt, le circuit principal est d'abord coupé avant le circuit d'excitation.

Si nous poursuivons notre visite dans l'usine (Fig. 26), nous voyons en J une scie circulaire mise en mouvement par un moteur de 1,1 kilowatts à 1 700 tours par minute, en K une scie à ruban commandée par un moteur de 6,6 kw à 1 150 tours par minute. Un appareil à chauffer les tôles est installé en U et des fers à souder en *I*. L'appareil à chauffer les tôles U est formé de deux réchauds renfermant des résistances. Un ruban de fer servant pour la confection des anneaux, et animé d'un mouvement de déplacement très lent, vient traverser ces deux réchauds et se trouve recuit à la sortie. Cette disposition a donné de très bons résultats et a amené des améliorations considérables ; autrefois, il fallait avoir des réchauds à charbon, ce qui nécessitait une surveillance continuelle et occasionnait une dépense de charbon d'environ 3 à 4 fr. par jour. Les fers à souder *I* sont également formés de résistances portées à une température élevée par le passage du courant ; ils servent à souder les lames du collecteur aux bobines. Un moteur N de 24,2 kw à 775 tours par minute actionne une transmission qui met en marche des guipeuses, des tordeuses et des tresseuses pour la fabrication des câbles électriques. En M est un ascenseur électrique commandé par un moteur de 2,8 kw à 1 400 tours par minute. Dans la fabrique des lampes, un moteur L de 6,6 kw à 1 150 tours par minute actionne des tours à bobines. Nous trouvons ensuite successivement en T un moteur de 1,1 kw à 1 000 tours par minute pour la commande des polissoirs ; en S un moteur actionnant une génératrice pour le nickelage ; en O un moteur de 6,6 kw mettant en marche une machine à compression ; en Q un moteur de 1,4 kw à 1 700 tours par minute pour une bordeuse ; en R un moteur de 550 watts à 2 070 tours par minute et en P un moteur de 2,8 kw à 1 400 tours par minute pour actionner un ventilateur. Il nous faudrait ajouter à cela des chaufferettes électriques qui pendant l'hiver sont placées sous les pieds des ouvriers, ainsi que la distribution électrique de l'heure dans toute l'usine. Avant de donner la description complète de la grue électrique, nous signalerons encore une nouvelle application des moteurs électriques de faible puissance pour la commande des régulateurs électriques automatiques. On sait que dans ces régulateurs un axe de rotation doit être animé d'un mouvement de rotation continue. On obtient très facilement ce mouvement en branchant un petit moteur sur la distribution, et en le munissant d'une vis tangente qui actionne une poulie reliée elle-même à l'axe de rotation par une petite courroie. Il est très facile de compenser par un réglage les variations de vitesse angulaire provenant des variations même de la distribution d'énergie électrique.

Parmi toutes les machines-outils que nous avons citées plus haut, la grue roulante est sans contredit celle qui rend les plus grands services. Elle est utilisée pour tous les transports et les manœuvres dans l'atelier sur une longueur *ab* de 80 mètres (Fig. 26). Elle a une flèche de 5 mètres qui peut tourner autour de son axe ; elle peut donc desservir une largeur de 10 mètres. Elle prend les pièces de fonte à l'arrivée dans l'usine, les transporte successivement à la bascule, aux diverses machines-outils qui doivent effectuer le travail, puis au montage, aux essais, à la peinture à l'emballage, et enfin sur le camion pour le départ. La Fig. 29 nous donne une vue d'ensemble de cet appareil. Deux moteurs électriques commandent respectivement les mouvements de translation et de levage. Le moteur placé à l'arrière sur le chariot, d'une puissance moyenne de 2 kilowatts, tourne à une vitesse angulaire de 600 tours par minute, et actionne deux engrenages intermédiaires, qui sont recouverts dans notre dessin. Le dernier engrenage met en marche une roue dentée qui est montée sur une tige longitudinale placée dans toute la longueur de la grue. Cette tige porte, à l'avant et à l'arrière, deux vis tangantes qui agissent sur les roues motrices, et celles-ci, tournant à 80 tours par minute, se déplacent sur un monorail que l'on aperçoit sur notre dessin. La grue est guidée à la partie supérieure par un galet qui glisse entre deux fers longitudinaux. L'énergie électrique est amenée de la machine par deux fils nus posés sur isolateurs, et la prise de courant se fait par des frotteurs. Le mouvement de levage est obtenu à l'aide d'un second moteur électrique que l'on peut voir dans la figure à la partie supérieure de la grue et s'appuyant d'un côté sur la flèche. Ce moteur d'une puissance de 3,3 kilowatts, commande par engrenages et vis sans fin un tambour de treuil sur lequel s'enroule une chaîne portant à son extrémité un crochet pour suspendre les objets à déplacer. Un commutateur-rhéostat placé à côté du moteur du chariot permet de graduer à volonté la vitesse de déplacement et d'obtenir la marche en avant ou en arrière par

Fig. 28. — Vue d'ensemble de la commande d'une transmission par un moteur électrique dans les Ateliers Fabius Henrion (p. 61).

Fig. 29. — Vue d'ensemble d'une grue électrique de 6 tonnes installée dans les Ateliers Fabius Henrion, à Nancy (p. 67).

l'inversion du courant dans les inducteurs. Le moteur du mouvement de levage est réglé par un rhéostat spécial placé sur la colonne de la grue. Les balais des moteurs sont en charbon et à calage constant. La descente ne peut s'effectuer trop rapidement, car le moteur devenant alors génératrice forme frein.

Les principales conditions de fonctionnement de cette grue sont les suivantes :

A vide, à 110 volts, le moteur commandant le mouvement de translation prend une intensité de 20 ampères au démarrage et de 10 ampères en moyenne pour une vitesse de déplacement de 17 mètres par minute. Sur toute la longueur du parcours, l'intensité varie de 8 à 12 ampères. Dans les mêmes conditions, le moteur du mouvement de levage consomme 12 ampères au démarrage et se maintient ensuite à 3,5 ampères. La chaîne effectue son mouvement de levage et de descente à la vitesse de 2,16 mètres par minute. Dans le mouvement de descente, l'intensité au démarrage est de 10 ampères et ensuite de 2,2 ampères.

Avec une charge de 576 kilogrammes, le moteur du mouvement de translation consomme une intensité de 9,5 ampères pour une vitesse de déplacement de 17,25 mètres par minute ; le moteur du mouvement de levage prend 9,2 ampères pour une vitesse de déplacement de la chaîne de 1,84 mètres par minute. Avec cette même charge et dans le mouvement de descente, l'intensité est de 3 ampères et la vitesse de déplacement de 2,14 mètres par minute.

Avec une charge de 2190 kilogrammes, l'intensité moyenne prise par le moteur du mouvement de translation est de 10 ampères, si la flèche est dans le même plan que le corps de la grue, et de 18 ampères si la position de la flèche est perpendiculaire à celle du corps de la grue. La vitesse de translation est de 17 mètres par minute. Avec la même charge, le moteur de levage consomme 27 ampères et fait déplacer la chaîne à la vitesse de 1,60 mètres par minute. Dans le mouvement de descente de la chaîne à la même charge à raison de 2,10 mètres par minute, l'intensité moyenne est de 7 ampères.

L'installation comprend donc au total :

1 pompe pour la condensation, avec	1 moteur électrique de	1,650 kw
1 ventilateur de forges,	—	1	—	1,4 »
2 moteurs pour essais, de 71,5 kilowatts chacun,	—	2	—	143,0 »
1 moteur pour essai, de 24,2 kilowatts,	—	1	—	24,2 »
1 grue roulante, avec 2 moteurs de 2,8 kilowatts chacun,	—	2	—	5,6 »
2 meules à émeri, avec 2 moteurs de 0,440 kilow. chacun,	—	2	—	0,880 »
1 moteur pour transmission,	—	1	—	24,2 »
1 scie circulaire,	—	1	—	1,1 »
1 scie à ruban,	—	1	—	6,6 »
1 tour à bobines,	—	1	—	6,6 »
1 moteur pour transmission (guipeuses, etc.),	—	1	—	24,2 »
1 ascenseur,	—	1	—	2,8 »
1 ventilateur,	—	1	—	2,8 »
1 machine à compression,	—	1	—	6,6 »
1 bordeuse,	—	1	—	1,4 »
1 polissoir,	—	1	—	1,1 »
18 machines-outils		19 moteurs		255,150 kw

En résumé, les ateliers de la maison Fabius Henrion à Nancy nous offrent un exemple complet d'une distribution d'énergie électrique, dans le sens le plus large du

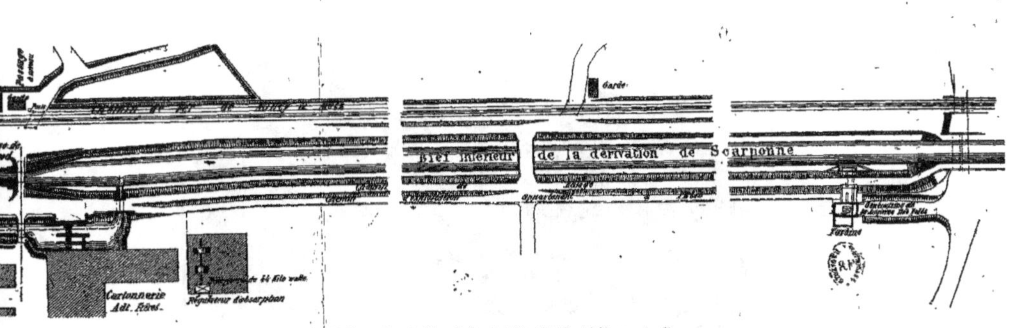

Fig. 29 bis. — Plan de l'installation de MM. Adt à Pont-à-Mousson (p. 67)

Fig. 3o. — Vue d'ensemble d'une pompe centrifuge
actionnée par un moteur électrique (p. 67).

Fig. 34. — Vue d'ensemble des Ateliers de M. L. Neu, à Lille (p. 73).

mot, où celle-ci est utilisée sous les formes les plus diverses. Ces nouvelles dispositions ont permis de faire une installation plus commode, plus pratique, de faciliter notablement le travail, et d'augmenter la production dans de grandes proportions. Il faut ajouter à cela que de grandes économies ont pu être réalisées dans l'exploitation. On peut estimer ces économies sur les anciennes dispositions à environ 50 pour 100, dont 30 pour 100 reviennent au moteur à vapeur. Mais c'est la transmission électrique qui a permis d'employer un moteur aussi économique. Avec les transmissions ordinaires, il aurait fallu installer plusieurs moteurs à vapeur de puissance plus faible répartis dans l'usine, ou avoir recours à d'autres dispositions moins avantageuses.

Autres installations. — Depuis cinq ans, la maison Henrion a fait un grand nombre d'installation où l'énergie électrique est utilisée pour diverses applications mécaniques. Nous ferons une courte revue des principales installations.

Depuis 1890, MM. Guérin et Cie à Limoges actionnent les transmissions de leur manufacture de porcelaine à l'aide d'un moteur de 50 chevaux qui reçoit l'énergie électrique d'une station centrale hydraulique située à 5 kilomètres. Le rendement industriel est de 78 pour 100.

MM. Adt frères à Pont-à-Mousson ont une cartonnerie dont les transmissions sont mises en mouvement par un moteur de 80 chevaux. La transmission de force motrice est faite à l'aide d'une turbine placée sur un bief de la dérivation de la Scarponne, à 3 kilomètres. La Fig. 29 bis nous montre à droite le plan d'installation de la turbine mettant en marche une dynamo de 1100 volts. La ligne suit le ruisseau, et arrive à gauche à la cartonnerie où se trouve la réceptrice de 44 kilowats commandant un arbre de transmission.

Dans les fonderies, forges, aciéries et mines de MM. de Wendel à Hayange, Jœuf, Moyeuvre et Jamailles, les installations électriques ont une puissance totale d'environ 800 chevaux pour l'éclairage et la force motrice. On compte plus de 20 moteurs électriques d'une puissance totale de 300 chevaux pour actionner des casse-fonte, tours à cylindre, 6 pompes d'épuisement, dont 4 de 40 chevaux réparties sur un réseau de 12 kilomètres; cisailles fixe et mobile, et ponts roulants.

Dans l'usine de charbons de Pagny-sur-Moselle, M. Henrion a utilisé la transmission de force motrice pour actionner une pompe centrifuge d'épuisement, en installant dans une usine hydraulique voisine une dynamo génératrice. Il était impossible d'installer une pompe et une locomobile en raison de la place très restreinte. La Fig. 30 montre une vue d'ensemble de la pompe centrifuge actionnée directement par un moteur électrique.

Dans la grande brasserie de l'Est, à Nancy, une application très intéressante de la force motrice électrique a été réalisée. Un monte-fûts était actionné par une machine qui prenait la vapeur à des chaudières placées à une distance de 80 mètres. Cette machine qui consommait déjà près de 18 kilogrammes de vapeur par cheval-heure, ne fonctionnait environ que 10 minutes par heure. La purge représentait plusieurs fois la consommation de la machine. Il y avait également à 150 mètres de la brasserie une pompe à vapeur, fonctionnant nuit et jour, ainsi que de deux autres pompes à 200 mètres. Tous ces appareils nécessitaient des chauffeurs-mécaniciens de jour et de nuit. On a installé une distribution électrique de force motrice, et la consommation de vapeur par cheval-heure utile effectif est tombé à 11 kilogrammes au lieu de 18 kilogrammes. On a, de plus, réduit considérablement le personnel, augmenté le débit des pompes et amélioré notablement le fonctionnement de ces diverses installations.

Aux Forges et aciéries de l'Adour, au Boucau, l'installation électrique de 360 chevaux, servant déjà à l'éclairage électrique, alimente un moteur de 50 chevaux pour transmissions dans l'atelier de réparation, et un moteur de 80 chevaux pour mettre en marche une pompe aspirante placée sur l'Adour. Cette pompe élève tantôt l'eau de l'Adour, tantôt l'eau de mer dans des réservoirs communs aux divers condenseurs. Le niveau constant est maintenu par des régulateurs électriques qui font varier le débit de la pompe. La consommation de vapeur ne dépasse pas 10 kilogrammes par cheval-heure utile.

Aux verreries de Carmaux, deux dynamos génératrices de 35 chevaux fournissent l'énergie électrique à des pompes, à des treuils à bouteilles, et à un moteur de 15 chevaux faisant fonctionner une menuiserie. Cette transmission dans la menuiserie est avantageuse d'abord en raison de la suppression des dangers d'incendie et de la diminution des primes d'assurance contre l'incendie.

Nous citerons enfin les installations de MM. Lainé à Beauvais, Gondolo et Liébaut à Nantes, Fould-Dupont à Pompey, Supervielle à Oloron, Brusson à Villemur, etc. A Château-Thierry, dans les usines de MM. Pinet, fabricants de chaussures, une distribution intérieure fournit l'énergie électrique à toute une série de moteurs.

Les industries les plus diverses ont utilisé la transmission de force motrice : la Fig. 31, nous montre la vue d'un métier à tisser actionné électriquement et installé par la maison Henrion dans un grand nombre de filatures. La vitesse angulaire du moteur est réglée suivant la qualité des filés, et suivant les conditions locales. Le casse-fils arrête automatiquement le métier quand la trame est usée ou cassée.

Fig. 31. — Vue d'un métier à tisser actionné électriquement.

La Fig. 32 représente un monte-sacs électriques utilisé également dans un grand nombre de fabriques. Une vis tangente portée par l'arbre ou moteur actionne un tambour de treuil. La Fig. 33 est l'exemple des dispositions pour mettre en marche par un moteur électrique une machine à imprimer.

D'après les renseignements qui nous ont été fournis

par la maison F. Henrion, celle-ci aurait actuellement
établi 4 000 installations d'une puissance totale de 60 000

Fig. 32. — Monte-sacs électrique.

chevaux, dont environ 2 000 installations, dans lesquelles

Fig. 33. — Machine à imprimer actionnée par un moteur électrique.

seraient utilisés 10 000 moteurs d'une puissance totale
de 30 000 chevaux.

ε. Installations de M. L. Neu, à Lille.

M. L. Neu, ingénieur-constructeur à Lille, s'est beaucoup occupé des applications mécaniques de l'énergie électrique dans la région du Nord de la France ; nous allons parler des principales installations qu'il a réalisées.

Ateliers de construction de M. L. Neu. — L'installation comprend une chaudière semi-tubulaire d'une surface de chauffe de 80 mètres carrés, alimentée par une pompe Worthington, et une turbine Laval de 50 chevaux, avec un condenseur Kœrting. La turbine commande par courroie une dynamo de 27,5 kilowatts (250 ampères à 110 volts). La distribution alimente à la fois l'éclairage et la force motrice. L'eau nécessaire à la condensation est fournie par une pompe centrifuge qui aspire dans un puits. La pompe est actionnée par un moteur électrique de 6 chevaux tournant à 1 500 tours par minute ; elle débite 30 mètres cubes d'eau par heure à une hauteur totale de 22 mètres.

L'éclairage est assuré par 6 lampes à arc et 20 lampes à incandescence.

Dans l'atelier se trouvent tout d'abord 4 tours commandés, l'un par un moteur électrique de 3 kilowatts, 2 autres par deux moteurs de 1,5 kilowatts, et le quatrième par un moteur de 0,5 kilowatts. M. Neu a conservé pour la commande les cônes qui permettent facilement des variations de vitesse. Le cône est porté sur un arbre tournant sur une poupée supplémentaire qui se trouve fixée sur une console boulonnée sur le tour derrière la poupée ordinaire. Le moteur est installé en dessous sur le sol, et attaque par courroie une poulie calée sur

Fig. 35. — Vue d'ensemble de la grue électrique installée à la Filature
de laine de MM. Tiberghien. à Tourcoing (p. 73).

Fig. 36. — Treuil électrique de M. Marchand, à Dunkerque (p. 73).

l'arbre de la poupée arrière ; sur le devant du tour sont placés l'inverseur de marche et le rhéostat de mise en marche. Les grands écartements d'axes pour les deux cônes n'ont pas été jugés nécessaires ; on a évité les glissements en employant des cônes en bois ou recouverts de papier.

Une machine à percer est commandé par un moteur de 0,5 kilowatts tournant à 2 200 tours par minute. La vitesse angulaire est réduite à 100 tours par minute à l'aide d'une roue de vis sans fin à paliers de butée à billes permettant d'éviter tout échauffement et améliorant le rendement. Nous trouvons également dans l'atelier une machine à percer radiale commandée par un moteur électrique de 1,5 kilowatts à l'aide d'un cône qui se trouve monté sur un arbre portant un engrenage en fonte. Ce dernier est actionné directement par le pignon en cuir de l'arbre du moteur. Les pignons en cuir conviennent très bien pour les réductions des vitesses angulaires, parce qu'ils fonctionnent sans choc et supportent aisément les charges brusques.

Un moteur de 3 kilowatts à 1500 tours par minute actionne une raboteuse à l'aide d'un pignon en cuir et d'un engrenage qui réduisent à 120 tours par minute la vitesse angulaire du tambour portant la courroie de commande.

Viennent ensuite un étau limeur, actionné par un moteur de 1,5 kilowatts à 600 tours par minute ; une fraiseuse universelle actionnée par un moteur de 0,5 kilowatts à 1400 tours par minute, avec 2 réductions de vitesse angulaire, l'une par engrenage, l'autre par courroie ; une meule à émeri, un lapidaire, une meule, une scie à métaux commandés par un arbre mis en mouvement à l'aide d'une courroie par un moteur de 1,5 kilowatts à 1 200 tours par minute ; une machine à affuter les forets américains commandée par un moteur de 0,2 kw. à 3 000 tours par minute ; un ventilateur pour les forges actionné par un moteur de 2 kilowatts à 1 500 tours par minute avec résistance suffisante pour faire varier le débit du vent ; un broyeur malaxeur mis en mouvement au moyen d'une transmission intermédiaire par courroie par un moteur de 7 kilowatts à 1 000 tours par minute.

Tous ces moteurs sont excités en shunt et des dispositions ont été prises pour que le circuit d'excitation soit fermé le premier. Ils sont tous munis de balais en charbon, et les collecteurs n'ont aucune atteinte après plus d'une année de service courant. La Fig. 34 représente une vue d'ensemble de cette installation qui nous paraît très remarquable et fort intéressante.

Nous pouvons résumer comme suit l'ensemble des machines outils actionnées électriquement :

1 pompe pour la condensation,	1 moteur électrique de	4,416 kilow.
1 tour,	1 »	3 »
2 tours, avec chacun un moteur de 1,5 kilowatts,	2 moteurs électriques de 1,5 kilowatts, soit	3 »
1 tour,	1 moteur électrique de	0,5 »
1 machine à percer,	1 »	0,5 »
1 machine à percer, radiale,	1 »	1,5 »
1 grosse raboteuse,	1 »	3 »
1 étau limeur,	1 »	1,5 »
1 fraiseuse universelle,	1 »	0,5 »
1 meule à émeri, 1 lapidaire, 1 scie à métaux,	1 »	1,5 »
1 machine à affuter les forets,	1 »	0,2 »
1 ventilateur,	1 »	2 »
1 broyeur malaxeur,	1 »	7 »
14 machines outils	14 moteurs	28,6 kilow.

L'installation comprend donc au total 14 machines-outils actionnées par 14 moteurs électriques d'une puissance totale de 28,6 kilowatts, avec des puissances individuelles variables de 0,2 à 7 kilowatts.

Installation d'une grue électrique. — La maison L. Neu a installé depuis le mois de janvier 1895 à la filature de laine de MM. Tiberghien, à Tourcoing, une grue électrique qui sert au déchargement des wagons et camions amenant les balles de laine dans les magasins. La Fig. 35 représente une vue d'ensemble de cette grue électrique, qui est desservie par l'installation électrique servant déjà à l'éclairage. La force portante est de 500 kilogrammes, la vitesse de levage est de 0,30 mètre par seconde, la portée est variable, le treuil fixe. Le câble de levage passe dans l'axe du tube central portant le bras ; le tube c t monté sur roulement à billes. Le moteur qui actionne le tambour du treuil à l'aide d'une vis sans fin a une puissance de 3,3 kilowatts. La grue est munie d'un appareil pour changement de marche, et d'un rhéostat démarreur. Il est possible de faire frein par la mise en court-circuit de l'armature sur une très faible résistance ; on obtient ainsi l'arrêt instantané de la charge à la montée et à la descente. On peut voir dans la figure ces divers appareils au centre. La grue est montée sur chariot et peut se déplacer à volonté.

Treuil électrique de MM. Marchand, à Dunkerque. — Le treuil électrique, que représente la Fig. 36, est installé chez MM. Marchand, à Dunkerque, dans un magasin en construction. Il sert actuellement à lever les matériaux, briques et mortier, pour la construction ; il sera ensuite utilisé pour le déchargement des marchandises. L'énergie électrique lui est fournie par l'installation d'éclairage existante. Un moteur électrique de 3,3 kilowatts à pignon de cuir actionne un double engrenage qui transmet le mouvement au tambour ; la charge maxima peut atteindre 200 kilogrammes et être soulevée avec une vitesse de 0,75 mètre par seconde.

Ascenseurs électriques de la manufacture des glaces de Recquignies. — Un ascenseur de 6 tonnes a été installé au mois de juillet 1894 à la manufacture de glaces de Recquignies. La cage de cet ascenseur a 6,5 mètres de longueur et 1,8 mètre de largeur ; elle peut recevoir un wagon portant 6000 kilogrammes de glaces. La Fig. 37 nous montre cet ascenseur, dans lequel on peut distinguer les glaces. La cage est supportée par deux gros câbles plats en acier et un beffroi servant de guidage et portant le treuil ; la cage pèse 3 000 kilogrammes, elle est équilibrée par un contre-poids. Cet ascenseur est mis en marche par un moteur série de 6 chevaux qui attaque par vis et double engrenage l'arbre portant les poulies sur lesquelles s'enroule le câble de levage.

Ascenseur électrique pour personnes chez M. Six à Tourcoing. — En juin 1895, M. Neu a installé chez M. Six, à Tourcoing, un ascenseur électrique de 500 kilogrammes pour personnes et marchandises. Le treuil électrique, que représente la Fig. 38, est actionné par un moteur électrique Gramme de 3,85 kw, 23 ampères à 110 volts, qui attaque par un pignon en cuir un engrenage calé sur l'arbre d'une vis sans fin. Cette dernière engrène avec une roue dentée qui se trouve calée sur l'arbre portant 2 poulies à gorge de 1 mètre de diamètre. Dans ces poulies passent les câbles de levage. Le poids total de la cage est de 800 kilogrammes ; elle est équilibrée par un contre-poids de 1 050 kilogrammes. L'ap-

Fig. 37. — Ascenseur électrique de la manufacture de glaces de Recquignies (p. 76).

Fig. 38. — Treuil électrique pour l'ascenseur installé
chez M. Six, à Tourcoing (p. 76).

pareil de mise en marche est manœuvrable de l'intérieur de la cage par une corde ; l'inverseur de courant à frotteur de charbon forme frein par la mise en court-circuit de l'armature, quand il se trouve sur les plots centraux ; l'arrêt est très précis. Pour éviter tout accident, des taquets d'arrêt empêchent l'ouverture des portes si la cage n'est pas en face ; des interrupteurs de contact empêchent la mise en marche du treuil s'il y a une porte ouverte, et produisent l'arrêt de l'appareil si une porte s'ouvre accidentellement.

Treuil électrique des magasins généraux de Lille. — Un treuil électrique a été installé par M. Neu aux magasins généraux de Lille pour actionner un tire-sacs. Le moteur électrique est shunt à 110 volts. La charge levée atteint 300 kilogrammes à la vitesse de 1 mètre par seconde. Une disposition spéciale de tendeur, manœuvré à distance par une cordelette, permet à l'appareil de desservir 5 rangées de fenêtres de 4 étages chacune.

η. Installations de la maison Jacquet frères, à Vernon.

La maison Jacquet frères à Vernon a fait dans l'Ouest plusieurs installations depuis 1891 ; elle nous en a cité une en particulier qui a donné des résultats très remarquables et qui a permis de résoudre industriellement un problème qu'aucun autre mode d'énergie ne pouvait résoudre. L'installation a été faite chez M. Montier, farinier aux Andelys (Eure).

La Fig. 39 donne le schéma général de la disposition de l'installation. M. Montier possède sur la rivière du Gambour, à la suite l'un de l'autre, trois moulins situés en 1, 2 et 3, à une distance de 370 mètres entre les deux

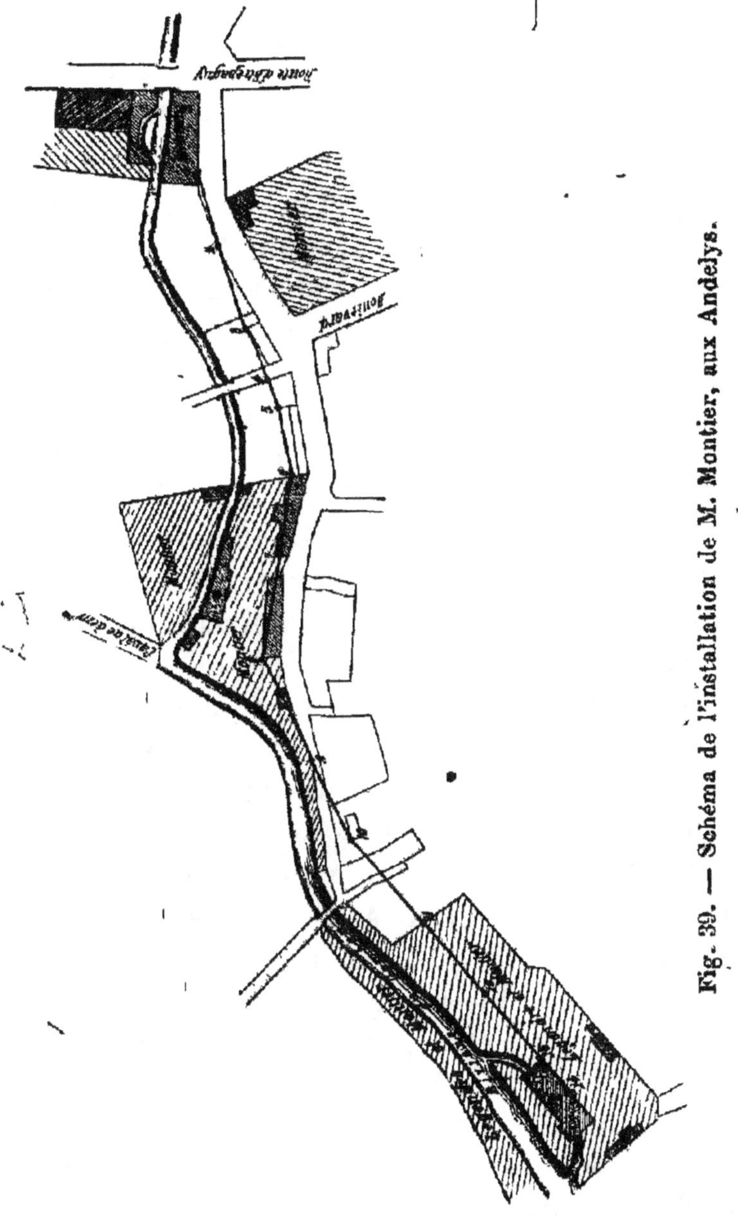

Fig. 39. — Schéma de l'installation de M. Montier, aux Andelys.

points extrêmes et pourvus chacun de roues hydrauliques. Le moulin 2 fonctionne normalement ; le moulin 1 était inoccupé, et le moulin 3, récemment transformé d'après le système de mouture par cylindres, était pourvu d'appareils permettant d'obtenir une production double de celle qu'on pouvait atteindre avec la roue hydraulique qui l'actionnait. On a alors songé à transporter à ce dernier moulin la puissance inutilisée au moulin 1. L'utilisation en a été faite par une transmission de force motrice, exécutée par MM. Jacquet frères, à Vernon (Eure).

L'installation comprend une dynamo génératrice de 6,6 kw à 220 volts à 1 500 tours par minute, établie au moulin 1. Du tableau de distribution, la ligne en cuivre nu part et est fixée sur des isolateurs en porcelaine. A l'arrivée, au moulin 3, un moteur de même puissance que la génératrice reçoit l'énergie électrique et tourne à la vitesse angulaire de 350 tours par minute. Ce moteur attaque la transmission principale du moulin, qui tourne à 165 tours par minute. Pour commander la génératrice, on a dû conserver tous les engrenages primitifs du moulin ; on a même dû ajouter un nouveau renvoi, car la roue hydraulique tournait à 4 tours par minute.

On désirait pouvoir arrêter le moteur au moulin 3, sans avoir à prévenir le moulin 1. Il fallait également éviter que la roue hydraulique de ce dernier ne s'emportât, car la vanne n'était pas pourvue d'un régulateur de vitesse. La difficulté a été tournée, en intercalant dans le circuit un rhéostat capable d'absorber toute la puissance au lieu et place du moteur au moulin 3. La génératrice peut alors travailler dans les mêmes conditions, et le moulin 3 peut être arrêté. La Fig. 40 nous donne une vue en plan et en coupe de ce rhéostat d'absorption ;

en G se trouve la génératrice et en R le moteur. Par le

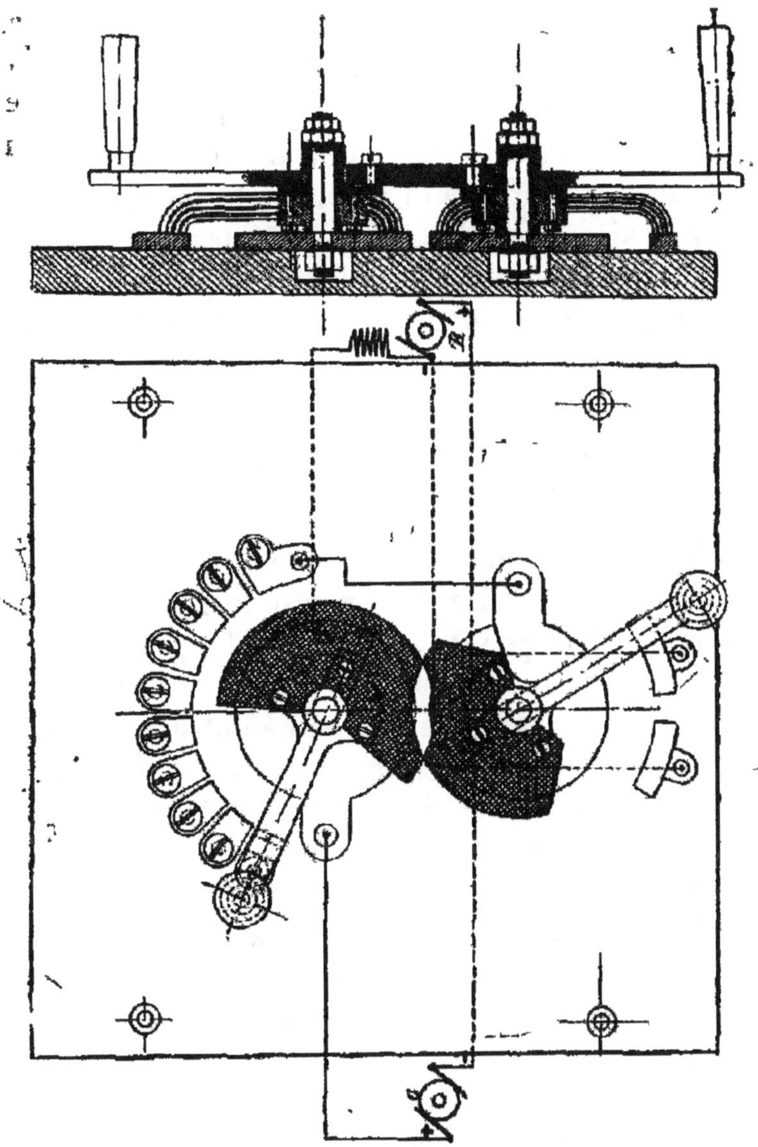

Fig. 40. — Vue en plan et en coupe du rhéostat d'absorption.

déplacement du levier placé à la partie inférieure, on

peut faire passer le courant dans le moteur ou dans le rhéostat. Le déplacement de ce dernier levier n'est possible que si la résistance est maxima.

La surveillance est des plus réduites : la marche de la génératrice est confiée à une femme, et la marche du moteur est confiée au garde-moulin. Une sonnerie à chaque poste suffit pour assurer tout le service.

La maison Jacquet frères a également fait jusqu'ici un certain nombre d'installations pour la commande électrique de pompes, grues, treuils, et machines-outils.

ı. Installations de grues électriques par la chambre de commerce au Hâvre.

Dans les premiers mois de l'année 1895, la chambre de commerce du Hâvre a voulu se rendre compte des avantages que pouvaient présenter les grues électriques. On sait que, en général, les grues à vapeur ou hydrauliques jouent un rôle prépondérant dans les ports de mer pour le déchargement des navires. Ces grues ont présenté jusqu'ici les inconvénients dont sont exemptes les grues électriques. Comme l'a dit fort bien M. Delachanal dans une très intéressante communication à la *Société des Ingénieurs civils*, en avril 1895, il s'agissait de remplacer dans des engins très perfectionnés dont le mouvement mécanique donne toute satisfaction, par un moteur bien asservi dont on règle à volonté la puissance, l'amplitude et la rapidité des mouvements, à l'aide d'un simple jeu de valve, un autre moteur, moins facile à diriger, dont la mise en marche est loin d'être simple et dont la vitesse de rotation, toujours grande, doit être uniforme pour que le rendement soit bon. Des essais ont été faits dans ce but sur 4 grues en construction destinées au quai Colbert, au Hâvre. Une ins-

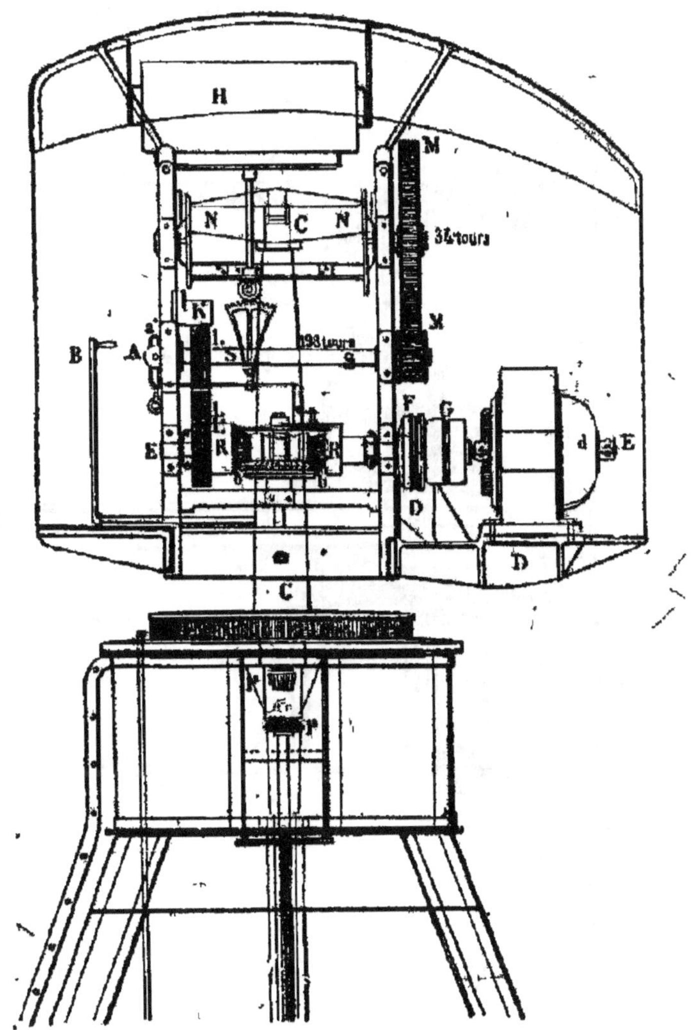

Fig. 41. — Vue en coupe d'une grue électrique essayée au Hâvre.

tallation électrique spéciale devait être faite pour ces essais ; mais on a profité du voisinage de l'usine de la

Société l'*Energie Electrique* pour lui emprunter l'énergie électrique. La présente description aurait donc dû à ce titre figurer dans le premier volume ; mais, en somme, il s'agit d'une utilisation toute spéciale d'assez

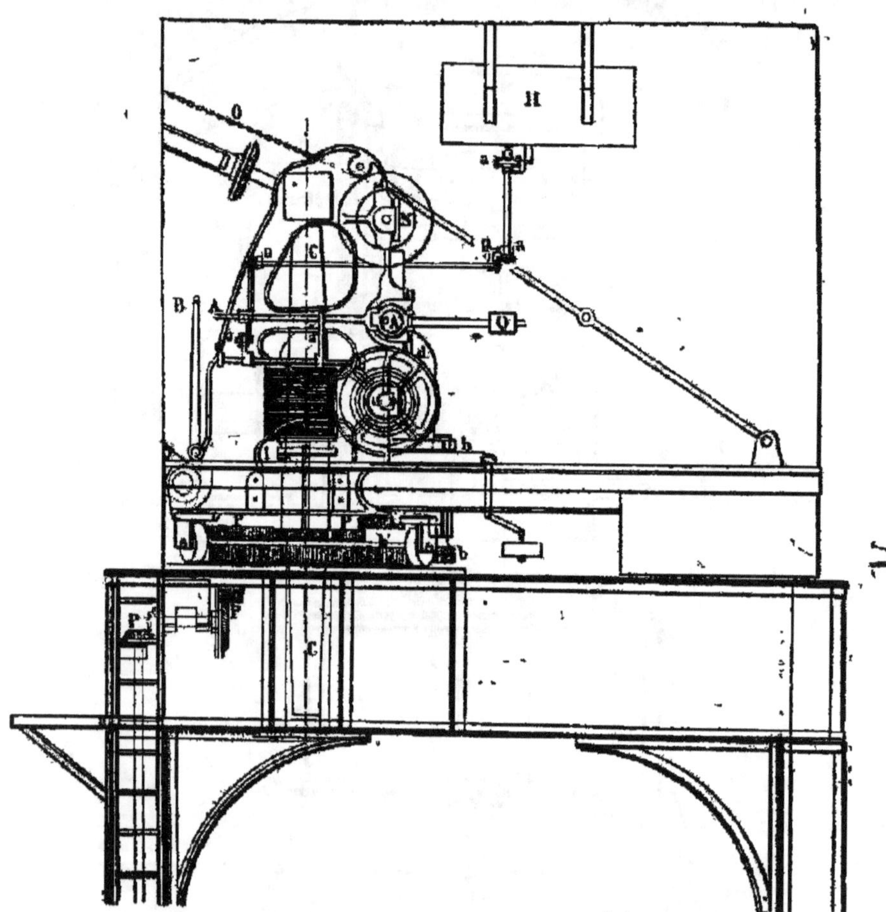

Fig. 42. — Vue d'une grue électrique expérimentée au Hâvre.

grande puissance, et nous pouvons laisser ici les quelques lignes qui s'y rapportent.

Les Fig. 41 et 42 représentent les principales dispositions des grues électriques, agencées pour ces essais par la maison Caillard frères, du Hâvre. Les mouvements de levage, d'orientation et de déplacement de la grue sont fournis par un même arbre mis en marche par un moteur électrique E. Ce dernier agit sur l'arbre par un relais d'engrenages ou directement. Pour obtenir le déplacement de l'engin le long du quai, il était d'abord nécessaire de placer la flèche du côté du terre plein. On pouvait alors embrayer sur l'arbre du moteur E une transmission P agissant sur les deux roues de la palée du portique. Les grues étaient, en effet, supportées par un portique muni de roues pouvant se déplacer sur deux rails parallèles au quai. Les mouvements de levage et d'orientation étaient obtenus en manœuvrant les leviers A et B. Le levier B donnait l'orientation en embrayant sur l'arbre une des deux roues à frictions coniques R qui venaient agir, chacune dans un sens, sur un double relais d'engrenage b. Le dernier pignon de celui-ci engrenait avec une couronne dentée b' boulonnée sur le portique. Les mouvements de levage et d'amenage de la charge étaient obtenus par la manœuvre verticale du levier A. Le déplacement de ce même levier permettait de graduer à volonté la résistance. Le tambour de levage en fonte N est actionné par une roue à dents droites M venant engrener avec un pignon fixé à l'une des extrémités d'un arbre intermédiaire S.

Deux séries d'essais très rigoureux ont été faites avec des moteurs série, shunt, compound à enroulement série prépondérant, compound à enroulement shunt prépondérant. Nous ne pouvons insister ici sur tous les résultats obtenus, ainsi que sur la discussion fort intéressante de ces divers résultats. Nous nous contenterons de faire connaître les conclusions des études de M. Delachanal.

Les moteurs série avec rhéostats présentent seuls la souplesse et la douceur de mouvement voulues pour être substitués avec avantage aux machines à vapeur dans les grues de quai.

Le rhéostat doit être muni d'un interrupteur permettant de couper le circuit après chaque opération, et d'un dispositif pour faire varier la vitesse à volonté.

La commission des essais a constaté qu'avec les grues électriques le fonctionnement des appareils n'était pas modifié sensiblement, que les frais d'exploitation étaient plutôt moindres si le nombre d'engins était important, que les sujétions, les dangers des chaudières isolées, et les dangers de gelée étaient évités, que les engins étaient plus faciles à déplacer le long des quais et que le temps perdu en allumages était supprimé. Ces constatations constituent un témoignage des plus favorables aux grues électriques.

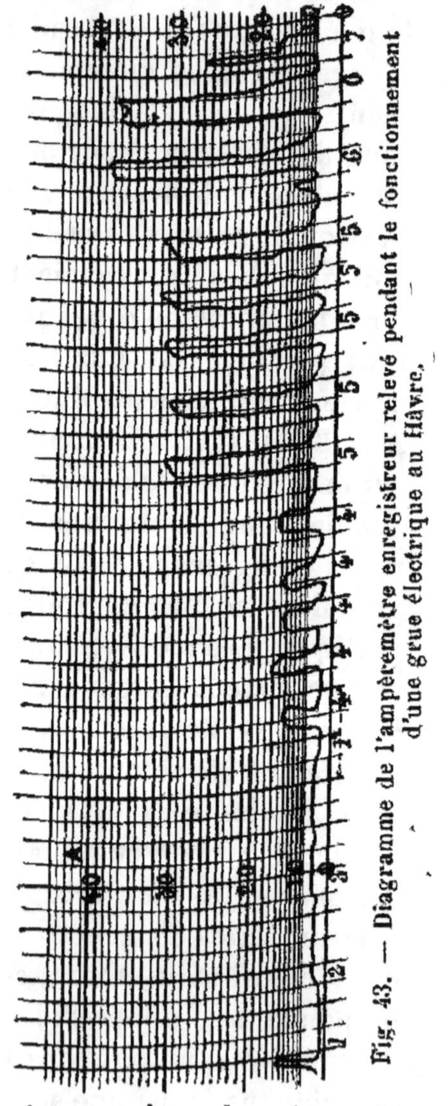

Fig. 43. — Diagramme de l'ampèremètre enregistreur relevé pendant le fonctionnement d'une grue électrique au Hâvre.

Sans donner tous les renseignements que nécessiterait une étude de ce genre, nous ferons connaître les relevés des ampèremètres enregistreurs pendant divers essais. La Fig. 43 représente les valeurs successives des intensités en fonction du temps pendant le fonctionnement d'une grue. En 1 la grue marche à blanc, en 2 la benne est orientée à vide, en 3 la benne pleine est orientée, en 4 la benne chargée de 250 kilogrammes est successivement soulevée, en 5 la même benne chargée de 1 500 kilogrammes est encore soulevée, en 6 nous voyons

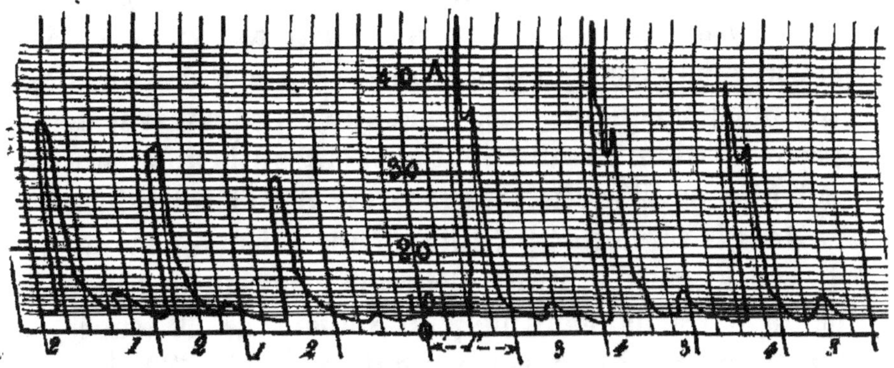

Fig. 44. — Diagramme d'un ampèremètre enregistreur pendant le déchargement d'un navire à l'aide d'une grue électrique.

le levage et l'orientation simultanés de la benne pleine, en 7 le levage et l'orientation simultanés de la benne vide.

La Fig. 44 nous montre le diagramme d'un ampèremètre enregistreur pendant le déchargement d'un navire à l'aide d'une grue électrique. Au commencement du déchargement, les courbes 1 et 2 se rapportent successivement à la manœuvre de la benne vide et de la benne pleine ; l'intensité monte à 30-35 ampères. A la fin du déchargement, la benne 3 vide et la benne pleine consomment les intensités désignées en 3 et 4 ; ces intensités atteignent au maximum 40 et 45 ampères.

Les essais de la Chambre de commerce du Hâvre sont des plus intéressants, parce qu'ils ont été exécutés avec beaucoup de soin ; les conclusions prouvent que les grues électriques peuvent rendre de très grands services dans les ports pour les déchargements des navires.

ç. Installation de MM. Schneider et Cie, au Creusot.

MM. Schneider et Cie utilisent dans leurs Usines du Creusot la transmission de force motrice électrique. En raison des besoins particuliers des divers services, la puissance génératrice n'est pas fournie par une seule station centrale ; chaque service, au contraire, est pourvue de sa propre station. Les distributions, faites à la différence de potentiel de 220 volts, sont réparties de la façon suivante :

Dans le service de l'Artillerie, une dynamo génératrice de 100 kilowatts fournit l'énergie électrique à 1 moteur de 45 kw actionnant un pont roulant de 50 tonnes, à 2 moteurs de 22 kw sur un pont roulant de 30 tonnes, à 3 réceptrices de 11 kw sur un pont roulant de 15 tonnes et à 8 moteurs de 2 à 15 kw pour transmission et machines-outils.

Dans le service des Aciéries, la distribution est effectuée par deux groupes. Le premier comprend 2 dynamos génératrices de 100 kw, et les moteurs électriques actionnés sont les suivants :

2 moteurs électriques de	33 kilowatts,	pour un pont roulant de	50 tonnes
2 »	22	»	30 »
2 »	11	»	15 »
1 »	75	»	40 »
1 »	100	»	80 »
2 »	45	»	80 »

Dans le deuxième groupe se trouvent 2 génératrices de 100 kilowatts fournissant l'énergie électrique à

2 moteurs de 11 kilowatts, pour un pont de 15 tonnes
3   »   25   »   20   »
1   »   22   »   30   »
2   »   45   »   150   »
3   »   3,22 et 45 kilowatts pour transmissions, chariot-broyeur, ventilateur et machines-outils diverses.

Le service des Forges est pourvu d'une dynamo génératrice de 50 kw et d'une autre de 100 kw, qui actionnent 1 moteur de 50 kw pour un pont roulant de 50 tonnes, 2 moteurs de 11 kw placés sur un pont roulant de 15 tonnes, et 1 moteur de 2 kw pour machines diverses.

Les dynamos employées dans ces installations sont les dynamos construites par la Société, à 2, 4 ou 6 pôles et à enroulement compound. Tous les moteurs peuvent démarrer en charge. Certaines stations fonctionnent continuellement pendant 6 jours avec de faibles interruptions pour le graissage. Tous les moteurs ne marchent pas au même instant à leur charge maxima ; la puissance des génératrices est donc bien inférieure à la puissance totale des moteurs installés.

La principale application réalisée au Creusot consiste dans les ponts-roulants-électriques. Nous avons déjà, dans le 1er volume (p. 292) parlé du pont roulant électrique de 40 tonnes installé en 1891, et donné la description du pont roulant électrique de 150 tonnes employé dans les aciéries. Nous ajouterons encore divers renseignements. Dans tous les ponts roulants électriques les différents mouvements sont obtenus à l'aide de leviers et d'embrayages à friction, au moyen d'une seule dynamo. La commande électrique des ponts roulants, surtout pour ceux dont la voie de roulément est d'une certaine longueur, augmente notablement le rendement et permet d'utiliser la puissance nominale du pont, ce qu'on obtient difficilement avec la commande par câble ; les frais d'entretien sont aussi considérablement diminués.

En ce qui concerne les modes de commande des génératrices dans un atelier avec transmissions mécaniques ordinaires et distribution électrique, la Société du Creusot estime que la solution la plus économique consiste dans l'emploi de génératrices principales commandées par la machine motrice de l'atelier fonctionnant normalement avec tout l'atelier en marche, et d'une génératrice de puissance plus faible commandée par un moteur spécial pour actionner les moteurs mettant en marche individuellement des outils séparés.

κ. Installations de la Société l'*Eclairage électrique.*

La société l'*Éclairage Électrique* a construit un grand nombre de machines-outils actionnées par des moteurs électriques que nous avons fait connaître en grande partie dans notre premier volume.

Elle a fait également de nombreuses applications des moteurs électriques ; nous en mentionnerons quelques-unes parmi les plus importantes.

Dans ses propres ateliers de la rué Lecourbe, elle a installé une distribution d'énergie électrique alimentée par une génératrice de 40 kilowatts qui fournit l'énergie aux moteurs suivants :

1 moteur de 11 kw pour actionner une transmission commandent
20 tours, 2 machines à fraiser, 6 machines à percer, 3 raboteuses, 3 étaux-limeurs, 3 mortaiseuses, 2 scies circulaires. 2 meules en grès.

1 moteur de 0,600 kw pour actionner une meule à émeri.

1 moteur de 3,3 kw pour mettre en marche un gros tour.

1 moteur de 0,600 kw pour commander 2 scies au cuivre.

1 moteur de 11 kw pour actionner une transmission commandant
4 petites fraiseuses, 4 grandes fraiseuses, 12 tours, 2 laminoirs, 2 perceuses radiales, 2 mortaiseuses, 6 perceuses, 2 raboteuses.

1 moteur de 7 kw pour actionner une transmission commandant
15 tours à bobiner, 2 machines à pétrir la pâte des bougies Jablochkoff, 1 génératrice à galvanoplastie, 2 ventilateurs, 2 meules à émeri et 2 broyeurs.

1 moteur de 3,3 kw pour mettre en marche un ventilateur qui refoule l'air sous une pression d'une colonne d'eau de 80 millimètres dans les foyers et les fers à souder.

1 moteur de 7 kw pour actionner 3 scies à bois.

1 moteur de 2 kw pour commander un monte-charge.

Deux autres moteurs électriques sont installés sur le chariot des ponts-roulants.

Dans les ateliers de la Seyne, près Toulon, à la Société des Forges et chantiers de la Méditerranée, la distribution d'énergie électrique pour éclairage et force motrice est assurée par 2 dynamos génératrices à courants continus de 140 kw à 240 volts et 300 tours par minute. L'énergie électrique est actuellement fournie aux moteurs suivants :

1 moteur de 60 chevaux pour les diverses machines-outils de l'atelier de l'ajustage.

1 moteur de 60 chevaux pour le barottage (poinçonneuses, cisailles et laminoirs).

1 moteur de 25 chevaux pour le poinçonnage (poinçonneuses, cisailles, scies).

1 moteur de 25 chevaux pour l'atelier des vieilles forges (ventilateurs).
2 — — placés dans les bâtiments en construction pour actionner des perceuses, des aléseuses, etc.

A la manufacture d'armes de Châtellerault, la société l'*Éclairage électrique* a installé des moteurs électriques pour attaquer les transmissions des divers ateliers. L'installation comprend 1 dynamo génératrice de 150 kw à 125 tours par minute, et

9 moteurs de	40 chevaux à	700	tours par minute	
5 »	20 »	1000		»
5 »	25 »	800		»
2 »	40 »	500		»

Nous rappellerons enfin la transmission électrique faite dans les grands moulins de Corbeil pour remplacer une transmission par câbles télédynamiques ; nous avons déjà cité cette installation dans notre premier volume p. 214.

λ. Installations de la Cie Électro-mécanique.

La Cie Électro-mécanique a fait un certain nombre d'installations mécaniques de l'énergie électrique avec le matériel Brown Boveri et Cie construit par MM. Weyher et Richemond à Pantin. Nous mentionnerons quelques-unes de ces principales installations.

En premier lieu, nous citerons l'installation dans les ateliers de MM. Weyher et Richemond à Pantin, dont il a été déjà question en détail dans notre premier volume. L'installation comprend 3 alternateurs diphasés de 150 chevaux à 110 volts alimentant l'éclairage et divers moteurs de 10 à 50 chevaux pour les transmissions, un pont roulant dans le hall de montage et un autre dans la chaudronnerie.

Dans les fonderies et hauts fournaux de MM. Capitain Geny et Cie à Bussy (Haute-Marne), il existe 1 moteur actionnant un ventilateur, 1 moteur pour les transmissions de l'atelier de mécanique, 1 pont roulant pour la fonderie de 15 tonnes, 1 moteur de 2/3 cheval pour actionner une perceuse mobile. Tous ces moteurs sont à courants diphasés.

A la sucrerie de MM. Oger et Cie à Bertaucourt Epourdon (Aisne), une partie de la puissance produite par 2 alternateurs diphasés de 20 chevaux à 110 volts, est transformée à 500 volts pour commander à 800 mètres un moteur de 10 chevaux accouplé directement à 2 pompes Dumont conjuguées. La mise en marche et l'arrêt du moteur se font à la station génératrice. Il y a également un moteur de 1 cheval accouplé à un ventilateur à ailettes.

Non loin de Sens (Yonne), au moulin de Maillot, une puissance de 40 chevaux est transmise à 3 kilomètres de distance par courants diphasés à 2 000 volts pour actionner un moteur dans la fabrique de vinaigres et moutardes de MM. Méras et Jugnet.

Dans les fonderies et hauts fournaux de Brousseval, un alternateur diphasé de 80 chevaux à 110 volts alimente divers moteurs pour le modelage, l'ébarbage, les ventilateurs, un moteur de 20 chevaux pour un pont roulant, et 3 moteurs de 5 chevaux pour des grues pivotantes.

La Cie des docks et entrepôts du Hàvre utilise un alternateur de 75 chevaux à courants diphasés à 400 volts pour actionner des treuils système Singre servant au déchargement des navires. Chaque treuil absorbe une puissance de 7 à 8 chevaux pour la manœuvre de charges de 300 kilogrammes. Un autre moteur de 5 chevaux commande une chaîne à godets pour le débarquement des grains en vrac.

Aux aciéries de France, à Isbergues (Pas-de-Calais), l'installation comprend 1 alternateur diphasé de 300 chevaux à 300 volts, qui fournit l'éclairage à des circuits de 8 lampes à arc en tension et à des lampes à incandescence. La force motrice électrique est fournie à 3 ponts roulants de 6, 7 et 25 tonnes, à 1 moteur de 25 chevaux pour une défourneuse à coke, à 2 moteurs de 25 chevaux pour commander les monte-charges des cubilots, et à 3 moteurs de 1 à 5 chevaux pour ventilateurs.

A la Société industrielle des téléphones, à Bezons, 4 moteurs de 20 chevaux mettent en marche des groupes de machines pour la fabrication des câbles à haut isolement. Il y a 2 alternateurs diphasés de 75 chevaux à 110 volts.

Aux hauts-fourneaux et fonderies de Villerupt, dans la Meurthe-et-Moselle, l'installation comprend 1 alternateur de 150 chevaux à 300 volts. L'énergie électrique est distribuée dans un rayon de 500 mètres à des moteurs pour ponts-roulants, chariots, ventilateurs, sableries et ateliers de mécanique.

Chez MM. Rousselot et Cie à Givet (Ardennes) 1 alternateur de 30 chevaux à courants diphasés à 110 volts dessert l'éclairage et 1 moteur de 5 chevaux placé à 150 mètres et tournant à 1 200 tours par minute pour le battage des cuirs.

Comme on le voit, la Cie Électro-mécanique a fait

jusqu'à ce jour un grand nombre d'installations avec les courants diphasés. Elle a également fourni un grand nombre de moteurs à courants alternatifs simples et à courants continus.

Parmi les installations à courants continus, nous citerons celles des entrepôts et magasins généraux de Paris où se trouvent 30 treuils pour le déchargement des sucres ; nous parlerons plus loin de cette installation.

Chez M. Jossier, à Montreuil-sous-Bois, un moteur de 12 chevaux actionne à une distance de 120 mètres une pompe et une machine à foulon pour la tannerie. Dans les usines de MM. Solvay et Cie à Dombasle, 1 station génératrice de 300 chevaux à 400 volts dessert 22 moteurs de 10 chevaux, répartis sur une surface de 40 hectares pour la commande des pompes d'eau saline des sondages. Tous ces appareils sont commandés de la station centrale.

Dans la fabrique de bouteilles de MM. de Grandrut et Cie à Loivre (Marne), nous trouvons 1 moteur de 3 chevaux actionnant directement un broyeur à 300 tours par minute, ainsi qu'un moteur de 1,5 cheval attelé à un ventilateur.

μ. Installations de la maison Daniel Sack, Hubert et Cie.

La maison Daniel Sack, Hubert et Cie a fait une série d'installations de moteurs électriques sur les réseaux de distribution dans Paris ; nous en avons cité plusieurs exemples dans notre premier ouvrage notamment en ce qui concerne les ventilateurs électriques (p. 266).

Nous donnerons ici la description d'une application qui nous a paru intéressante et qui a été réalisée chez M. Jossier à Montreuil. L'installation a pour but d'égaliser la température d'un séchoir en aspirant l'air à l'endroit le plus éloigné du calorifère pour le refouler dans l'appareil de chauffage, d'où il s'échappe après

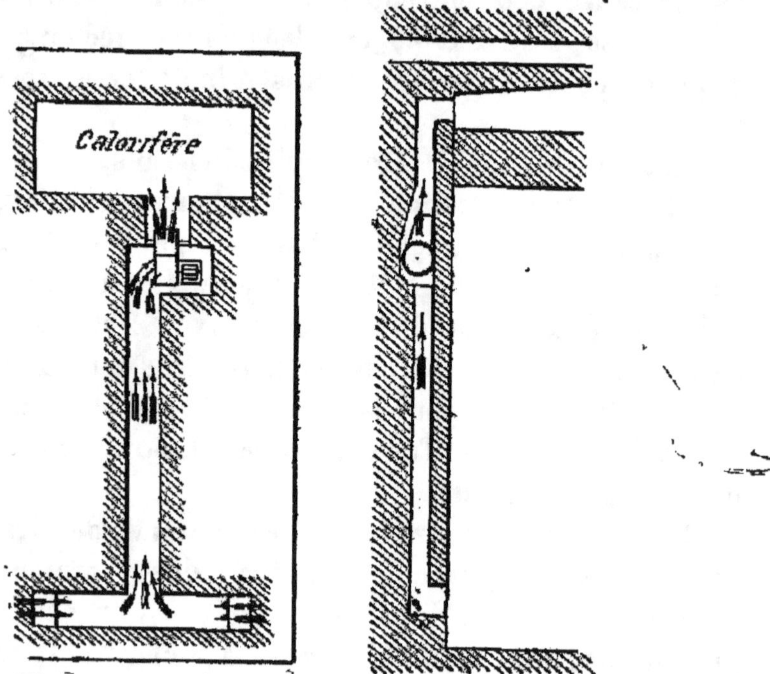

Fig. 45. — Plan et coupe d'une installation de ventilation électrique dans un séchoir chez M. Jossier, à Montreuil.

s'être réchauffé. Le local est entièrement fermé, il se produit alors une circulation d'air qui assure une répartition uniforme de la température et qui renouvelle constamment les couches d'air en contact avec les marchandises à sécher. La Fig. 45 représente le plan et la coupe de l'installation : on aperçoit le ventilateur près du calorifère, des flèches indiquent le sens de l'aspiration.

La Fig. 46 nous montre le plan du ventilateur électrique utilisé. L'hélice a un diamètre de 280 millimètres. Le moteur électrique a une puissance de 150 watts à la vitesse angulaire de 1 500 tours par minute. Le ventilateur débite 500 mètres cubes d'air par heure à la pression d'une colonne d'eau de 9 millimètres. L'énergie élec-

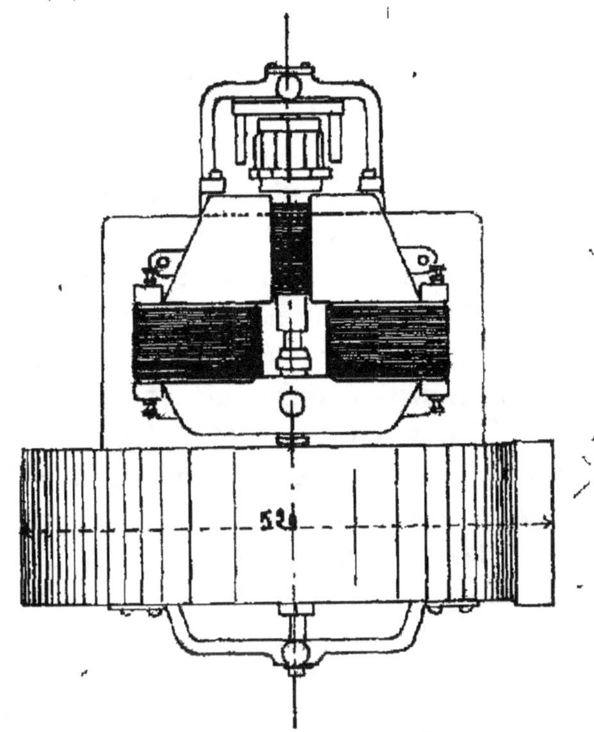

Fig. 46. — Plan du ventilateur électrique employé dans l'installation Jossier.

trique est fournie par la distribution servant à l'éclairage.

v. Installations des entrepôts de sucre à Paris.

Les entrepôts de sucre de Paris qui occupent dans le quartier du Pont-de-Flandre et les rues voisines des espaces immenses pour la manutention par an d'environ 1 800 000 sacs de 100 kilogrammes de sucre, sont pourvus d'un outillage puissant et perfectionné. Depuis 1894, ils utilisent des monte-charges électriques qui leur rendent de très grands services.

L'installation électrique faite par la Cie Électro-mécanique comprend une machine à vapeur d'une puissance de 80 à 150 chevaux en faisant varier l'introduction de vapeur entre 20 et 50 pour 100, à la vitesse angulaire de 38 tours par minute. Le diamètre des pistons est de 0,60 mètre et la course de 1 mètre. Cette machine à vapeur actionne à l'aide d'une transmission et d'embrayages à friction 2 dynamos Brown à courants continus de 42 kilowatts à 210 volts, et une dynamo Gramme de 21 kilowatts, pouvant être couplées en quantité. Le tableau de distribution renferme 3 circuits pour les moteurs précédemment établis qui consomment 120 ampères, les circuits pour les 12 moteurs d'un magasin (400 ampères), et les circuits pour les 6 moteurs d'un autre magasin (200 ampères). L'éclairage est assuré par 6 circuits de lampes à arc et des lampes à incandescence.

Les lignes sont établies en fil nu en bronze silicieux placé sur isolateur en porcelaine. L'énergie électrique est fournie à 18 treuils nouveaux et 8 anciens. La dernière installation a été faite par la Cie Électro mécanique. Les treuils sont formés de deux arbres indépendants dans le prolongement l'un de l'autre et actionnés par une courroie droite d'un côté et par une courroie croisée de l'autre. La Fig. 47 nous montre les détails d'installation d'un de ces monte-charges. Il y a également un tambour portant deux câbles dont l'un s'enroule pendant que l'autre se déroule. Ce tambour est ac-

tionné par les deux arbres dont nous venons de parler. Deux câbles de manœuvre sont placés sur toute la hauteur du bâtiment l'une à droite, l'autre à gauche ; en tirant sur l'une ou sur l'autre on peut obtenir sans inter-

Fig. 47. — Détails d'un monte-charge électrique installé aux entrepôts de sucre de Paris.

ruption l'élévation d'un sac à gauche ou à droite. Nous avons vu que la commande se faisait par le moteur à l'aide de deux courroies l'une droite et l'autre croisée. L'embrayage de l'une ou l'autre des poulies correspondantes permet d'obtenir le déplacement du tambour dans un sens ou dans l'autre.

Les moteurs sont des moteurs shunts de 8 kilowatts, 40 ampères à 200 volts. L'appareil placé à gauche dans la Fig. 47, et qui a été construit par la Société générale des téléphones, contient tous les interrupteurs et acessoires pour le démarrage et le réglage. La vis tangente verticale que l'on aperçoit, et qui commande les manettes du rhéostat, ne peut être tournée que si l'interrupteur du circuit induit est fermé et celui-ci ne peut à son tour être manœuvré que si l'interrupteur du circuit l'excitation est également fermé. Chaque treuil électrique, semblale à celui que nous venons de décrire, permet d'élever un sac de sucre de 100 kilogrammes avec une vitesse de 2,50 mètres par seconde. On peut ainsi décharger un vagon de 100 sacs au troisième étage en 15 minutes ; dans une journée de 9 heures un homme décharge facilement 2 400 sacs.

ξ. Installation de riveuses électriques Piat.

Les riveuses Piat avec commande électrique étudiée par la maison Sautter-Harlé, dont nous avons parlé dans le premier volume (p. 230) ont été utilisées dans les travaux exécutés pour la construction d'un pont en fer sur la Loire, à Gien. Nous n'insisterons pas sur les détails de construction de ce pont, et nous nous contenterons de donner quelques renseignements sur la partie électrique.

Une locomobile de 10 chevaux actionnait une dynamo Sautter-Harlé donnant 120 volts et tournant à 1 200 tours par minute. La génératrice et la locomobile étaient ins-

tallées sous une arche formant culée ; des fils isolés par-
taient de là pour transmettre l'énergie électrique à des
fils nus placés sur le pont de service, et maintenus par
des isolateurs en porcelaine.

Le mécanisme moteur est monté entièrement sur la
barre de suspension de la riveuse ; il comprend un moteur électrique qui actionne un volant denté fixé sur un
axe muni de deux pignons coniques. L'un de ces pignons
commande une vis à filets carrés formant le piston plongeur d'une pompe à compression, installée verticalement
à la partie inférieure de la barre de suspension. Là se
trouve également un réservoir avec clapet de retenue
et soupape de sûreté pour fournir le liquide nécessaire
à la pompe de compression. L'opération se fait de la
façon suivante : l'ouvrier approche d'abord le piston
porte-bouterolle sur le corps du rivet, en levant le clapet de retenue du réservoir à l'aide d'une corde et en
faisant avancer le piston à l'aide d'une manivelle exté-
rieure ; le liquide du réservoir vient remplir le volume
laissé vide. On ferme alors l'interrupteur du moteur
électrique qui fait descendre le plongeur de la pompe,
et celui-ci comprime le liquide, en poussant le piston
porte-bouterolle. Le rivet s'écrase bientôt sous cette
pression qui augmente constamment. Lorsque la pression, indiquée par un manomètre installé à cet effet, a
paru suffisante pour que la tête du rivet soit bien formée, on ouvre l'interrupteur du circuit. Le moteur électrique s'arrête ; on le fait repartir en sens inverse et le
piston plongeur est remonté. Nous avons indiqué dans
le premier volume le schéma de la commande électrique.

Les résultats fournis par cette installation ont été très
satisfaisants. Les manœuvres étaient très simples et très

rapides et les riveuses pouvaient pénétrer dans toutes les parties du pont. Les ouvriers posaient environ deux rivets par minute. La compression du liquide durait de 4 à 6 secondes. La pression obtenue, qui atteignait près de 45 000 kilogrammes par centimètre carré pour des rivets de 25 en acier doux, donnait un excellent écrasement des rivets, une bonne formation de têtes et un serrage suffisant. L'emploi des riveuses a été également combiné par la maison Piat avec des treuils roulants électriques qui supportent les premières. La même source d'énergie électrique sert à alimenter les deux appareils qui ne travaillent pas ensemble.

ρ. Installations électriques de ventilation de la maison E. Farcot.

La maison E. Farcot a la spécialité d'établir toutes sortes de ventilations ; elle a eu l'occasion de faire quelques installations électriques qui nous ont paru intéressantes. Nous dirons également qu'un grand nombre de ventilateurs ont été placés dans des mines ou à bord des navires ; nous en parlerons ultérieurement.

Les fonderies et forges emploient beaucoup les ventilateurs pour activer les feux. M. E. Farcot a installé deux ventilateurs de 1,20 mètre de diamètre, actionnés par 2 moteurs électriques à courants triphasés de 20 chevaux à la Socité Alsacienne de constructions mécaniques à Mulhouse, un ventilateur de 0,6 mètre de diamètre pour four avec 1 moteur Gramme de 3 chevaux à la Société de zinc comprimé Hallard, un ventilateur de 1,6 mètres de diamètre mis en marche par un moteur Hillairet de 30 chevaux à la Société des Forges de Douai.

Les ventilateurs peuvent varier depuis les débits les plus faibles jusqu'aux débits les plus élevés. Il existe, en effet, des ventilateurs industriels de 0,5 mètre de diamètre fournissant 1,3 mètre cube d'air par seconde, soit 5 000 mètres cubes par heure, et des ventilateurs de 2,5 mètres de diamètre donnant 40 mètres cubes d'air par seconde, soit 140 000 mètres cubes par heure. Tous ces ventilateurs sont utilisés dans les brasseries, distilleries, malteries, filatures, teintureries et tissages. On se sert aussi beaucoup des ventilateurs pour aspirer les fumées, poussières, vapeurs, buées et gaz chauds et les rejeter au dehors. Chaque fois que l'usine ou la fabrique possède déjà une installation d'éclairage électrique, la force motrice est fournie par elle à l'aide de moteurs électriques.

Les Fig. 48 et 49 nous montrent un modèle de ventilateur Farcot actionné par un moteur électrique Gramme. La première figure donne une vue d'ensemble, et la seconde la vue intérieure, le couvercle de la turbine enlevé. Ce ventilateur peut fournir un débit de 400 litres d'air par minute à la pression d'une colonne d'eau de 20 centimètres de hauteur ; le moteur électrique consomme 2,3 kw à la vitesse angulaire de 1 375 tours par minute.

La même maison construit également toutes sortes de ventilateurs, toujours actionnés par des moteurs électriques, les uns aspirant et soufflant à réaction à grand volume et faible dépression, les autres soufflant dans les même conditions, etc., etc.

Nous signalerons en particulier les installations d'élévation pneumatique et de refoulement de matériaux. La Fig. 50 nous donne le schéma général d'une installation d'élévation pneumatique par un ventilateur électrique.

FIG. 48. — Ventilateur électrique Farcot, actionné
par un moteur électrique Gramme (p. 103).

Fig. 49. — Ventilateur électrique Farcot actionné par un moteur électrique Gramme, couvercle de la turbine enlevé (p. 103).

Un ventilateur V actionné par un moteur électrique aspire l'air par une conduite T dans une trémie R dans laquelle vient aboutir un tuyau vertical C plongeant dans un entonnoir E placé à la partie inférieure. On verse les matières dans l'entonnoir E ; la figure montre des sacs remplis de ces matières. Le vide produit dans le tuyau par l'aspiration du ventilateur fait remonter toutes ces matières dans la trémie R ; dès qu'un certain poids est

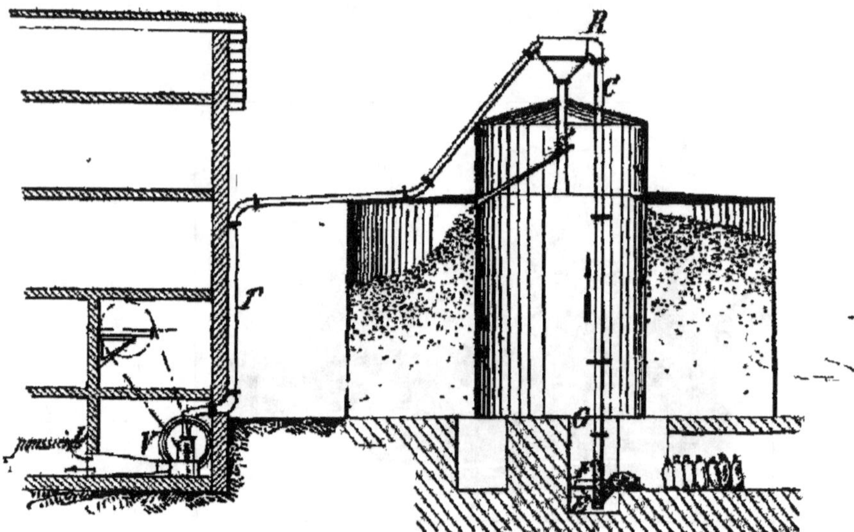

Fig. 50. — Schéma d'une installation d'élévation pneumatique par ventilateur électrique.

atteint, une soupape s'ouvre et la matière se déverse sur le côté dans un réservoir. Un appareil spécial placé en F et G permet le réglage à volonté de la quantité de matières à aspirer. A la sortie du ventilateur les poussières aspirées peuvent être rejetées à l'air extérieur ou dans une chambre spéciale si on désire les recueillir. Une installation semblable à celle que nous venons de décrire a été faite chez M. Simon, meunier à Vouziers. Un moteur électrique de 15 chevaux de la Société des ateliers d'Oerlikon actionne 1 ventilateur de 1,50 mètre de diamètre. Cet élevateur permet de monter 15 tonnes par heure à une hauteur de 22 mètres. Les services rendus par le moteur électrique placé à 150 mètres de la génératrice sont très appréciés.

Dans les brasseries et les malteries on a besoin de charger d'orge germé les touraïlles placées à une certaine hauteur. Les moteurs électriques permettent encore de donner une solution satisfaisante à ce problème. Un ventilateur, mis en marche par un moteur électrique, aspire l'air au dehors et le refoule sous pression dans une conduite qui aboutit aux plateaux des touraïlles à une certaine hauteur. Sur cette conduite est placée une trémie dans laquelle on verse le grain ; celui-ci est entraîné par le courant d'air et monté à la partie supérieur. L'air est ensuite chassé au dehors.

σ. Installation d'une grue électrique à l'entrepôt des
laines de Roubaix.

Dès 1886, la Cie des Entrepôts et magasins généraux de Paris avait fait établir par M. Guyenet une grue électrique dans ses magasins de Roubaix ; nous avons donné la description de cette grue dans le premier volume (p. 271).

L'installation comprenait une machine à vapeur de 7 chevaux actionnant une dynamo génératrice Gramme d'une puissance de 3,75 kilowatts, à 250 volts et à la vitesse angulaire de 1 200 tours par minute. Le moteur électrique placé sur la grue absorbait 2,9 kilowatts, et tournait à 900 tours par minute ; la grue pouvait lever une charge de 500 kilogrammes à 8 mètres de hauteur en 25 secondes.

Le rendement industriel atteignait 61 pour 100 ; c'est un résultat remarquable pour l'époque où l'installation était faite.

Avec la grue électrique, 4 hommes suffisaient pour empiler 150 balles en 3 heures ; autrefois il fallait 10 hommes travaillant 20 heures pour effectuer le même travail. Le même résultat a donc été atteint en 3 fois moins de temps et 2,5 fois moins de personnel. En dehors de cette diminution des frais de manutention, il y a eu également de grandes économies sur les dépenses d'emmagasinage.

τ. Installation dans les ateliers de tissage mécanique de MM. J. Forest et Cⁱᵉ.

MM. J. Forest et Cⁱᵉ à Saint-Etienne ont fait dans leurs ateliers de tissage mécanique une remarquable distribution de force motrice électrique.

L'installation comprend 2 chaudières tubulaires Mac Nicol, construites par M. Broyet à Saint-Etienne ; elles fournissent la vapeur à la machine motrice et au chauffage général des ateliers. La machine à vapeur, construite par M. Piguet, à Lyon, est une machine horizontale, monocylindrique à condensation, d'une puissance de 120 chevaux. Elle commande par courroie 2 dynamos Sautter-Harlé de 42 kilowatts, à 70 volts à 600 tours par minute. Ces dynamos assurent à la fois la distribution de l'éclairage, de la force motrice et la charge d'une batterie d'accumulateurs de 36 éléments Tudor d'une capacité de 200 ampères-heure. Pour la charge, l'enroulement série du compoundage est supprimé au moyen d'un shunt approprié. Du tableau de distribution partent les diverses lignes pour assurer les services dont nous avons parlé.

Les moteurs choisis après expériences ont été des moteurs Olivet-Dessaules à induit Siemens, dont le rendement industriel a été très satisfaisant, même pour les moteurs de très faible puissance.

L'énergie électrique est fournie à 40 moteurs de 736 watts, à 60 moteurs de 245 watts, à 5 moteurs de 0,736 à 2,208 kw, à un moteur de 90 watts et à un autre moteur de 245 watts. Les 40 moteurs de 736 watts actionnent par poulies et courroies les métiers d'étoffe. Lorsque le métier s'arrête, une poulie folle permet de faire tourner le moteur à blanc. En pleine charge, les moteurs consomment une intensité de 8 à 12 ampères pour des vitesses angulaires de 900 à 800 tours par minute ; à vide, l'intensité est de 2,5 ampères et la vitesse angulaire monte à 1 000 tours par minute. Un interrupteur peut ouvrir le circuit à volonté.

Les 60 moteurs de 245 watts sont placés en bas des métiers de rubans et de velours et ils les actionnent par des cordes en cuir passant sur une double poulie qui commande le volant. Suivant les charges, ces moteurs consomment des intensités variables de 2,5 à 4 ampères avec des vitesses angulaires de 1 400 à 1 500 tours par minute.

Les 5 moteurs de 0,736 à 2,208 kilowatts, commandent, au moyen de transmissions appropriées, les ateliers de dévidage, ourdissage mécanique, découpage et lustrage, moulinage et les cannetières. Le moteur de 90 watts met en marche la machine à imprimer, et le moteur de 245 watts fait tourner le tour à découper les tambours de pliage.

Pour faciliter la mise en marche et l'arrêt des moteurs de faible puissance, un interrupteur spécial des plus simples en forme de prisme a été combiné.

Aux moteurs précédents il faut encore ajouter des moteurs pour le dévidage ordinaire et le dévidage des soies grèges. MM. J. Forest et Cie ont été très satisfaits de cette installation et ils estiment, après avoir fait tous les essais et s'être rendu un compte sérieux, que la distribution électrique de force motrice leur a procuré une économie de 20 pour 100 sur la puissance nécessaire à produire ; 40 chevaux suffisent au lieu de 50 qui étaient nécessaires avec les transmissions mécaniques. Si l'on tient compte des durées d'utilisation, on peut estimer les économies réalisées sur l'exploitation pendant toute l'année.

o. Installation de la manufacture française d'armes de Saint-Etienne.

La manufacture française d'armes de Saint-Etienne, dont les directeurs sont MM. Mimard et Blachon, possède également une installation électrique servant à la fois pour l'éclairage et la force motrice.

Deux chaudières semi-tubulaires d'Anzin, d'une surface de chauffe de 100 mètres carrés chacune, fournissent la vapeur à 2 machines verticales Willans à double expansion, à échappement libre et d'une puissance de 80 chevaux à la vitesse angulaire de 460 tours par minute. Ces moteurs commandent directement à l'aide de joints Raffard 2 dynamos Thury à 6 pôles de 45 kilowatts, à 110 volts. Les balais sont en charbon. L'éclairage est assuré par 150 lampes à arc Japy. La force motrice est fournie par 5 moteurs Thury de 7,36 kw, tournant à 150 tours par minute et actionnant les outils à fer et à bois, par 1 moteur de 2,208 kw, commandant à 1 000 tours par minute une dynamo génératrice pour le nickelage, par un moteur de 0,368 kw mettant en marche une machine à sable à décaper et par un moteur de 0,09 kw, actionnant un transporteur de lettres. Chaque moteur est pourvu d'un rhéostat spécial de démarrage. Il y a également deux ascenseurs électriques, l'un pour desservir les sous-sols, les magasins et les galeries, et l'autre pour les chaudières. Les dispositions générales de ces ascenseurs électriques sont les suivantes : le moteur électrique attaque une roue dentée à l'aide d'une vis sans fin calée sur l'arbre même de l'induit ; la roue dentée entraîne la molette de l'ascenseur. L'arrêt est obtenu en pleine charge par l'interruption du courant électrique. Pour le renversement de la marche, il suffit de renverser le sens du courant dans les inducteurs par la manœuvre d'un levier. Les à-coups dans la mise en marche ou dans l'arrêt sont évités par les rhéostats convenablement introduits dans le circuit.

π. Installation de MM. Chandon et Cie à Epernay.

Dès 1890, MM. Chandon et Cie, fabricants de vins de Champagne à Epernay, avaient fait installer une distribution d'énergie électrique pour éclairage et force motrice dans leurs caves. Cette force motrice était nécessitée par les diverses préparations que doit subir le vin ; il faut transmettre les matériaux à l'aide de monte-charges, mettre en marche les machines à rincer les bouteilles, les foudres rotatifs et autres machines pour le dégorgeage, etc.

L'installation en 1890 comprenait 3 machines à vapeur, type pilon Bréguet, d'une puissance de 60 chevaux à la pression de 6 kilogrammes par centimètre carré et à la vitesse angulaire de 350 tours par minute. Chacune d'elles actionnait 2 dynamos. Ces dernières étaient au nombre de 3 d'une puissance de 25 kw à 115 volts pour l'éclairage à incandescence et au nombre de 2 d'une puissance de 13,75 kw pour la transmission de force motrice. Une sixième machine de 14 kilowatts à 70 volts servait pour alimenter l'éclairage à arc. Les moteurs électriques, type Bréguet, actionnaient diverses machines-outils, des monte-charges, des pompes, des machines à rincer et diverses transmissions.

ω. Installations de ponts roulants électriques par la maison Sautter-Harlé dans les Aciéries de Saint-Chamond, chez MM. Marrel frères, et chez M. Marinoni, à Paris.

Les ponts roulants électriques sont très utiles dans les ateliers et fabriques quand il s'agit de soulever de lourds fardeaux et de les transporter à une certaine distance. Aussi ces installations de ponts roulants électriques sont-elles très répandues dans les usines. Nous en citerons ici quelques-unes établies par la maison Sautter-Harlé.

Les ponts roulants de grande force portante équipés électriquement comportent un treuil fixe communiquant le mouvement à la charge par l'intermédiaire d'une chaîne Galle passant sur les deux pignons d'un chariot mobile porteur de la charge. Le moteur électrique placé sur le pont, commandé par engrenages un arbre de transmission pourvu d'embrayages. Cet arbre est toujours en mouvement et on embraye sur lui les divers mécanismes de translation du pont, de déplacement du chariot ou de levage. Les divers mouvements des ponts Biétrix sont obtenus chacun séparément à l'aide d'un seul volant de manœuvre, au moyen d'un embrayage à friction et d'une série de trois engrenages coniques.

La Société des forges et aciéries de la marine a installé dans ses ateliers de Saint-Chamond deux ponts roulants électriques de 150 tonnes, 1 de 75 tonnes, 1 de 60 tonnes et 1 de 30 tonnes. Ces ponts servent à soulever les plaques de blindage à leur sortie des fours à réchauffer et à les déposer sous une grande presse à forger. Les ponts roulants de 150 tonnes ont été construits par la maison Crozet et Cie, et les autres par la maison Biétrix et Cie. La partie électrique a été étudiée et installée complètement par la maison Sautter-Harlé.

Les deux ponts de 150 tonnes ont une portée de 20 mètres et peuvent se déplacer sur une longueur de 80 mètres. Ils peuvent s'unir pour soulever ensemble un poids de 300 tonnes. L'énergie électrique est fournie à ces deux ponts par une machine à vapeur pilon de 100 chevaux actionnant une dynamo Sautter-Harlé compound de 66 kw à 300 volts et à 400 tours par minute. La canalisation est en fils nus sur isolateurs en porcelaine ; le courant est recueilli par des frotteurs mécaniques. Les moteurs électriques sont des moteurs shunt de 29,4 kw à 400 tours par minute. Cette vitesse peut être portée à 750 tours ou abaissée à 100 tours par minute à l'aide des appareils de manœuvre. Le rendement industriel de cette installation a été trouvé égal à 72 pour 100.

Les mêmes dispositions ont été appliquées aux ponts de 30 et de 60 tonnes. La génératrice était une dynamo compound de 45 kw à 300 volts à 575 tours par minute.

MM. Marrel frères, dans leur usine des Etaings à Rive-de-Gier, employaient depuis 1875 l'éclairage électrique, assuré par des régulateurs Serrin et une dynamo Bréguet. En 1890, cette installation a été remplacée par des lampes à arc et des dynamos Sautter-Harlé. En 1888, cette maison avait fait établir dans l'aciérie un pont roulant électrique de 140 tonnes, commandé par un moteur de 60 chevaux. Au mois de juillet 1895, huit ponts roulants électriques étaient installés dans les diverses parties de l'usine, avec des forces portantes de 40 à 140 tonnes. Des moteurs électriques conduisaient également des appareils d'essai des métaux, des ventilateurs, des pompes, etc. La distribution d'énergie électrique à 110 volts pour l'éclairage et à 300 volts pour la force motrice absorbait une puissance d'environ 300 chevaux.

M. Marinoni a également fait installer dans ses ateliers à Paris trois ponts roulants électriques. Le dernier d'une force portante de 6 tonnes ne comporte que le mouvement de translation et le mouvement de levage ; le déplacement du treuil sur le pont s'effectue à la main.

Citons enfin l'installation électrique d'un pont semblable de 6 tonnes faite par la maison Sautter-Harlé dans les ateliers de la Société des Forges de Denain et d'Anzin.

αβ. Installation électrique des Aciéries de Saint-Etienne.

Dans les aciéries de Saint-Etienne, une machine à vapeur de 300 chevaux, horizontale, système Wheelock, actionne deux dynamos de 71,5 kw à 110 volts. La distribution est à 3 fils avec 110 volts pour l'éclairage et à

220 volts pour la force motrice. Dans l'aciérie-fonderie, aux ateliers du moulage, se trouvent un pont roulant de 15 tonnes avec 26 mètres de portée actionné par un moteur électrique des ateliers d'Oerlikon, une plaque tournante avec moteur Bréguet, une grue de 30 tonnes avec moteur Henrion pouvant donner des vitesses variables de 20 à 850 tours par minute.

αγ. Installations de la Cⁱᵉ d'Orléans dans des caves et dans la blanchisserie.

En 1891, la Cⁱᵉ d'Orléans avait fait deux installations de force motrice électrique dans des caves à Vitry et dans la blanchisserie à Paris.

La Compagnie a installé à Vitry des caves, et le mouvement a été transmis par l'électricité aux divers appareils servant à la manutention des vins. Une dynamo d'une puissance de 14 kw à 170 volts placée à l'usine envoie l'énergie électrique à 2 moteurs électriques utilisés dans le chai et le cellier.

A Paris, un moteur électrique de 2 kilowatts actionne, à l'aide d'une vis sans fin, un tambour destiné au lessivage du linge, le tambour tourne à la vitesse angulaire de 75 tours par minute.

αδ. Installation électrique de l'usine à ciment de MM. Candlot et Cⁱᵉ à Dennemont près de Mantes (Seine-et-Oise).

Le ciment Portland, qui est tant utilisé et apprécié aujourd'hui dans la construction, a été longtemps fabriqué uniquement en Angleterre et en Allemagne. Ce

Fig. 51. — Vue d'ensemble de la grue électrique installée sur les bords de la Seine,
à Dennemont, dans la fabrique de ciment de MM. Candlot et C⁽ᵉ⁾ (p. 113).

Fig. 52. — Disposition générale d'une pompe centrifuge commandée directement par un moteur électrique (p. 113).

n'est que depuis une quinzaine d'années que la fabrication s'est introduite en France.

En 1893, MM. Candlot et Cie ont établi une usine spéciale, pour entreprendre cette préparation, à Dennemont, à 2 kilomètres de Mantes sur le bord de la Seine. Sans nous arrêter aux dispositions de cette fabrique en ce qui concerne le ciment, nous dirons quelques mots de l'installation électrique qui y a été faite.

Trois chaudières, construites par la maison Weyher et Richemond, à foyers amovibles et d'une surface de chauffe de 100 mètres carrés chacune, fournissent la vapeur à une machine à vapeur horizontale Corliss de 300 chevaux des mèmes constructeurs. Cette machine à vapeur actionne des transmissions dans l'usine, ainsi que les dynamos Brown à courants continus servant à l'éclairage et à la force motrice. L'énergie électrique est, en effet, fournie à une grue électrique et à un treuil électrique. La grue électrique que représente la Fig. 51, a été fabriquée par MM. Caillard au Hâvre ; elle se trouve sur le quai de la Seine pour les chargements.

α₈. Installation électrique dans les usines à ciment de
MM. Thorrand et Cie à Voreppe (Isère).

A la fin de 1893, MM. Thorrand et Cie ont établi à Voreppe dans leurs usines de ciment une transmission électrique de force motrice avec utilisation mécanique de l'énergie électrique. Ils ont utilisé une chute d'eau d'une puissance de 200 chevaux, d'un débit de 100 litres par seconde à une hauteur de 150 mètres, qui se trouvait à une distance de 2 kilomètres du moulin et de 4 kilomètres des carrières. La puissance a été utilisée pour remplacer pendant le jour le moteur à vapeur dans l'usine, mettre en marche une traction électrique et pendant la nuit assurer l'éclairage du moulin, du village et de l'entrepôt.

L'installation comprenait une turbine type Girard à axe horizontal et à injection partielle, construite par MM. Bouvier, de Grenoble. Cette turbine attaquait une dynamo bipolaire type Manchester de 80 kilowatts à 1 600 volts. Sa vitesse angulaire pouvait varier de 325 à 375 tours par minute, suivant la puissance utile. La ligne était établie en fils nus sur isolateurs en porcelaine. Les moteurs électriques installés dans le moulin étaient au nombre de 2, d'une puissance de 27 kilowatts chacun, montés en série avec excitation série. Les 2 moteurs commandaient par courroie un arbre intermédiaire portant une poulie à 6 gorges qui actionnait par câbles en chanvre l'arbre principal du moulin tournant à la vitesse angulaire de 100 tours par minute. Cet arbre met en route 12 paires de meules d'un diamètre de 1,60 mètre. Le ciment est pulvérisé, tamisé et conduit dans de vastes magasins.

L'installation de traction électrique et d'éclairage était toute spéciale et comprenait une turbine distincte, actionnant une dynamo bipolaire à courants continus de 27 kilowatts à 650 volts à 700 tours par minute, avec une ligne distincte. Les locomotives électriques, au nombre de 2, effectuant par jour un remorquage de 30 tonnes sur des pentes de 80 millimètres par mètre, utilisaient directement la tension de 250 volts. Pour la nuit, un transformateur rotatif à courants continus abaissait cette différence de potentiel à 110 volts, et alimentait directement la ligne de distribution desservant 150 lampes à incandescence de 16 bougies.

Il s'agit là, comme on le voit, d'une installation des plus intéressantes et des mieux combinées.

αζ. Installations de pompes électriques de la maison Dumont.

Il n'est pas nécessaire d'insister sur tous les services que peuvent rendre les pompes dans l'industrie, soit pour assurer l'alimentation des chaudières à vapeur, la condensation, élever des liquides de toute nature à diverses hauteurs, épuiser des fouilles, des dragages, faire des irrigations, dessèchements, etc. Il n'est pas toujours commode de faire actionner ces pompes par des machines à vapeur, d'autant plus que la pompe doit souvent être installée à une certaine distance de la salle des machines, soit près d'un puits, d'un réservoir, d'un étang, etc. Dans ce cas la transmission de force motrice électrique est tout indiquée, surtout si l'usine possède déjà une distribution d'éclairage électrique.

M. L. Dumont, le constructeur bien connu des excellentes pompes centrifuges répandues partout, a fait en 25 ans plus de 8000 installations de ces pompes, et dans ces dernières années il a eu l'occasion d'en placer un certain nombre actionnées par des moteurs électriques.

La Fig. 52 nous donne la vue générale d'une pompe mise en marche directement par un moteur électrique. Ce dernier et la pompe sont montés sur le même bâti ; l'arbre de la pompe est relié directement à l'arbre portant l'induit du moteur.

Dans quelques installations, il est nécessaire d'avoir recours pour la commande à des transmissions intermédiaires. La Fig. 53 nous donne le schéma d'installation d'une pompe élévatoire actionnée par un moteur électrique à l'aide de transmissions. La pompe aspire l'eau dans un puits par un tuyau muni d'une crépine et la refoule à la partie supérieure.

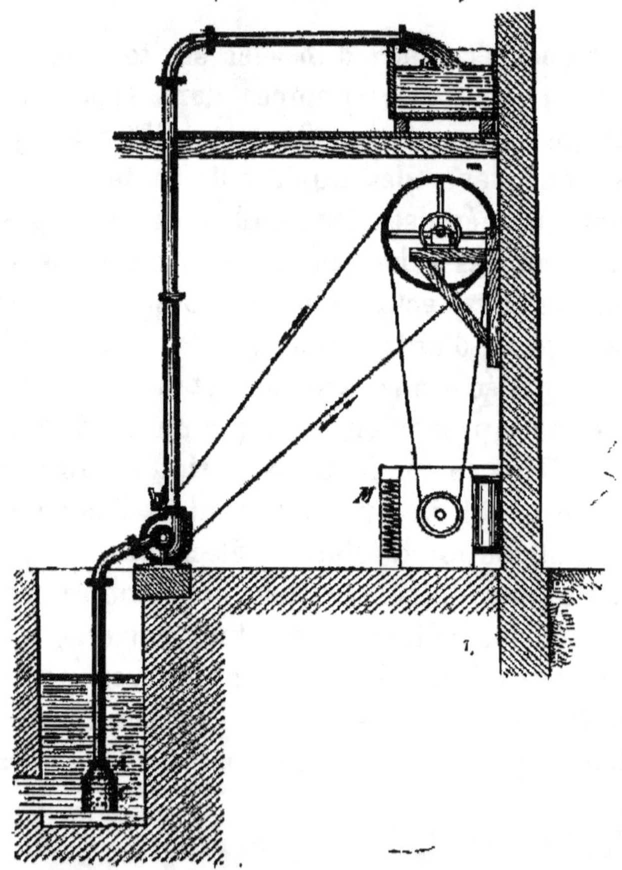

Fig. 53. — Schéma d'installation d'une pompe électrique élévatoire commandée par transmission intermédiaire.

α. Installation de la Société cotonnière de Mulhouse.

La Société cotonnière de Mulhouse possède dans ses

ateliers d'impressions sur étoffes un certain nombre de machines commandées par des moteurs électriques. Des dispositions spéciales ont été adoptées pour faire varier les vitesses angulaires dans des limites très étendues, variations qui sont nécessaires pour cette fabrication. Le schéma de la Fig. 54 nous fait connaître ces dispositions. En D et M se trouvent la dynamo génératrice et le moteur électrique, excités tous deux par deux dérivations distinctes prises sur une machine excitatrice commune E_1. Le moteur M a une excitation constante; dans le cir-

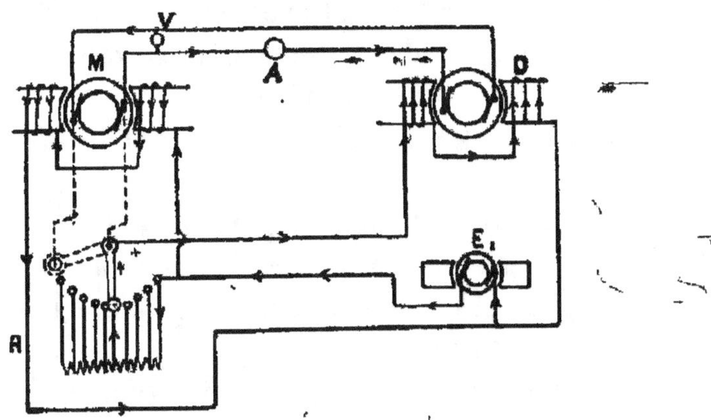

Fig. 54. — Schéma de l'installation des moteurs électriques à la Société cotonnière de Mulhouse.

cuit d'excitation de la génératrice D est intercalé un rhéostat R qui permet de faire l'intensité de l'excitation de cette machine. On a pu ainsi, en faisant varier la différence de potentiel aux bornes du moteur M et en laissant l'excitation constante, obtenir des variations de vitesse angulaire de 25 à 800 tours par minute. On remarque sur la figure ci-jointe un voltmètre V et un ampèremètre A, ainsi qu'un dispositif figuré en pointillé, permettant de mettre en court-circuit l'induit du moteur M. On peut ainsi arrêter instantanément le moteur et la machine qu'il entraîne ; ce point est très important pour éviter des accidents d'impression sur une trop grande longueur de tissus, s'il vient à se produire des défauts de fabrication.

α. Installation de MM. de Dietrich et Cie à Lunéville.

MM. de Dietrich et Cie ont installé dans leurs usines une transmission de force motrice électrique qui leur a donné des résultats très satisfaisants.

A la station centrale, une machine à vapeur actionne une dynamo Compound système Pieper à 4 pôles, d'une puissance de 54 kw à 120 volts et à 630 tours par minute.

Du tableau de distribution partent trois circuits qui alimentent le premier la scierie, le deuxième une pompe sur la Meurthe et le troisième un ventilateur non loin de la salle des machines.

Le circuit de la scierie dessert 3 moteurs électriques de 9 kw qui actionnent respectivement une grande scie circulaire, une scie alternative et une scie à grumes, ainsi qu'un moteur de 12 kw qui met en marche 2 scies circulaires à l'aide d'une transmission intermédiaire. La scierie est située à 200 mètres environ de la salle des machines.

Le circuit de la pompe alimente un moteur électrique actionnant une pompe centrifuge située sur la rivière la Meurthe à une distance de 700 mètres. Ce moteur a une puissance de 4,5 kw.

Le ventilateur électrique est mis en marche par un moteur de 18,3 kilowatts.

Les manœuvres sur ces moteurs s'effectuent toutes à l'aide de rhéostats intercalés dans le circuit principal; elles peuvent donc être faites directement de la salle des machines.

Le rendement industriel des moteurs de 18,3 kw est de 88 pour 100, celui des moteurs de 12 kw de 87 pour 100, celui des moteurs de 9 kw de 86 pour 100 et celui des moteurs de 4,5 kw de 82 pour 100.

Le rendement industriel de l'ensemble de l'installation a atteint 67 pour 100.

L'installation de la pompe a amené de très grandes économies dans l'exploitation. Les dépenses annuelles pour le fonctionnement de cette pompe à l'aide d'un moteur à vapeur de 7 chevaux s'élevaient autrefois à 4 500 fr. dont 2 400 fr. de charbon, 960 fr. de personnel, et 1 140 fr. d'entretien et de graissage. Les dépenses actuelles avec la transmission électrique peuvent être évaluées à 570 fr. par an, dont 360 fr. de charbon, 160 fr. de graissage, et 50 fr. d'entretien.

αλ. Installations de MM. Guitton et Bertolus.

MM. Guitton et Bertolus, de Saint-Etienne, les anciens représentants en France de la grande Société des ateliers de construction d'Œrlikon, ont effectué en France un grand nombre d'installations sur lesquelles nous pouvons donner quelques renseignements.

La transmission électrique de force motrice est assurée dans les ateliers de tissage, soieries et moulinage de M. J. B. Jamet à Saint-Julien-Molin-Molette par un moteur de 30 chevaux.

Dans la fabrique du papier Job près Saint-Girons

(Ariège) le mouvement est fourni par une transmission électrique de 300 chevaux à 4 km. On utilise une chute d'eau sur le Salat, à la Moulasse.

Un pont-roulant de 25 chevaux a été installé dans les fonderies, forges et aciéries de Saint-Etienne.

M. Sicre, constructeur à Carcassonne, a fait établir à 12 kilomètres une usine génératrice à Trèbes, et l'énergie électrique est fournie à un moteur à courants alternatifs de 4,5 chevaux pour un atelier de fonderie, ainsi qu'à un moteur de 6 chevaux pour un atelier de mécanique. M. Sicre a utilisé dernièrement cette installation pour faire une distribution dans le voisinage, et il a porté la puissance de l'installation à 100 chevaux.

Nous pouvons encore citer des applications électro-mécaniques de tous genres dans les usines de M. Duchamp, fabricant de soieries, à Neuville-sur-Ain (4 moteurs de 12 chevaux pour transmissions) ; dans les fabriques de M. Saby, passementier à Saint-Genest-Lerpt (1 moteur de 1 cheval), dans les ateliers de M. Grammont, constructeur à Pont-de-Chéruí dans l'Isère (1 moteur de 9 chevaux), et dans un très grand nombre de papeteries, distilleries et fabriques diverses.

Nous mentionnerons en particulier l'installation d'une grue pivotante et roulante à la compagnie des Hauts-Fourneaux, Forges et Aciéries de la Marine et des chemins de fer à Saint-Chamond. Cette grue peut lever 8 tonnes à la vitesse de 1,35 mètre par minute, se déplacer à la vitesse de 20 mètres par minute, et effectuer son mouvement de rotation à la vitesse de 5,50 mètres par minute. Tous ces mouvements sont obtenus par des moteurs électriques. La puissance nécessaire pour le levage est de 7 kw et pour la translation 2 kw. En 1895 une deuxième grue semblable a été installée.

On peut estimer environ à plus de 500 chevaux la puissance ainsi fournie en France par 75 moteurs environ.

αμ. Installations électriques de M. Cornu à Albert (Somme).

Au moment même où nous écrivons cet ouvrage, M. Cornu, constructeur à Albert, fait installer des transmissions de force motrice électrique dans ses ateliers. Il utilise deux chutes d'eau placées sur la rivière d'Encre à l'aide d'une turbine et d'une roue. Cette dernière actionne 2 dynamos de 50 chevaux. L'énergie électrique est distribuée à toutes les machines dans l'atelier du gros outillage. Un pont roulant de 12 mètres de portée et d'une force portante de 12 000 kilogrammes dessert l'atelier. On y trouve également deux aléseuses, diverses autres machines et des ventilateurs électriques.

αν. Installations de la Cⁱᵉ de l'Industrie Électrique en France.

La Cⁱᵉ de l'*Industrie Electrique* a fait en France plusieurs installations mécaniques importantes : en 1890, à Oyonnax (Ain), 30 moteurs d'une puissance totale de 120 chevaux, 2 moteurs de 320 chevaux, aux carrières d'Injoux, 5 moteurs de 6 chevaux, en 1892 et en 1893, chez les fils de Peugeot frères, 1 moteur de 10 chevaux et un de 90 chevaux, en 1892, aux grands magasins de la Ville de Saint-Denis, à Paris ; 1 moteur de 10 chevaux pour actionner une pompe, en 1893, chez M. de

Chanteau à Bellegarde, 5 moteurs de 120 chevaux, à la Cie française des charbons électriques, à Nanterre (Seine) 1 moteur de 10 chevaux, chez M. Schotmans à Lille, 3 moteurs de 30 chevaux, chez MM. Marcheville, Daguin et Cie à Varangeville, 10 moteurs de 200 chevaux, et chez M. A. Gandrian fils à Fontenay-le-Comte (Vendée), 1 moteur de 10 chevaux.

xp. Installation dans la raffinerie de MM. Lebaudy frères à Paris.

Depuis quelque temps MM. Lebaudy frères ont fait installer par la Cie de Fives-Lille dans leur raffinerie à Paris une distribution de force motrice par courants triphasés. La station centrale comporte une génératrice de 100 chevaux à 190 volts entre deux conducteurs et 220 ampères dans chaque branche. L'énergie électrique est fournie à des moteurs de 0,7 cheval tournant à 700 tours par minute et entraînant des lingoteuses et des casseuses, et à 4 moteurs de 12 chevaux calés directement sur l'arbre des turbines à sucre. L'application des moteurs aux turbines à sucre Hubner est très intéressante. On laisse couler dans l'appareil la masse cuite, on fait tourner la turbine à 500 tours par minute. Cette masse cuite se répartit à la périphérie de l'appareil dans des espaces ménagés à cet effet et ayant la forme de plaquettes. On laisse tourner pendant quelque temps, les sirops s'écoulent. On fait tourner ensuite à une vitesse angulaire plus élevée, environ 1000 tours par minute. Le moteur électrique doit donc prendre successivement deux vitesses angulaires. Ce résultat a été atteint à l'aide de deux circuits alimentés par 2 génératrices spéciales respectivement à la fréquence de 50 et 25 périodes par seconde.

On vient d'installer encore dans la raffinerie Lebaudy 4 génératrices de 200 kilowatts à 375 tours par minute pour actionner 12 turbines à sucre Adant ainsi que diverses lingoteuses, casseuses, pompes, transmissions, etc.

b. Installations en Angleterre.

Les installations de moteurs électriques en Angleterre n'ont pas été jusqu'ici très nombreuses. Dans certaines usines on a d'abord essayé d'actionner quelques moteurs, on en a ajouté ensuite d'autres et ainsi de suite. La question a été du reste vivement discutée comme partout ailleurs, afin de savoir s'il y avait un réel intérêt à cette substitution. Nous pouvons cependant mentionner quelques installations importantes.

La *Henley's Telegraph Works Company* a utilisé les moteurs électriques depuis le commencement de l'année 1894. L'installation comprenait alors des chaudières Lancashire, construites par MM. Daniel Adamson et Company de Dukinfield, et fournissant la vapeur à la pression de 6 kilogrammes par centimètre carré. L'alimentation était assurée par une pompe à vapeur Tangye. Les machines à vapeur, du système Belliss, et au nombre de 2, avaient chacune une puissance de 230 chevaux à 230 tours par minute. Elles actionnaient 2 dynamos Crompton bipolaires de 43 kilowatts à 115 volts et à 600 tours par minute. L'excitation de ces deux machines était donnée par 2 dynamos shunt séparées de 10,5 kw à 150 volts et 950 tours par minute. Les principaux moteurs mis en marche dans l'usine étaient les suivants :

à la fabrication des câbles se trouvaient 10 moteurs de puissance variable de 1,472 à 11,64 kilowatts. Pour la préparation du caoutchouc un moteur Crompton de 7,6 kw à 110 volts à 800 tours par minute fournissait la force motrice nécessaire. Dans la préparation de la gutta, on utilisait 3 moteurs Ellwell-Parker d'une puissance de 5,5 kilowatts chacun à 110 volts et à 1 000 tours par minute. Les broyeurs étaient actionnés par un moteur Crompton de 7,36 kw à 800 tours par minute. Une pompe électrique de 11 kw servait à fournir l'eau nécessaire à la réfrigération de la gutta-percha. A la couverture des câbles avec gutta se trouvaient 2 moteurs série Statter de 1,472 kw. L'installation comprenait encore une grue électrique Crompton de 6,6 kw à 110 volts et 800 tours par minute, une pompe actionnée par un moteur électrique de 11 kw à 110 volts, et 2 moteurs de 11 kw pour divers autres usages.

La maison *Merryweather And Sons*, à Londres, s'est fait une grande spécialité de toutes les questions touchant à l'hydraulique. Dans ses installations elle a eu l'occasion d'employer en plusieurs circonstances les moteurs électriques. La Fig. 55 nous montre la disposition générale d'une petite installation électrique servant dans les châteaux, les petites usines pour transmettre au loin la force motrice nécessaire. Au centre se trouve la station centrale ; en C nous voyons la chaudière, en M la machine à vapeur, en D la dynamo, et en T le tableau de distribution. Cette petite station peut être placée à l'endroit le plus favorable, à une extrémité d'un champ, d'un terrain, etc. L'énergie électrique est d'abord transmise à gauche à une pompe électrique A qui aspire l'eau dans un étang voisin et la refoule sous pression au château B

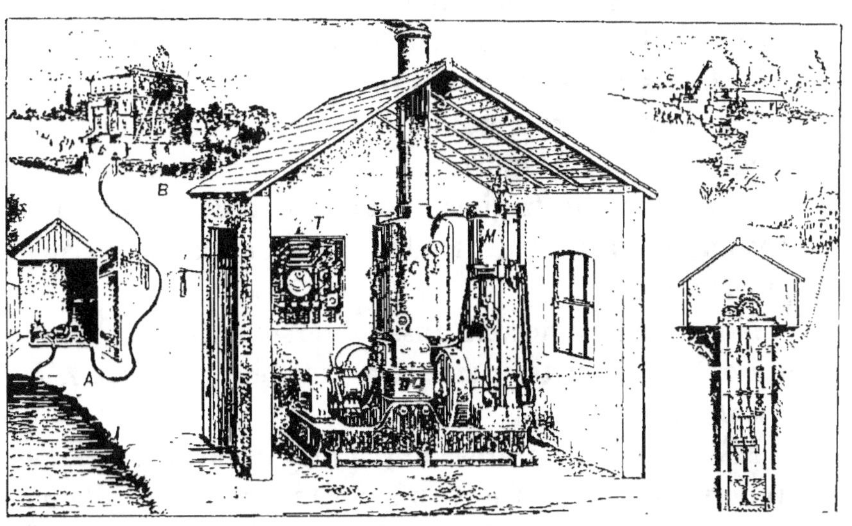

Fig. 55. — Schéma général d'une petite installation électrique avec utilisation pour pompe et grue électriques.

où vient de se déclarer un incendie. Nous devons ajouter que la maison dont il est question s'occupe plus particulièrement de toutes ces installations hydrauliques destinées à combattre les incendies. A droite se trouve d'abord à la partie inférieure une pompe électrique qui puise l'eau dans le puits et la refoule au château voisin. A la partie supérieure, nous voyons une grue électrique qui sert au déchargement sur la petite rivière voisine.

MM. Merryweather and Sons ont également fait plusieurs installations semblables en utilisant la force motrice hydraulique de roues ou turbines.

La maison Crompton et Cie a également construit en Angleterre un grand nombre d'appareils actionnés par des moteurs électriques, notamment des grues, des cabestans et des ponts roulants que nous avons décrits précédemment.

Nous mentionnerons aussi diverses autres installations qui ont été décrites par notre excellent confrère *L'Électrical Review.*

MM. Siemens frères ont d'importantes fabriques à Woolwich où ils ont une force motrice d'environ 1 500 chevaux fournie par des machines à vapeur Willans et Belliss. Divers moteurs électriques ont été utilisés dans ces usines. Un moteur de 29,4 kw actionnait 8 lignes d'arbres de transmission, dans la partie réservé à la chimie ; les ateliers de menuiserie employaient aussi des moteurs électriques. La Fig. 56 nous montre la vue d'ensemble du moteur électrique actionnant les transmissions ; ce moteur a été installé dans l'espace le plus restreint. Les Fig. 57 et 58 nous représentent l'installation des moteurs électriques dans les ateliers de menuiserie. On remarquera qu'un des moteurs est placé dans

Fig. 56. — Vue d'un moteur électrique actionnant des arbres de transmission.

Fig. 57. — Vue d'un moteur électrique dans l'atelier de menuiserie.

une petite cabine établie sur le côté et actionne par vis
tangente et engrenage la transmission qu'il commande.
Ces dernières machines-outils, mises en marche par les
moteurs électriques, sont des machines à raboter et à
scier. En poursuivant notre visite dans les usines, nous
trouvons dans l'atelier des machines 2 moteurs de
29,4 kw et 1 de 14,7 kw. A la forge sont installés 3 moteurs ; dans les ateliers de fabrication des câbles sous-

Fig. 58. — Vue de la commande électrique dans la menuiserie.

marins, des moteurs électriques actionnent soit une, soit
deux machines. Nous voyons ainsi la commande électrique des machines à bobiner, et des machines à cylin-
drer.

MM. Howard et Bullough's possède à Accrington une
des plus importantes fabriques de machines à filer le
coton. Leurs ateliers travaillent souvent nuit et jour, et

la transmission mécanique absorbe des puissances considérables. Ces messieurs ont décidé de faire l'essai des transmissions électriques, et d'installer 10 moteurs de de 7,36 kilowatts. La station centrale actuelle renferme 2 dynamos Elwell-Parker de 49,5 kw à 110 volts. Dans l'usine se trouvent actuellement 3 moteurs pour transmissions, 2 moteurs pour machines à dresser, des monte-charges et des grues électriques.

Nous pouvons encore citer une série de petites installations isolées. La fabrique de papier Croxley, à Watford, emploie, depuis plus de huit ans, une installation de 2 moteurs électriques, faite par MM. Mather et Platt, pour actionner des machines à blanchir et à déchirer le papier.

L'*Anglo-Bavarian brewery*, à Shepton Mallet, a une pompe électrique de 14,72 kw qu'elle utilise pour le service de sa brasserie.

L'installation des grues électriques de Southampton est déjà bien connue ; les moteurs électriques qui les actionnent consomment, respectivement, 32 et 4 kw pour la levée de la charge et la rotation de l'appareil. La charge est soulevée à une vitesse de 1 mètre par seconde.

Des scies circulaires ont également été actionnées par des moteurs électriques à la Gloucester wagon Company ; le moteur consommait 25 kw à 110 volts. La West India Dock Company a utilisé aussi des monte-charges électriques, construits par MM. Statter et Cie, mis en marche par des moteurs électriques de 4 kw à la vitesse angulaire de 900 tours par minute. Ces monte-charges peuvent soulever 6 tonnes à la vitesse de 3 mètres par minute et 3 tonnes à la vitesse de 6 mètres par minute.

Des grues électriques ont également été installées à l'arsenal de Woolwich par la maison Acme et Immisch.

Des installations de ventilation électrique ont été également faites par MM. Box et Cie et MM. Statter et Cie.

Une application intéressante a été réalisée par MM. Campbell dans leurs ateliers de vêtements à Leeds. Quatre moteurs électriques de 4,416 kw chacun, actionnent 3 lignes de transmissions, mettant en marche chacune 23 machines à coudre faisant 1 200 points par minute. Il y a également 2 coupe-draps électriques, actionnés par des moteurs de 4,416 kw.

MM. Blyth, de Blythwood (Essex), ont installé des moteurs électriques, dans leur laiterie privée, pour actionner les barattes.

A la fonderie de Sandycroft, une dynamo de 75 kw fournit l'énergie électrique à une pompe électrique, à 3 plongeurs de 20 chevaux, à une deuxième pompe électrique de même puissance, et à un moteur électrique de 20 chevaux qui commande un bocard.

Comme on le voit par ces quelques exemples, les applications mécaniques de l'énergie électrique ne sont pas très développées en Angleterre. Quelques usines ont trouvé avantage à employer la force motrice électrique et n'ont pas hésité à le faire. Les raisons de cet état de choses ont été très justement développées dans le discours de M. Richardson à la réunion des ingénieurs et constructeurs de navires de la côte Nord-Est de l'Angleterre, en octobre 1894. Il a constaté que toute transformation radicale d'un atelier entraînait des dépenses élevées et qu'il fallait l'étudier avec un soin extrême avant d'être certain de son succès commercial.

Il a pris, lui-même, l'exemple de transformation d'un atelier existant et il est arrivé à trouver des économies de 55,6 pour 100 en faveur des transmissions électriques. Nous avons analysé cette intéressante étude dans notre premier volume (p. 200).

Au mois de mai 1894, le professeur Kennedy avait déjà traité cette question, et il avait trouvé que l'électricité ne donnait aucune économie de force motrice dans les transmissions toutes les fois que les pertes dans les transmissions ordinaires étaient inférieures ou égales à 25 pour 100 de la puissance utile moyenne.

Toutes ces discussions semblent avoir eu pour effet, en Angleterre, d'entraver un peu l'extension sur une grande échelle des applications mécaniques de l'énergie électrique.

c. Installations en Amérique.

L'Amérique est certainement, jusqu'à ce jour, le pays du monde où les applications mécaniques de l'énergie électrique se sont le plus développées. Les usines, les fabriques de tous genres sont nombreuses ; elles possèdent presque toutes des installations d'éclairage électrique, et l'énergie, ainsi produite, sert également à alimenter les moteurs électriques utilisés à divers usages. Aussi, nous n'avons pas la témérité d'annoncer dans ce paragraphe la description complète de toutes les installations de ce genre ; mais nous voulons attirer l'attention de nos lecteurs sur quelques-unes d'entre elles.

Installation dans les ateliers de la Westinghouse C°. — La *Westinghouse Electric and Manufacturing C°*, à

Pittsburg, est une société de construction, dont la réputation est répandue dans le monde entier, en raison des appareils de toutes sortes sortis de ses ateliers, et entre autres machines à vapeur, machines dynamos, appareillage électrique, etc., etc.

Cette puissante société américaine a fait en 1894 dans ses nouveaux ateliers une importante distribution d'énergie électrique pour tous usages. Ces nouveaux ateliers sont immenses et comprennent un bâtiment principal de 230 mètres de longueur, 80 mètres de largeur, et de 20 mètres de hauteur pour la construction mécanique des grosses pièces, un magasin de même longueur que le bâtiment principal et de 24 mètres de largeur, un bâtiment pour le magasinage des tôles, leur recuit et leur découpage, un bâtiment pour la production de la force motrice, et une série de bâtiments divers pour les forges, les fonderies, les charpentiers, les archives, etc. Le chauffage est effectué par les vapeurs d'échappement, et l'on rencontre dans l'usine canalisations d'eau filtrée, réseaux téléphoniques, chemins de fer, etc. Les nouveaux ateliers Westinghouse peuvent passer à juste titre pour un des derniers modèles du genre. La figure 59 donne une vue du bâtiment principal.

Le bâtiment de la force motrice renferme les divers appareils nécessaires à la production et à la distribution de l'énergie électrique. Il contient actuellement 5 chaudières Pierpoint à faisceaux tubulaires verticaux pouvant fournir chacune la vapeur nécessaire à un moteur de 500 chevaux. L'alimentation en charbon de ces chaudières est assurée par des chargeurs automatiques Roney. Ces derniers sont formés de grilles inclinées qui sont animées d'un mouvement vibratoire.

FIG. 59. — Vue intérieure du bâtiment principal des nouveaux ateliers Westinghouse (p. 132).

Les moteurs à vapeur, système Westinghouse, sont au nombre de 5 d'une puissance de 500 chevaux chacun à 215 tours par minute. Deux d'entre eux actionnent directement des dynamos à courants continus avec armature dentée et noyau en fonte, donnant 750 ampères et 500 volts. Les trois autres moteurs commandent des alternateurs à courants diphasés de 14 pôles, donnant

Fig. 60. — Vue d'un moteur à vapeur commandant un alternateur à courants diphasés.

240 volts et 400 ampères par circuit à la fréquence de 25 périodes par seconde. La figure 60 donne une vue d'ensemble de la machine à vapeur actionnant directement l'alternateur à courants diphasés.

La distribution de l'énergie électrique pour l'éclairage par arc est effectuée par une dynamo spéciale à intensité constante actionnée par un moteur à courants alternatifs diphasés.

La distribution de force motrice est effectuée à l'aide de courants diphasés qui offrent sur les courants continus l'avantage de n'exiger aucun entretien au point de vue du collecteur. Dans le cas d'une distance aussi faible, les courants diphasés n'offrent en effet aucune supériorité sur les courants continus. Les moteurs à courants continus ont également été appliqués à certains appareils tels que monte-charges, grues, ascenseurs, etc.; pour lesquels diverses dispositions avec commandes par moteurs à courants diphasés étaient à l'étude.

Au mois d'août 1895, la répartition des divers moteurs dans les usines Westinghouse à Pittsburgh était la suivante. Nous parlerons d'abord des divers moteurs à courants diphasés qui ont été utilisés.

MOTEURS A COURANTS DIPHASÉS. 220 VOLTS

Emplacements	Puissance en chevaux								Nombre total de moteurs	Puissance totale, en chevaux
	10	15	20	25	30	40	60	75		
Atelier des machines	2	1	4	1	9	8	1		26	790
Ateliers de détail.	2		4						6	100
Forges	1	2	3			1			7	140
Ateliers de perçage	2		2		1				5	90
Fonderie de laiton	2		1						3	40
Ateliers de charpentier.	1		2		1			1	4	155
Ateliers des couleurs	2	1	2						6	85
Total	12	4	18	1	11	9	1	1	57	1 400

Le nombre des moteurs à courants continus est moins élevé; il se répartit comme l'indique notre tableau.

MOTEURS A COURANTS CONTINUS A 500 VOLTS

	Puissance en chevaux			
	3,5	5	7,5	10
2 grues de 30 tonnes	2	»	2	2
2 — 10 tonnes	»	2	2	»
2 — 10 tonnes	2	6	»	»
2 — 10 tonnes	2	2	2	»
TOTAL.	6	10	6	2

Les divers moteurs dont il est question plus haut se trouvent départis dans les ateliers et possèdent à côté d'eux un tableau contenant tous les appareils de mesure et de contrôle nécessaires pour la mise en marche et le bon fonctionnement.

Sans insister sur tous les détails d'installation, nous ferons connaître quelques-unes des dispositions adoptées. La figure 61 nous montre un moteur de 60 chevaux à courants diphasés actionnant une transmission dans un atelier. Le moteur est installé sur le sol sur glissières et peut se déplacer facilement pour tendre la courroie. Nous mentionnerons également un moteur de 40 chevaux mettant en marche diverses transmissions. On aperçoit nettement au premier plan les circuits d'alimentation du moteur. Il nous faut ajouter aussi l'installation de 2 moteurs de 30 chevaux pour la commande de diverses lignes de transmissions.

Les ateliers de la maison Westinghouse nous offrent donc aujourd'hui l'exemple d'ateliers dans lesquels se trouve distribuée électriquement une puissance de 2500 chevaux.

Installation dans une filature à Taftville.

Dans les premiers mois de l'année 1895, une transmission électrique de force motrice a été effectuée à Taftville dans le Connecticut, aux États-Unis, pour actionner une filature. La puissance motrice est empruntée à une chute d'eau sur la rivière Shetuget, où un barrage a été établi. A la chute de 9,75 mètres de hauteur, deux turbines horizontales de 1,05 mètre de diamètre donnent chacune une puissance de 80 chevaux à la vitesse angulaire de 157 tours par minute, et une troisième turbine fournit 300 chevaux à 244 tours par minute. Ces turbines actionnent par courroie un arbre de transmission qui transmet à son tour le mouvement aux diverses machines dynamos. La Fig. 62 donne une vue d'ensemble de l'usine génératrice. Les dynamos, au nombre de 2, d'une puissance de 250 kilowatts à 600 tours par minute et à 2 500 volts produisent des courants triphasés; l'excitation est faite, pour chaque machine, par une petite dynamo auxiliaire à courants continus. Les génératrices peuvent être couplées en tension ou en quantité. La ligne de transmission est formée par des câbles en cuivre nu, installés sur des isolateurs en porcelaine. A Taftville, à une distance de 7 kilomètres de l'usine, se trouvent deux moteurs synchrones à courants triphasés de même puissance que les génératrices, et à excitation séparée. Ces moteurs transmettent le mouvement à 1 700 broches de métiers placés dans la filature. Ce service était autrefois assuré par 2 machines à vapeur Corliss de 350 chevaux chacune. L'éclairage est également fourni par l'énergie électrique ainsi transmise. Les moteurs, dont il a été question plus haut, mettent aussi en marche 3 dynamos de 60 kw chacune, utilisées pour la traction des tramways.

Cette installation, qui a rendu de grands services et a permis de réaliser certaines économies, a donné un rendement industriel de 80 pour 100.

L'*Illinois steel Company* à Joliet (Illinois) a utilisé les moteurs électriques pour installer des appareils de chargement des lingots d'acier fabriqués. Il s'agit d'un tablier, mû par un moteur de 18,5 kw, à 500 volts, qui soulève les lingots et les rejette sur un chariot. L'installation comporte encore un autre appareil, mû également par un moteur de 18,5 kw et destiné au chargement des lingots qui doivent être amenés aux fours à réchauffer.

A San Francisco, dans des établissements pour le déchargement et l'emmagasinement du charbon, on a installé des grues électriques et des locomotives électriques. L'installation comprend 3 chaudières multitubulaires, 2 machines à vapeur Mac Ewen de 135 chevaux à 135 tours par minute, et 2 dynamos hypercompound multipolaire de la general Electric C° de 90 kw à 250 volts.

Nous signalerons aussi la transformation des transmissions par courroies en transmissions électriques, qui a été opérée entièrement dans les ateliers de *The Baldwin Locomotive Works* de Philadelphie. Cette substitution a amené une économie de puissance de 50 pour 100. Il fallait autrefois 500 chevaux ; 250 ont suffi ensuite. Il faut ajouter que le travail a été considérablement facilité, et que la production a augmenté dans de grandes proportions sans accidents.

La *General Electric Company* a fait aussi un grand nombre d'installations de moteurs électriques pour toutes sortes d'applications. A la *Oakland Gas and Electric Company*, elle a installé 2 alternateurs de 75 kw à courants triphasés à 2 000 volts ; à la *Fall River Electric Company*, 2 alternateurs de 75 kw servent pour la distribution monocyclique. Elle a fait, également, un grand nombre de transmissions de force motrice. *A the Goulds manufacturing Company*, de Seneca Falls, une pompe installée sur la rivière était mise en marche par un moteur électrique Westinghouse de 15 kw. Suivant la hauteur des eaux, la cabane contenant la pompe devait être avancée ou reculée ; un moteur électrique branché sur la distribution permet d'obtenir très aisément ce résultat. L'énergie électrique nécessaire est fournie par une petite usine à vapeur actionnant une dynamo de 35 kw à 500 volts. A San Antonio, dans le Texas, on a également installé 3 pompes triplex mises en marche, chacune par un moteur de 21 kw à 500 volts. A De Kalb, une installation semblable de 2 pompes triples Gould a été faite à l'aide de moteurs de la *General Electric C°*, d'une puissance de 40 kw à 200 volts. La vitesse angulaire des pompes était de 42 à 30 tours par minute. Le rendement industriel du moteur électrique et de la pompe combinée atteignait 71 pour 100. On a souvent employé les pompes électriques pour épuiser à distance. A Canandaigua, par exemple, la station motrice a été établie, actionnant un alternateur de 100 kw à courants triphasés. A une distance de 4 kilomètres, l'énergie électrique était fournie à un moteur de 73,6 kw de la *General Electric C°* actionnant directement une pompe triplex Gould. Ces installations de pompes électriques ont été très utilisées pour toutes sortes de travaux.

La *Stanley Electric Manufacturing C°*, dont nous

Fig. 61. — Vue de la commande de transmissions par un moteur de 60 chevaux (p. 138).

FIG. 62. — Vue d'ensemble de l'usine génératrice
de Taftville (États-Unis) (p. 138).

FIG. 63 — Vue d'ensemble de l'intérieur des Ateliers de Charlottenbourg
de la maison Siemens et Halke (p. 138).

FIG. 64. — Ateliers de Charlottembourg. — Pont roulant électrique (p. 138).

avons décrit les moteurs à courants diphasés dans le premier volume (p. 142), a établi, dans ses ateliers de Pittsfield, des transmissions électriques pour actionner des transmissions, des machines-outils, machines à raboter, ascenseurs, etc. Les moteurs utilisés, ont des puissances variables de 7 à 50 chevaux. La même société a déjà fourni un grand nombre de moteurs électriques, dans diverses installations, notamment des moteurs de un cheval dans les magasins d'England, de MM. Kennedy et Mc Innes. La United Electric Light a installé un alternateur à courants diphasés de 350 kw à 3 600 volts, qui fournit l'énergie électrique à 10 kilomètres à des moteurs synchrones pour actionner la station centrale et des transmissions d'ateliers. La Anderson Water Light and Power C° a installé un alternateur de 150 kw, qui actionne à 12 kilomètres une pompe électrique de 30 chevaux pour l'élévation des eaux et divers autres moteurs. On compte, environ, une puissance totale de 8 000 chevaux pour les moteurs installés jusqu'à ce jour, et ayant chacun des puissances variables de 80 à 700 chevaux.

On sait que la *Jenney Electric Motor C°* a pris aux États-Unis une grande extension pour la fabrication des moteurs de faible puissance. Ses usines sont établies à the Belt railroad, Indianapolis et fabriquent une grande quantité de moteurs. Parmi toutes les installations faites par cette société, nous citerons celle de la grande manufacture de fer Brown-Ketcham C°. Dans cette fabrique qui a souvent à transporter des fardeaux de 10 à 15 tonnes, sont placées deux machines à soulever, actionnées par des moteurs électriques de 7,5 chevaux. 6 machines à percer mises en marche par des moteurs de

3 chevaux, une machine à raboter, des transmissions commandées par 1 moteur de 10 chevaux, 1 ventilateur électrique de 14 chevaux, et 1 grue de 8 à 10 tonnes. La puissance maxima ainsi utilisée atteint 35 chevaux. On a remarqué que le prix de revient de cette installation électrique était le sixième de la dépense exigée avec la vapeur.

Dans la *Campbell Wall Paper Factory*, à New-York City, une machine à vapeur Armington et Sims de 180 chevaux actionne 2 dynamos Eddy de 60 kilowats à 220 volts et 1 dynamo Eddy de 40 kilowatts à 110. Cette dernière machine sert à l'éclairage, les deux premières fournissent l'énergie à 5 moteurs, dont 1 de 40 chevaux, 2 de 25 chevaux, 1 de 50 chevaux et 1 de 10, répartis dans la fabrique. Tous ces moteurs actionnent diverses machines, outils et des machines à imprimer en couleurs.

Nous terminerons cette notice sur l'Amérique, en citant l'exemple de l'*utilisation des chutes du Niagara*.

Depuis 1886, de nombreux projets avaient été dressés pour utiliser ces chutes. Ce ne fut qu'en 1889 que se fondait définitivement la *Cataract Construction Company*. Les projets complets comprenaient une utilisation de 350 000 chevaux ; le premier projet se rapportait à 50 000 chevaux fournis par 10 turbines de 5000 chevaux.

Nous ne pouvons ici décrire une installation aussi grandiose, mais nous en donnerons les grandes lignes.

Pour éviter de détruire en quoi que ce soit le point de vue merveilleux des chutes du Niagara, le projet adopté a consisté à prendre l'eau à deux kilomètres au-dessus des chutes et à déverser cette eau après usage. Une usine a été ainsi établie à 2 kilomètres. L'eau lui est amenée par un canal de 75 mètres de largeur à son origine, de 3,60 mètres de profondeur et de 500 mètres de longueur. Les turbines à eau sont placées au fond d'un puits de 45 mètres, reçoivent l'eau par de gros tubes. Des arbres de 45 mètres remontent à la surface et actionnent les alternateurs dont nous allons parler. A la fin de 1895, il n'y avait que deux turbines de 5000 chevaux installées ; mais la Cie va en installerd'autres successivement jusqu'à concurrence de 50 000 chevaux. Les turbines actuelles ont un rendement de 75 pour 100 et débitent 12 mètres cubes par seconde chacune, à la vitesse angulaire de 250 tours par minute. Chaque alternateur a une puissance de 5000 chevaux à 2400 volts ; ils sont à courants diphasés, à induit fixe et à inducteur mobile. Chacun pèse 77 tonnes, la couronne portant les inducteurs a 3,50 mètres de diamètre. Tous les alternateurs sont couplés en parallèle au tableau de distribution.

L'utilisation de l'énergie électrique sera faite par des centres industriels qui commencent à s'installer dans le voisinage. La distribution dans un rayon de 5 kilomètres autour de l'usine sera faite directement à 2000 volts ; au delà de cette distance, la transmission sera faite après transformation à 10 000 ou 25 000 volts.

Cette importante installation desservait jusqu'à ce jour 2 abonnés : la *Pittsburg Reduction Company*, et la *Carborundum Company*. Il faut ajouter depuis le mois de janvier 1896, deux nouveaux abonnés très importants, comme nous l'a annoncé notre excellent confrère *the Electrical Engineer :* une manufacture de carbure de calcium, et une installation de tramways électriques.

La *Pittsburgh reduction Company* est une fabrique d'aluminium qui a traité avec la société des chutes du

Niagara pour la fourniture d'une puissance de 3 000 chevaux. Elle espère pouvoir utiliser 25 000 chevaux. Cette Cie a besoin de courant continu, elle reçoit les courants alternatifs diphasés à 2 000 volts. Des transformateurs statiques ramènent le voltage à 115 volts, et des transformateurs rotatifs donnent des courants continus à 110 volts.

La *Carborundum C°* s'est installée pour fabriquer le carborundum dont on a tant vanté les propriétés. Elle consomme une puissance de 1 000 chevaux, qu'elle reçoit en courants diphasés à 2 000 volts. Des transformateurs statiques ramènent la tension à 100 et 200 volts. Le courant est envoyé dans les divers fours. Des régulateurs spéciaux font varier la température.

Une société vient de s'établir, près des chutes, et a demandé une puissance de 1 000 chevaux pour fabriquer du carbure de calcium d'après les procédés Wilson. On sait que ce produit a pris de l'importance depuis qu'il permet de fabriquer le gaz acétylène. L'énergie électrique est fournie à 2 200 volts et en courants monophasés.

Au moment où nous terminons cette notice, un service important de tramways électriques (*the Buffalo and Niagara Falls Electric Railway*, ainsi que les diverses lignes de *the Niagara Falls and suspension Bridge Railway* et de *Whirlpool and Northern Electric Railway*) vient de demander aux chutes du Niagara l'énergie électrique nécessaire. Les transformations de courants diphasés à 2 000 volts en continus à 575 volts sont faites par transformateurs statiques et convertisseurs.

Cette magnifique installation, dont nous ne pouvons esquisser que les grands traits, est une œuvre colossale et grandiose, bien digne de l'Amérique.

d. **Installations en Allemagne.**

Les applications mécaniques de l'énergie électrique sont très développées en Allemagne, à la fois sur les réseaux de distribution et dans les installations séparées. C'est surtout de 1891 que date ce développement. On se souvient des grandes expériences exécutées à cette époque par l'*Allgemeine Elektricitæts Gesellschaft* et la Société des *Ateliers d'Oerlikon*, et qui consistaient à effectuer de la fabrique de ciment à Lauffen sur le Neckar à l'Exposition de Francfort, une transmission de force motrice de 300 chevaux à 175 kilomètres à l'aide des courants triphasés. Le rendement industriel, mesuré par une commission spéciale, dont le secrétaire était le professeur Weber de Zürich, varia entre 70 et 74 pour 100. Cette installation fut après l'exposition utilisée pour fournir l'énergie électrique à la ville d'Heilbronn, à une distance de 10 kilomètres. Cette expérience établit nettement qu'il était possible d'effectuer à distance des transmissions d'énergie électrique dans des conditions industrielles et excita vivement l'attention des électriciens. Dès lors une série d'installations furent faites rapidement.

A la tête de ce mouvement, il faut citer les plus importantes sociétés d'Allemagne : l'*Allgemeine Elektricitæts Gesellschaft*, MM. *Siemens et Halske*, l'*Elektricitæts Aktien gesellschaft*, autrefois Schuckert et C°, et la *Deutsche Elektricitæts Werke*, autrefois Garbe, Lahmeyer et C°.

L'*Allgemeine Elektricitæts Gesellschaft* étudiait aussitôt toutes les questions de transmissions électriques de force motrice à grande et à petite distance, et dès le mois d'avril 1892, M. E. Hartmann, ingénieur en chef de la Société, présentait à la *Verein Deutscher Ingenieure* les résultats fort remarquables des expériences entreprises dans les ateliers de la Société. Il faisait une étude complète des divers systèmes de transmissions dans les fabriques et usines, il faisait ressortir les avantages et inconvénients des uns et des autres, et il citait à l'appui de ses dires les chiffres relevés sur diverses installations de machines à percer, de tours de fraiseuses, de scies, grues, etc. Nous avons analysé dans le premier volume p. 193 cet important mémoire, nous n'y reviendrons pas ici. Nous dirons seulement que cette Société a depuis lors fait un très grand nombre d'installations semblables dans des usines de tous genres, moulins, brasseries, ateliers de construction, etc.

A la même époque, la grande maison *Siemens et Halske*, dont la réputation est universelle, faisait dans ses ateliers de Charlottenburg des expériences très soignées et très complètes sur les Applications mécaniques de l'énergie électrique. M. l'ingénieur en chef Richter a publié à ce sujet, en 1893, un important mémoire composé de sa communication à la *Verein Deutscher Ingenieure*. Il a retracé toutes les expériences effectuées sur les rendements industriels obtenus, sur les conditions de fonctionnement lorsque toutes les machines sont en activité ou se trouvent arrêtées, sur l'avantage de l'emploi des moteurs séparés, sur les durées d'utilisation, et sur un grand nombre de machines-outils actionnées électriquement. Nous avons précédemment (voy. 1er volume, p. 198), indiqué tous les résultats mentionnés, et décrit plusieurs des machines fabriquées par la maison Siemens. Nous ajouterons que les installations de tous genres ont également été des plus nombreuses, et nous montrerons dans les Fig. 63 et 64 des vues d'ensemble des ateliers de Charlottenburg renfermant les tours, machines à percer et diverses machines, ainsi que du pont roulant d'une force portante de 20 000 kilogrammes installé dans la salle des machines. On remarquera dans la première figure combien l'atelier paraît dégagé, et beaucoup plus éclairé.

On compte environ dans les ateliers 325 moteurs de 2000 chevaux.

La maison Siemens et Halske a installé un grand nombre de transmissions électriques dans des usines et ateliers divers. Nous donnerons divers renseignements sur quelques-unes d'entre elles.

Chez M. Taukawa à Tokio se trouve une transmission de 485 chevaux à 625 volts à courants continus pour desservir 10 moteurs de 2,5 à 90 chevaux, commandant des cabestans, des pompes, locomotives, compresseur d'air, soufflerie, atelier de réparation, etc.

Chez MM. Van der Zypen et Charlier à Cologne une distribution d'énergie électrique de 120 chevaux à 110 volts alimente 42 moteurs de 0,25 à 9 chevaux qui mettent en marche des machines à travailler le bois.

Dans la tisserie Neugersdorf, une puissance de 180 chevaux est distribuée électriquement à 110 volts à 8 moteurs de puissance variable entre 4 et 50 chevaux pour actionner des métiers, des pompes et des ascenseurs.

Chez MM. Blohm et Voss à Hambourg, 45 chevaux sont distribués à 110 volts à 9 moteurs électriques de 5 chevaux pour cabestans. Dans le même chantier, 352 chevaux sont transmis électriquement à 29 moteurs de 3 à 45 chevaux pour la commande de grues et de ventilateurs.

Chez MM. Sussmann et Wiesenthal, divers métiers sont actionnés par 16 moteurs électriques de 0,6 à 1,5 cheval ; la puissance atteint au total 12 chevaux.

Dans la fabrique de sucre de M. Schoeller, à Klettendorf, la distribution électrique comprend une puissance de 390 chevaux transmise à 110 volts à 40 moteurs de 0,7 à 60 chevaux pour commande de pompes à huile, fraises à sucre, moulins, ascenseurs, pompes centrifuges, pompes à air.

Parmi les installations à courants polyphasés, nous mentionnerons les suivantes :

Installations	Volts	Puissance en Chevaux	Nombre de Moteurs	Puissance en Chevaux	Usages
Lugo di Vicenza Nordari et Cⁿ .	2 000	300	5	4—95	Pour machines à couper.
Industrie du fer et de l'acier à Düsseldorf . .	500	500	6	7—170	Pour machines-outils.
Fabrique de papier Bergsgärden Grycksbo, Suède	3 500	250	1	250	Pour machines diverses, à cylindres, à couper, pompes.
Id. . . .	3 500	150	1	150	»
Raffinerie de sucre Oschersleben.	2 000	650	52	1,4—100	Pour pompes, ventilateurs, ascenseurs, machines outils.

Un certain nombre d'autres installations de semblable importance sont actuellement en exécution.

L'*Elektrizitäts Aktiengesellschaft*, autrefois Schuckert et Cⁿ de Nürnberg, n'est pas non plus restée en arrière. Elle a d'abord établi la transmission électrique dans ses propres ateliers, nouveaux et anciens, et a fait un grand nombre d'installations ; nous pouvons donner à ce sujet de nombreux renseignements que la Société a bien voulu nous communiquer.

Dans les ateliers de la Société à Nuremberg, l'énergie électrique nécessaire pour la distribution de force motrice et l'éclairage est fournie par diverses machines à vapeur d'une puissance totale de 900 chevaux, mettant en marche 3 dynamos à courants continus à 110 volts dont 2 de 300 kw et une de 150 kw. Il y a également une batterie d'accumulateurs de 110 kw. La puissance électrique disponible est donc de 860 kw. La distribution est à 2 fils.

Environ 320 moteurs électriques sont utilisés aujourd'hui dans les nouveaux ateliers construits le long de la Landgrabenstrasse en 1889 et agrandis d'année en année. Ces moteurs commandent toutes sortes de machines, des tours, des machines à percer, 2 ponts roulants de 20 tonnes, 3 de 10 tonnes, 5 de 5 tonnes, une grue de 7,5 tonnes, un pont mobile de 10 tonnes et 4 monte-charges de 300 à 2 500 kg. Les ponts-roulants possèdent chacun un moteur ; les engrenages de commande sont disposés de telle sorte qu'il est possible d'obtenir séparément ou à la fois les 3 mouvements de levage, déplacement latéral ou translation.

Dans l'ancienne partie des ateliers, on a conservé pour la commande des machines-outils les 15 transmissions existantes en attelant sur chacune un moteur de puissance variable de 3 à 25 chevaux. Ces transmissions ne commandent que des groupes de machines marchant presque toujours ensemble et pendant le même temps. Les machines fonctionnant à des moments différents et pendant des durées variables sont commandées séparément par des moteurs. On compte environ 300 moteurs d'une puissance variable de 0,03 à 5 chevaux. La commande se fait soit directement, soit par engrenages, soit par courroies. Les moteurs les plus puissants sont utilisés pour les tours, les machines à percer, à fraiser, à estamper ; les moteurs d'une puissance moyenne commandent des tours, des meules, machines à tarauder ; enfin les moteurs de 0,03, 0,05 et 0,2 chevaux sont utilisés pour la mécanique de précision, dans la fabrication des compteurs et instruments de mesure.

Deux moteurs de 250 chevaux sont en outre utilisés pour les essais des dynamos. Ces deux moteurs peuvent faciment être accouplés sur le même arbre et donner une puissance de 500 chevaux.

Comme on le voit, l'*Elektricitäts Aktien Gesellschaft* possède dans ses ateliers de Nuremberg des installations mécaniques importantes. Mais, par suite de l'accroissement de la fabrication, ces installations sont devenues rapidement insuffisantes ; et au moment même où nous avons reçu les renseignements précédents, en juin 1895, on installait une nouvelle machine à vapeur de 450 chevaux, actionnant une dynamo de 300 kilowatts. La puissance totale disponible dans les ateliers était donc portée à 1 160 kilowatts.

Nous avons pu nous procurer quelques photographies des principales machines-outils, et nous les reproduisons dans les figures ci-jointes. La Fig. 65 nous montre un tour double actionné par un moteur électrique de 3,9 kilowatts à la vitesse angulaire de 1 080 tours par minute. Le moteur est installé sur le sol et commande par courroie la poulie principale placée à la partie supérieure.

Fig. 65. — Tour double actionné par un moteur électrique (p. 148).

Fig. 66. — Machine à mortaiser électrique (p. 148).

Fig. 67. — Machine à cintrer (p. 150).

FIG. 68. — Machine à percer et meule mises en mouvement par un moteur
électrique à l'aide d'une transmission intermédiaire (p. 149).

La Fig. 66 représente une machine à mortaiser actionnée également à l'aide d'une courroie par un moteur électrique de 530 watts à 1 300 tours par minute.

Dans la Fig. 67 nous voyons un moteur électrique de 2,6 kw tournant à 1 100 tours par minute et actionnant directement un arbre qui transmet par engrenages le mouvement à une machine à cintrer.

La Fig. 68 est l'exemple d'une transmission ordinaire mise en marche par un moteur électrique et commandant une machine à percer à gauche et à droite une meule en grès. Le moteur électrique a une puissance de 2,250 kilowatts et tourne à la vitesse angulaire de 1 350 tours par minute. Le moteur est installé sur le sol; il commande par courroie une poulie placée sur un arbre à la partie supérieure et le mouvement est transmis par une autre courroie à un cône étagé. La meule est mise en marche par une simple courroie installée sur l'arbre principal.

La fonderie utilise des ventilateurs électriques pour refouler du sable. La Fig. 69 nous montre les dispositions adoptées. Les moteurs électriques ont respectivement des puissances de 1,020 et de 1,590 kw à des vitesses angulaires de 1 600 à 1 500 tours par minute.

La Fig. 70 nous fait voir l'installation d'un moteur électrique de 98 watts et tournant à 1 700 tours par minute en entraînant un petit ventilateur; sur le côté est placé le rhéostat de réglage. A gauche de la figure un moteur électrique de 530 watts, monté sur une console, transmet le mouvement à un moulin à broyer les couleurs installé sur le sol; la vitesse angulaire du moteur est de 1 300 tours par minute.

Nous ne pouvons signaler ici que quelques-unes parmi

les plus importantes des applications faites par l'*Elektricitäts Aktien gesellschaft* dans diverses installations.

A Aix-la-Chapelle, un moteur de 3,410 kw à 1 050
tours par minute actionne par courroie un moulin à
farine.

Aux forges d'Oberhausen, deux pompes sont commandées directement par des moteurs électriques de
33 kw à 580 tours par minute. La Fig. 71 donne une
vue de l'installatin.

Une application très intéressante a été faite dans les
ateliers d'imprimerie de MM. Giesecke et Devrient à Leipzig. L'énergie électrique est fournie par 2 dynamos de
88 kw à 110 volts actionnées par une machine à vapeur
de 100 chevaux. Cette énergie électrique alimente 13
moteurs de 0,75 à 3 chevaux pour la commande des presses à imprimer, 13 moteurs de même puissance pour
les presses à lithographie, 7 moteurs de 0,1 à 0,2 cheval
pour ventilateurs, 1 moteur de 6 chevaux pour ascenseur,
1 moteur de 0,5 cheval pour machine à polir, 1 moteur
de 6 chevaux pour galvanoplastie, 8 moteurs de 2,8 chevaux pour impression sur cuivre, machines à lithographie, impressions diverses, et 1 moteur de 1,2 cheval
pour l'atelier de réparation. L'installation comprend donc
au total 43 moteurs d'une puissance totale de 80 kw.
La Fig. 72 donne une vue d'ensemble d'une presse à
imprimer. On remarquera qu'il n'y a pas de place
perdue. Le moteur est installé sous la partie antérieure
de la presse et commande par une courroie placée sur le
côté le volant de mise en marche. Dans la Fig. schéma-
tique 73, on voit le moteur électrique M avec le rhéostat
de réglage R, l'interrupteur I, ainsi que le tendeur de
la courroie B, et le volant de la presse.

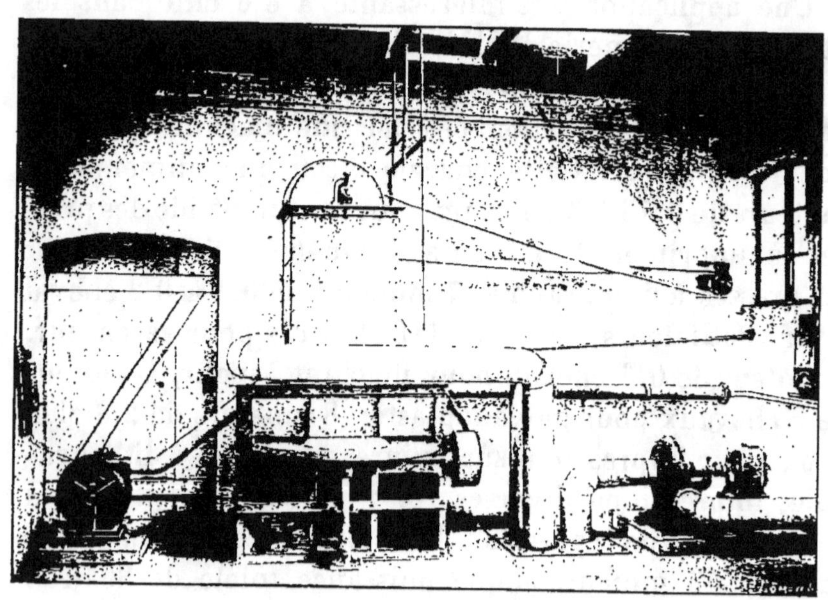

Fig. 69. — Soufflerie de sable à la fonderie, à l'aide de ventilateurs électriques (p. 150).

FIG. 70. — Moulin à broyer les couleurs et ventilateur
actionnés électriquement (p. 150).

FIG. 71. — Installation de deux pompes électriques à Obernhausen (p. 150).

FIG. 72 — Vue d'ensemble d'une presse à imprimer actionnée par un moteur électrique chez MM. Giesecke et Devrient, à Leipzig (p. 150).

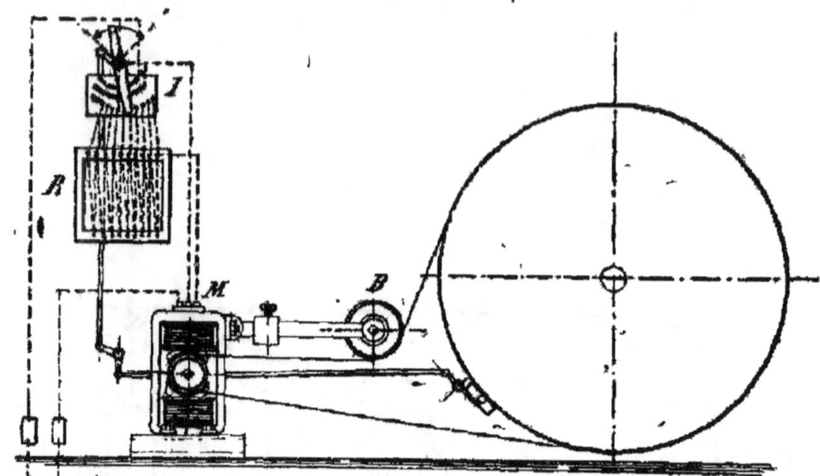

Fig. 73. — Schéma de l'installation de la presse électrique à imprimer

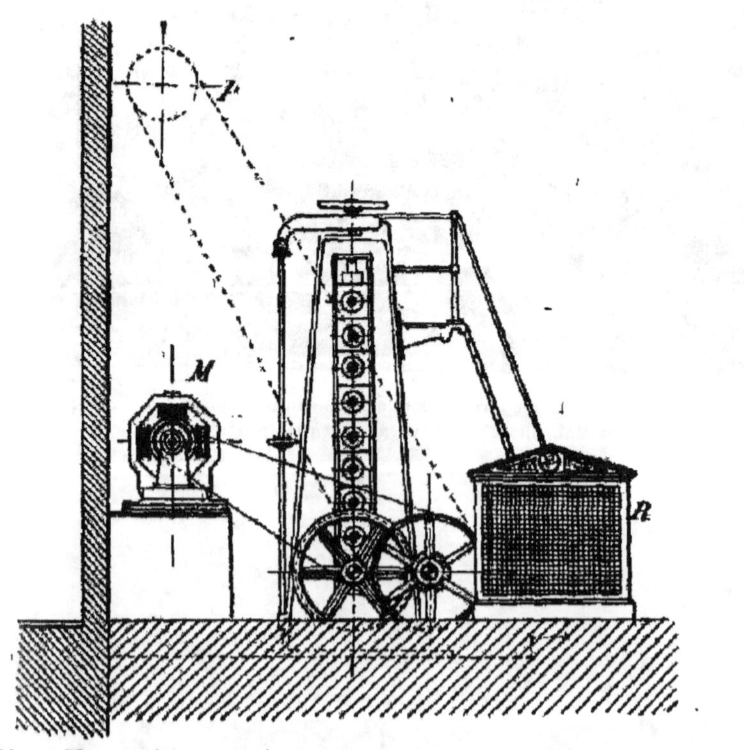

Fig. 74. — Vue de l'installation électrique d'une machine à calandrer.

Dans leurs importantes fabriques de papiers de Weissenfels, MM. Dietrich frères ont fait installer une dynamo Schuckert de 110 kw à 110 volts et à 275 tours par minute, qui alimente les moteurs électriques suivants placés dans la fabrique : un moteur de 18 chevaux pour la commande d'une machine à calandrer à 8 rouleaux, (Fig. 74), un moteur de 14 chevaux pour actionner une machine à polir les cylindres (Fig. 75) un moteur de 14 chevaux pour transmissions actionnant diverses machines, un moteur de 2,8 chevaux pour monte-charges, un moteur de 2 chevaux à 800 tours par minute pour la mise en marche d'un appareil à cuire les chiffons, un moteur de 14 chevaux pour actionner des machines à couper les chiffons, et un moteur de 14 chevaux pour la commande d'une pompe électrique. L'installation comprend donc au total 7 moteurs d'une puissance totale de 78,8 chevaux. L'éclairage est assuré par 300 lampes à incandescence de 16 bougies et 6 lampes à arc de 8 ampères.

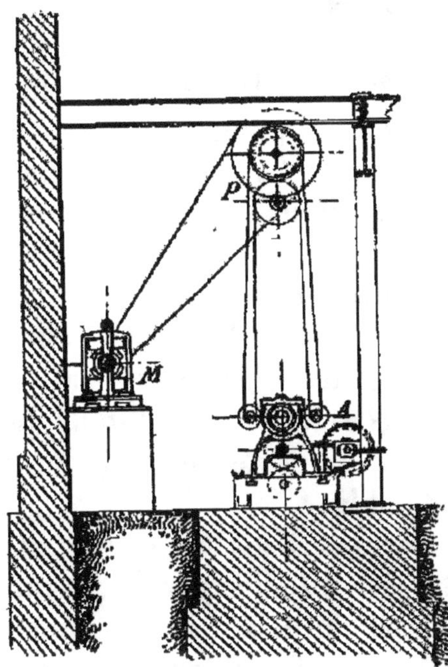

Fig. 75. — Vue de la commande électrique d'une machine à polir les cylindres dans la fabrique de papier de MM. Dietrich frères.

M. F. Kœhler à Leipzig possède également dans ses ateliers d'impression 1 moteur de 5 chevaux pour survolteur, 4 moteurs de 4 chevaux pour ascenseurs, 6 moteurs de 0,5 à 2,8 chevaux pour machines à imprimer, 2 moteurs de 1 à 2 chevaux pour machines semblables, 1 moteur de 12 chevaux pour machine de rotation, et 8 moteurs de 1,2 cheval pour presses rapides.

A Heerdt, une grue électrique de 7,7 kw à 950 tours par minute sert pour le déchargement des huiles.

Aux abattoirs de Barmen, une pompe est actionnée par un moteur électrique de 21 kw à la vitesse angulaire de 800 tours par minute. Une autre pompe électrique est mise en marche par un moteur de 3,1 kw à 1070 tours par minute à l'usine de sucre Mariensthul à Egeln près de Halberstadt.

Nous pourrions encore continuer cette longue énumération, et nous rencontrerions un grand nombre d'autres installations offrant chacune leur intérêt spécial. La Société *Elektrizitäts Aktien Gesellschaft* a installé jusqu'à ce jour dans les fabriques, usines et ateliers, un nombre de moteurs considérable.

Nous ne pouvons oublier la *Deutsche Elektrizitäts Werke* d'Aix-la-Chapelle, Garbe, Lahmeyer et Cie qui a commencé depuis longtemps l'utilisation des moteurs électriques dans l'industrie. Plusieurs installations ont été faites par elle sur des réseaux de stations centrales et notamment à Bockenheim. En 1891, entre l'exposition de Francfort et Palmengarten, à une distance de 3,5 km, elle avait installé une transmission de force motrice de 25 chevaux qui actionnait des moteurs dans l'exposition. Cette installation a donné aux essais un rendement industriel de 81 à 84 pour 100. Elle a fait aussi un grand nombre d'autres applications de moteurs, notamment dans ses ateliers à Aix-la-Chapelle, chez MM. Carl Paas et fils à Barmen, et dans une série d'ateliers et de fabriques. A Bremen, en 1890, à l'exposition de l'industrie du Nord de l'Allemagne, elle avait installé dans la section de la marine 2 moteurs de 15 chevaux qui étaient actionnés par l'énergie électrique fournie par une transmission spéciale à 250 mètres ; le rendement industriel a atteint 82,8 pour 100.

Nous citerons en particulier l'installation faite en 1893 et 1894 par cette Société dans les usines de MM. Van Delden à Gronau.

Au début l'installation d'éclairage électrique comprenait 600 lampes ; elle fut complétée ensuite par une transmission de force motrice de 100 chevaux.

Les usines de MM. Van Delden renferment une force motrice totale d'environ 2 000 chevaux disséminée de tous côtés pour les filatures, les métiers et les teintureries. Il s'agissait de pourvoir de force motrice le bâtiment de la teinturerie situé à 100 mètres de la salle des machines ainsi que le bâtiment du blanchiment situé à 150 mètres. La transmission électrique de force motrice devait donner un rendement industriel de 80 pour 100 à pleine charge. On choisit la différence de potentiel de 300 volts en admettant une perte en volts de 3 pour 100. On donna aux 2 moteurs une puissance respective de 50 et 25 chevaux.

L'installation totale comprend donc aujourd'hui dans la salle des machines une dynamo Compound à 2 pôles de 33 kw à 110 volts et à 300 tours par minute, pour l'éclairage et une dynamo Compound à 4 pôles de 74,4 kw à 310 volts et à 450 tours par minute, pour la transmission de force motrice. Du tableau de distribution, renfermant les voltmètres, ampèremètres et autres appareils de mesure et de réglage, partent 10 circuits de lumière et 2 circuits pour les moteurs. Les canalisations sont établies en cuivre nu sur isolateurs en porcelaine. Les 2 circuits alimentant les moteurs ont un fil commun.

Le moteur de 50 chevaux, tournant à la vitesse angulaire de 500 tours par minute, entraîne dans la teinturerie des transmissions actionnant des machines à teindre, à blanchir. et à dessécher ; il a marché pendant quelque temps à la pleine charge de 50 chevaux, mais en service normal la puissance moyenne utilisée ne dépasse pas 30 chevaux.

Le moteur de 25 chevaux entraîne également à 700 tours par minute des transmissions dans la blanchisserie. Ces 2 moteurs sont excités en shunt.

Des essais très intéressants ont été faits pour déterminer le rendement industriel de cette installation. Les mesures qui nécessitaient de trop grands déplacements avaient d'abord été faites dans les laboratoires de la Société de construction à Aix-la-Chapelle, afin de déterminer les rendements individuels des moteurs aux diverses puissances.

Pendant les essais, on a tiré une série de diagrammes sur les cylindres de la machine à vapeur ; on a ensuite fait marcher successivement la dynamo primaire sans charge ni excitation, les balais relevés ; la machine à vapeur entraînait à ce moment en même temps une transmission de charge constante. Dans une deuxième série d'expériences, la machine à vapeur mettait en marche la même transmission, la dynamo primaire et les moteurs en charge normale.

Les principaux résultats ont été les suivants :

Les Diagrammes de la machine à vapeur, la dynamo

primaire non excitée, ont fourni au planimètre une puissance de 45,65 chevaux pour le cylindre à haute pression (avant et arrière) et une puissance de 46,9 chevaux pour le cylindre à basse pression (avant et arrière), soit au total une puissance indiquée de 92,55 chevaux pour la machine à vapeur.

Pour une charge normale de 55,25 chevaux aux moteurs, les diagrammes ont donné une puissance indiquée de 159,35 chevaux à la machine à vapeur. Dans les conditions de ce dernier essai, à la machine primaire, l'ampèremètre a indiqué 144 ampères et le voltmètre 325 volts. Dans ce total 64 ampères étaient absorbés par le moteur de 25 chevaux et 80 ampères par le moteur de 50 chevaux. La perte totale en volts atteignait 6 volts, soit 2 pour 100.

Pour le moteur de 25 chevaux, la puissance électrique aux bornes a été de 20 450 watts, et la puissance électrique utile de 18 328 watts. La puissance mécanique disponible sur l'arbre du moteur était de 24,9 chevaux. Le moteur de 50 chevaux n'a consommé aux bornes qu'une puissance électrique totale de 25 500 watts, en donnant une puissance électrique utile de 22 310 watts, soit 30,35 chevaux. La puissance utile sur l'arbre des 2 moteurs était donc de 55,25 chevaux. Pour recueillir cette puissance utile, la dépense mécanique réelle sur l'arbre de la machine dynamo primaire était de 70,46 chevaux. Le rendement industriel de la transmission de force motrice a donc atteint 78,5 pour 100. Il faut remarquer que la dynamo n'a fonctionné qu'à 68 pour 100 de sa puissance normale, qu'un moteur a marché à 99 pour 100 de sa puissance et l'autre à 61 pour 100.

Les moteurs électriques ont été très utilisés en Allemagne dans les fabriques de sucre. M. le Dʳ O. Köhler a décrit une installation de ce genre en en faisant ressortir toutes les particularités. L'installation comprend 2 dynamos à courants continus Siemens et Halske l'une de 41,6 kw et l'autre de 23 kw. Ces machines sont actionnées par des turbines situées à 700 mètres de la fabrique. Dans l'usine, à côté d'une batterie de 120 accumulateurs d'une capacité de 600 ampères-heure, se trouvent deux autres dynamos commandées per des machines à vapeur de réserve. Les dynamos alimentant 750 lampes à incandescence, 10 lampes à arc, 5 moteurs d'une puissance totale de 25 chevaux et 2 autres moteurs de puissance plus élevée.

Les premiers moteurs électriques ont remplacé des machines à vapeur de faible puissance et des transmissions encombrantes ; ils ont fonctionné pendant deux ans à l'entière satisfaction des directeurs de l'usine, et le collecteur a pu être conservé dans d'excellentes conditions, grâce à l'emploi de balais en charbon. Les moteurs ont surtout rendu de grands services pour la commande d'un monte-charges, qui était actionné autrefois par une petite machine à vapeur de 3 chevaux. Cette machine à vapeur devait souvent marcher à vide, tandis que le moteur électrique peut n'être mis en marche qu'au moment de l'utilisation et pendant cette durée seulement. Des observations successives ont permis d'établir que la marche à vide du moteur à vapeur et de la transmission avec 2 courroies et 2 poulies absorbait une puissance de 2,1 chevaux ; la puissance nécessaire pour élever une charge de 600 kilogrammes de charbon atteignait 4,8 chevaux. Le moteur électrique avec transmission par

1 courroie et 1 poulie absorbe à vide 1,4 cheval, et en marche pour élever la charge dont il a été question ci-dessus, une puissance de 4,1 chevaux. Il y a donc en faveur du moteur électrique une économie de puissance de 33,3 pour 100 pour la marche à vide, et de 14,5 pour 100 pour le service à charge normale. Il est intéressant maintenant de considérer la durée d'utilisation. Le monte-charges devait en 10 heures élever 300 charges de 600 kilogrammes ; chaque montée exigeait 55 secondes. Il en résultait dans la journée de 10 heures une durée d'utilisation réelle de 4 heures 18 minutes, et une durée de repos de 5 heures 42 minutes.

La production totale d'énergie atteignait donc dans la journée un total de

5,7 heures. 2,1 chevaux = 11,9 chevaux-heure pour la marche à vide
4,3 heures. 4,8 chevaux = 20,6   —   pour le service normal

     Soit au total . . . 32,5 chevaux-heure.

Le moteur électrique dans la journée produisait une énergie totale de 4,2 h. 4,1 chevaux = 17,6 chevaux-heure entièrement utilisés pour le transport du charbon.

Nous trouvons donc en faveur du moteur électrique une économie de 45,8 pour 100 sur l'énergie totale dé-pensée pour accomplir le même service dans une journée. Cette économie doit se traduire par une dépense beaucoup plus faible de charbon dans la-chaudière,

Le Dr O. Köhler insiste sur les nombreux avantages que présentent les moteurs électriques au point de vue du transport et de l'installation. Bien souvent, dans la campagne, à une certaine distance de l'usine, une force motrice est nécessaire pour diverses opérations. Il suffit d'établir une canalisation partant de l'usine, et de réunir les extrémités de cette canalisation à un moteur que l'on peut poser sur le sol ou contre un mur. L'installation est prête à fonctionner en quelques heures.

M. Köhler termine en prédisant aux moteurs électriques de nombreuses applications dans les fabriques de sucre. Il fait ressortir tout l'intérêt qu'il y aurait à établir des distributions d'énergie électrique sur lesquelles seraient branchés des moteurs commandant chacun les divers appareils centrifuges utilisés dans la fabrication du sucre. On aurait ainsi des appareils nettement séparés, au lieu de groupes d'appareils que l'on est obligé aujourd'hui de commander par des machines à vapeur.

A ce propos, M. le Dr O. Köhler nous cite les résultats fort instructifs de plusieurs expériences réalisées dans l'usine dont nous avons parlé. Une transmission principale disposée pour la commande d'appareils centrifuges absorbait une puissance de 4,25 chevaux ; avec les transmissions secondaires pour 6 et 12 appareils centrifuges, la puissance absorbée était respectivement de 6,5 et 7,5 chevaux.

Un appareil centrifuge une fois en marche régulière consomme 1 cheval ; mais pour la mise en marche, suivant la durée nécessaire et la tension de la courroie, la puissance absorbée varie dans de grandes limites. Pour une durée totale de mise en marche de 25 secondes, il faut compter dans les 10 ou 15 premières secondes une puissance de 10 à 10,5 chevaux, puis cette puissance tombe rapidement à un cheval. Si la durée de mise en marche atteint 50 à 70 secondes, la puissance consommée est de 4 chevaux pendant les 15 premières secondes, de 5 chevaux pendant la durée de 15 à 45 secondes et s'abaisse bientôt à 1 cheval. Différents essais ont été effectués sur des appareils centrifuges commandés par un moteur électrique de 35 chevaux. Ces appareils centrifuges ont un diamètre de 80 centimètres, peuvent renfermer un poids total de matière de 250 kilogrammes et fonctionnent à la vitesse angulaire de 940 tours par minute. La transmission pour la commande de 58 appareils centrifuges à la vitesse angulaire de 160 tours par minute absorbait 8,7 chevaux, avec les transmissions secondaires, la puissance atteignait 15 chevaux. Par quelques expériences, on a reconnu qu'un appareil centrifuge semblable à ceux dont dont nous avons parlé plus haut consommait en pleine charge 5 chevaux ; à la mise en marche, la puissance consommée était de 27 chevaux pour une durée de 60 secondes et de 8 à 9 chevaux pour une durée de 160 secondes.

Telles sont les principales installations électro-mécaniques que nous pouvons faire connaître pour l'Allemagne ; elles nous donnent une idée suffisamment nette des applications réalisées jusqu'ici dans ce pays.

c. Installations en Suisse.

La Suisse, est le pays par excellence où les transmissions électriques peuvent être le plus utilisées. Les chutes d'eau sont nombreuses, et les fabriques abondent dans le voisinage.

La *Société des ateliers de construction Oerlikon* s'est acquis une réputation sans précédente pour des utilisations de ce genre. Parmi les principales installations réalisées par elle, nous citerons la transmission de force motrice dans ses propres ateliers, et ensuite la transmission de force motrice de Zufikon à Bremgarten.

FIG. 76. — Vue d'un moteur pour commande de transmissions dans les Ateliers d'Œrlikon (p. 161).

Fig. 77. — Vue d'un moteur à courants alternatifs triphasés (p. 162).

La force motrice est fournie aux *ateliers d'Oerlikon*, par une transmission électrique de Hochfelden à Oerlikon à une distance de 23 kilomètres. La chute d'eau a une puissance de 440 chevaux sous une chute de 11 mètres. Des turbines hydrauliques, système Jonval, actionnent 3 alternateurs à courants triphasés de 220 chevaux chacune à 240 tours par minute, ainsi que 2 dynamos excitatrices à courants continus de 6 chevaux à 900 tours par minute. Deux groupes fonctionnent en marche normale, le troisième sert de réserve. Toutes les machines ont leurs axes verticaux. La différence de potentiel de 50 volts à la fréquence de 42 périodes par seconde, est élevée au départ par des transformateurs à 7500 volts et à 13 000 volts. La ligne est en cuivre nu de 4 millimètres de diamètre et repose sur des isolateurs en porcelaine, maintenus sur des poteaux en bois tous les 100 mètres. A la station secondaire, à Oerlikon, se trouvent 4 transformateurs, couplés 2 à 2 sur des circuits séparés. La différence de potentiel de distribution intérieure, peut donc atteindre 110 ou 220 volts. Les moteurs électriques actionnés sont au nombre de 50, dont 1 de 50 chevaux, 1 de 33 chevaux, et les autres de 18,9 chevaux et de puissance plus faible, 1 cheval. Le moteur de 50 chevaux est synchrone, et les autres sont asynchrones. Tous ces moteurs actionnent des transmissions, des ponts roulants, des monte-charges, des ventilateurs et des machines-outils de toutes sortes. La Fig. 76 nous donne la vue d'un moteur de 50 chevaux à courants triphasés pour la commande des transmissions. On distingue, à gauche le moteur, à droite, dans le fond, les circuits d'arrivée et les appareils de réglage, et en avant, la poulie commandée par la courroie qui vient du moteur. La Fig. 77, nous montre la vue de détail d'un moteur à courants alternatifs triphasés. La Fig. 78 représente une machine à fraiser horizontale, actionnée par un moteur électrique qui est placé, à la partie supérieure. La fraise ajuste les tôles de fer de la carcassse intérieure d'un moteur ou d'un alternateur.

La Fig. 79, nous fait voir la commande électrique des moulins à broyer les couleurs. Le moteur actionne une transmission qui transmet, à son tour, le mouvement à deux moulins par courroies, et à un troisième, par une transmission intermédiaire.

Une des plus récentes installations, faites par les ateliers Oerlikon, est la transmission de force motrice de *Zifikon-Bremgarten à Zurich*. L'installation, comprend 4 turbines doubles, système Jonval de 325 chevaux chacune à 115 tours par minute et une turbine de 35 chevaux. Les 4 premières turbines commandent chacune un alternateur de 224 kw à 5 000 volts à 52 pôles et à la fréquence de 50 périodes par seconde. Ces alternateurs pèsent 20 000 kilogrammes et ont un diamètre de 3,6 mètres. La turbine de 35 chevaux actionne, au moyen d'engrenages, 2 dynamos à 4 pôles à courants continus de 11 kw. La puissance fournie par une de ces dernières machines est suffisante pour l'excitation de 3 alternateurs, la Fig. 80 donne une vue d'ensemble de la salle des machines à la station centrale de Zufikon-Bremgarfen. A droite, se trouvent en avant et en arrière deux alternateurs, et au milieu les dynamos à courants continus. A gauche, est placé le tableau de distribution. La ligne, a une longueur totale de 18,5 km et se compose de deux circuits, formés chacun, de deux câbles de 7 millimètres de diamètre. Ces câbles,

FIG. 78. — Machine à fraiser horizontale avec commande électrique (p. 162).

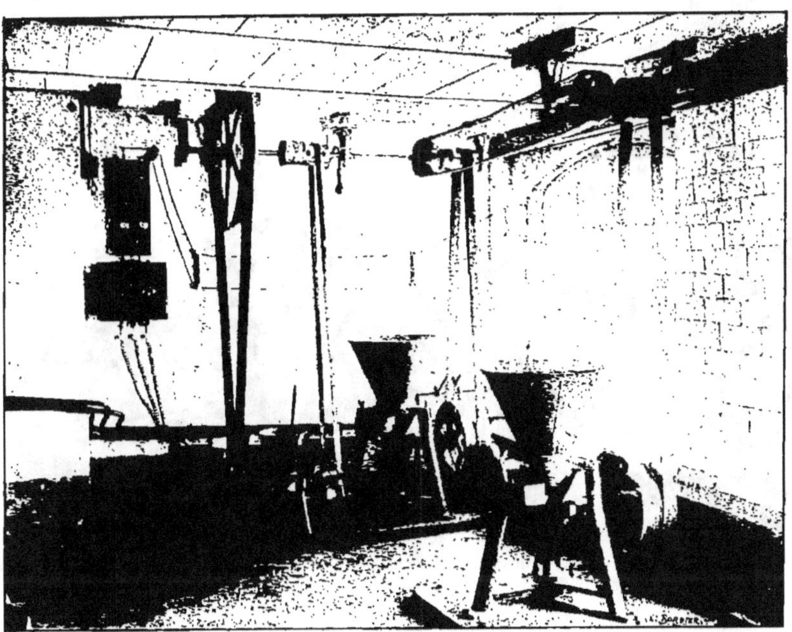

Fig. 70. — Vue de la commande électrique des moulins à couleurs dans les ateliers d'Œrlikon (p. 164).

Fig. 80. — Vue d'ensemble de la salle des machines à la station centrale de Zufikon-Bremgarten (p. 162).

Fig. 82 et 83. — Vue de l'installation d'un moteur à courant triphasés de 24 chevaux pour la commande de transmission, dans l'établissement de M. Escher Wyss & Cie (p. 165).

sont supportés sur des isolateurs en porcelaine et sur des poteaux en bois. A Dietikon, sur la ligne, il a été nécessaire de faire un pont spécial pour passer sur la voie du chemin de fer.

L'énergie électrique, ainsi produite, est fournie pour une puissance de 400 chevaux aux fabriques de MM. Escher Wyss et Cᵒ, pour une puissance de 200 chevaux au moulin de MM. Maggi et Cᵒ, et pour une puissance de 80 chevaux à la commune de Wohlen.

L'installation de MM. Escher Wyss et Cᵛ est disposée de telle sorte qu'elle puisse être alimentée par le circuit venant directement de Bremgarten ou par des générateurs à courants continus de 60 kw servant déjà à l'éclairage de l'usine, et étant actionnés par une machine à vapeur, à triple expansion, placée à l'usine. Sur les câbles d'arrivée de Bremgarten, se trouvent 2 transformateurs à courants triphasés de 200 kw chacun, qui ramènent la différence de potentiel à 200 volts. Un tableau de distribution intérieure contient les départs des circuits d'éclairage et de force motrice.

Les moteurs utilisés dans l'usine sont au nombre de 82, d'une puissance de 788 chevaux. Ils sont répartis de la façon suivante :

Dans la forge, pour chaudières, se trouvent :

```
1 moteur de 80 chevaux, pour commande des transmissions
1    »      9     »                                »
1    »      6     »                                »
2    »     12     »      pour grues et monte-charges
2    »      4,5   »                                »
3    »      8     »                                »
2    »      2     »                                »
```

Dans la forge de cuivre, est installé

1 moteur de 36 chevaux

Dans la fonderie, se trouvent :

3 moteurs de 24 chevaux, pour commande de transmissions
1 » 20 » »
2 » 18 » pour grues et monte-charges
3 » 9 » »
3 » 6 » »
3 » 4,5 » »
5 » 3 » »
1 » 2 » »
3 » 1,5 » »
1 » 1 » »

Dans la menuiserie, nous voyons :

1 moteur de 24 chevaux, pour commande de transmissions

Dans les ateliers sont placés :

10 moteurs de 20 chevaux, pour commande de transmissions
1 » 9 » »
1 » 3 » »
2 » 1 » »
3 » 18 » pour grues et monte-charges
5 » 9 » »
4 » 6 » »
1 » 4,5 » »
6 » 3 » »
5 » 2 » »
3 » 1,5 » »
1 » 1 » »

Dans le magasin, 1 moteur de 3 chevaux pour grue.
Nous trouvons donc, au total, 82 moteurs d'une puissance de 788 chevaux, dont 23 de 461 chevaux pour

actionner des transmissions et 59 de 327 chevaux pour monte-charges.

Les moteurs de 1, 1,5, 2, 3 et 4,5 chevaux sont à 4 pôles et tournent à une vitesse angulaire de 1450 tours par minute ; les moteurs de 6, 9, 18, 24 et 36 chevaux sont à 6 pôles et marchent à 970 tours par minute ; les moteurs de 20 et 80 chevaux sont à 10 pôles et fonctionnent à 575 tours par minute.

La Fig. 81 nous montre une vue d'ensemble des ateliers ; on voit, de tous côtés, des transmissions actionnées par des moteurs électriques. La Fig. 82, représente le détail d'une de ces transmissions. Un moteur électrique de 20 chevaux placé sur un pont qui repose sur une traverse, commande, par courroie, un arbre principal qui est installé, dans toute la largeur des ateliers. La Fig. 83 fait voir, également, l'installation d'un moteur de 24 chevaux. Le moteur est installé sur un massif de de pierres.

Tous ces moteurs démarrent sous charge et peuvent supporter, sans inconvénient, des surcharges. Les transmissions des moteurs, aux machines-outils, se font soit par courroies, soit par engrenages.

Les grues sont au nombre de 5 de 20 tonnes, 10 de 10 tonnes et 8 de 5 tonnes. Le déplacement, dans le sens longitudinal, se fait à raison de 20 mètres par minute, le déplacement latéral à raison de 10 mètres par minute, et le soulèvement de la charge à raison de 0,8 à 1,5 mètre par minute.

Depuis le 1er janvier 1895, la puissance est également transmise au moulin de MM. Maggi et Co. Des transformateurs à l'arrivée abaissent la différence de potentiel à 125 volts. La puissance électrique est fournie pour actionner des transmissions à un moteur de 125 chevaux, tournant à 480 tours par minute, à 2 moteurs de 50 à 60 chevaux à 725 tours par minute, et à 1 moteur de 40 à 50 chevaux à la même vitesse angulaire.

A Wohlen, une partie de la puissance transmise, 60 kw, actionne un moteur synchrone qui met en route des dynamos à courants continus à 120 volts pour la distribution directe de l'énergie électrique dans la commune. Une puissance de 30 kw est utilisée, après transformation, à 120 volts pour actionner directement une série de moteurs de faible puissance.

A Kunda, dans le golfe de Finlande, la Société a fait en 1893, une transmission de 260 chevaux à 600 mètres pour actionner les machines de la fabrique de ciment Portland. Deux dynamos, à courants continus compound de 130 chevaux chacune à 600 volts, transmettent l'énergie électrique à plusieurs moteurs de puissance variable de 12 à 60 chevaux.

A Garraniga, près de Bergamo, en Italie, une puissance de 270 chevaux a été transportée électriquement en 1893 à 1500 volts pour actionner un moteur mettant en marche les transmissions d'une usine.

La Société des ateliers Oerlikon a fait encore un grand nombre d'autres installations, et entre autres, celle récente de La Goule, où une puissance de 2 000 chevaux a été transmise en 6 endroits à des distances variables de 2,5 à 19 kilomètres, à l'aide de courants alternatifs simples.

La Société dont nous parlons a installé jusqu'à ce jour environ 2500 moteurs d'une puissance totale de 25 000 chevaux.

Les utilisations de ce genre sont du reste très nombreuses en Suisse. Il y a peu de temps, l'*Allgemeine Elektricitäts Gesellschaft* avait installé sur le lac Léman une transmission de 120 chevaux à 1 500 mètres pour actionner les transmissions d'une filature de coton.

La Cie de l'*Industrie Electrique* de Genève a aussi établi en Suisse, un grand nombre d'applications mécaniques de l'énergie électrique.

Nous citerons d'abord les propres ateliers de la Cie à Sécheron où se trouvent 4 moteurs d'une puissance totale de 400 chevaux, et dans l'intérieur des ateliers 15 moteurs d'une puissance totale de 60 chevaux. Citons ensuite l'installation de MM. Bloesch, Schwab et Cie à Bienne (2 moteurs de 30 chevaux), de M. J. Rod à Orbe (2 moteurs de 20 chevaux), de M. le colonel Perret à Neuchatel, (2 moteurs de 20 chevaux), de MM. Fritz, Maurer et Pauli, à Villeret, (2 moteurs de 6 chevaux), à la Société d'Electro-chimie (4 moteurs de 40 chevaux), de MM. Bücher et Dürrer à Starzerhorn (3 moteurs de 130 chevaux), de la Wasserversorgunz à Zug (1 moteur de 100 chevaux), et de l'administration des Eaux et forêts à Fribourg, 28 moteurs de 1000 chevaux au total.

M. E. Hœrgerstaedt, ingénieur a Winterthur a donné quelques renseignements sur une distribution simultanée de force motrice et d'éclairage, qu'il a installée dans la Suisse française. Il s'agissait d'utiliser, dans une fabrique de limes, la puissance d'une chute d'eau de 60 chevaux situé à 2,5 km. Cette puissance devait être répartie de la façon suivante : 14 chevaux pour l'éclairage, 20 chevaux pour un moteur destiné à la forge, 6 chevaux pour la machine à tailler les limes, et 11 chevaux de réserve, soit au total 51 chevaux. Le moteur de 6 chevaux devait avoir une marche régulière, permettre des variations de vitesse angulaire dans certaines conditions et ne pas apporter de troubles dans la distribution. Le moteur de 20 chevaux devait être arrêté et remis en route 2 fois par jour, et devait se prêter à de fortes variations instantanées de charge. Parmi les lampes à incandescence servant à l'éclairage, 30 devaient pouvoir être allumées ou éteintes à volonté. Enfin, les dépenses de première installation devaient être très réduites, et le rendement aussi élevé que possible. Après l'examen et la comparaison de plusieurs projets, M. Hoergerstaedt s'est arrêté aux dispositions suivantes : Deux dynamos Shunt A et B à courants continus, sont actionnées par l'arbre de la turbine, la première, (Fig. 84), a une puissance de 32,2 kw et fournit 61 ampères à 525 volts, la seconde, d'une puissance de 9,6 kw, donne 61 ampères à 157 volts. Le rendement industriel de ces deux dynamos atteint 92 pour 100. Ces machines sont montées en tension, chacune avec son rhéostat d'excitation séparé, et sont couplées sur une distribution à 3 fils. Les conducteurs extrêmes ont une section de 165 millimètres carrés et le conducteur central une section de 30 millimètres carrés. L'intensité est maintenue constante dans les circuits, quelle que soit la marche des moteurs, pour réaliser les conditions que nous avons indiquées plus haut. L'éclairage est assuré par 186 lampes, dont 155 réparties en 31 groupes en quantité de 5 en tension sur 500 volts, et 31 en quantité sur 150 volts. Les 31 lampes à commande individuelle sont placées dans les bureaux, et les autres sont distribuées dans les ateliers et autres locaux, où il n'est jamais nécessaire d'allumer moins de 5 lampes à la fois. Le moteur de 6 chevaux M, a un rendement industriel de 86 pour 100 et consomme une puissance de

5 kw, le moteur de 20 chevaux M_1, d'un rendement industriel de 90 pour 100 consomme 16,2 kw ; ils prennent
donc ensemble, une intensité de 32,7 ampères à 650 volts.
Pour assurer l'indépendance des moteurs, on a disposé

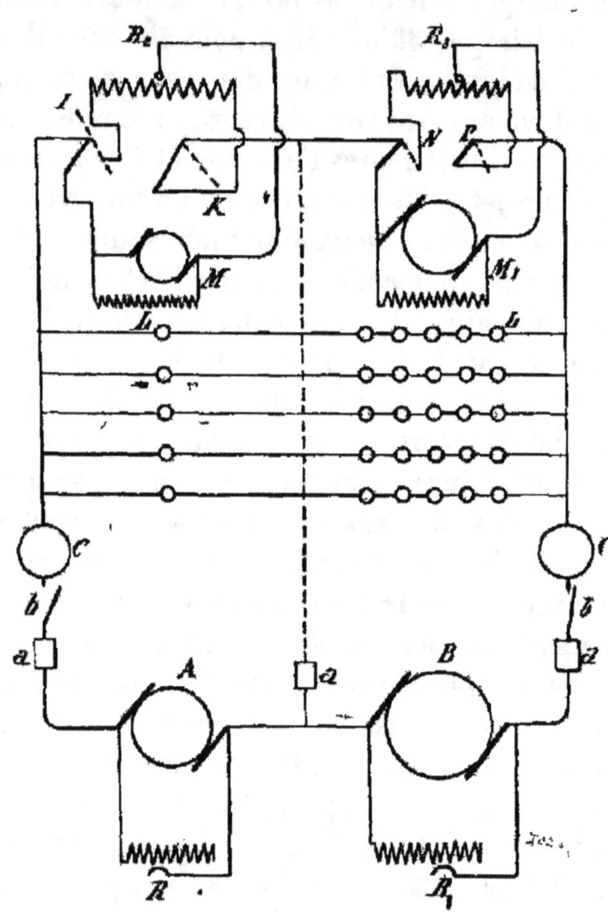

Fig. 84. — Diagramme d'une installation mixte d'éclairage et de force
motrice.

un rhéostat R_2 et R_3 dans le circuit de chacun d'eux. Un
commutateur K et P, à deux touches, permet d'envoyer
le courant soit directement dans le moteur et une partie

10

de la résistance intercalée, soit seulement dans la résistance totale d'une valeur déterminée. Ces dispositions permettent d'arrêter l'un ou l'autre des moteurs sans apporter aucun trouble dans la distribution ; la perte d'énergie dans les rhéostats est faible. Le rendement industriel total s'est élevé à 83,1 pour 100.

c. Installations en Belgique.

Une des plus remarquables installations pour applications mécaniques de l'énergie électrique faites en Belgique a été l'installation faite en 1892 par la maison Pieper de Liège à la *fabrique nationale d'armes de guerre* à Herstal. La description en a déjà été publiée dans tous les journaux ; nous allons la faire connaître à notre tour en insistant particulièrement sur les points qui nous intéressent.

La vapeur est fournie par 4 chaudières tubulaires à 2 bouilleurs système Piedbœuf d'une surface de chauffe de 150 mètres carrés chacune, et par 2 chaudières mathot à 10 atmosphères de 180 mètres carrés de surface de chauffe.

La machine à vapeur d'une puissance de 450 chevaux a été construite par la maison Van der Kerckhove de Gand. Elle est compound, du système Corliss, à condensation et à détente variable par le régulateur. Elle actionne directement une dynamo Pieper à 20 pôles à courants continus donnant à 125 volts une puissance de 300 kw. L'induit est formé de deux enroulements enchevêtrés et reliés l'un à un collecteur placé à droite, et l'autre à un collecteur placé à gauche. Chaque collecteur a un diamètre de 2,5 mètres, et comprend 1200 lames. La Fig. 85 représente une vue de la machine à vapeur

FIG. 85. — Vue de la machine à vapeur et de la dynamo multipolaire dans la Manufacture d'armes d'Herstal (p. 107).

et de la dynamo. Un groupe séparé Pieper-Willans de 300 chevaux sert de réserve. L'énergie électrique est fournie pour l'éclairage à 135 lampes à arc de 10 à 11 ampères et à 600 lampes à incandescence de 16 bougies, et pour la force motrice à une série de moteurs dont voici la répartition :

	Nombre	Puissance individuelle en chevaux	Puissance totale en chevaux
Hall principal	5	16	80
	2	21	42
	4	29	110
Forges.	2	37	74
Travail des bois	1	21	21
Polissage.	1	21	21
Manchonnage	1	16	16
Cartoucherie	1	21	21
«	1	3	3
Matriçage	1	8	8
Alimentat. des chaudières (pompe)	1	10	10
Condenseur (pompe).	1	16	16
Total	21		428

Le rendement industriel de cette installation a été de 76,6 pour 100. Nous ajouterons que ces importants ateliers renferment 900 machines-outils dont 33 pour le travail des bois, 714 dans le hall principal, 60 dans l'atelier de précision, 41 dans l'atelier de polissage, 9 dans l'atelier de fabrication des manchons, et 32 dans les forges.

Dans cette installation, la transmission électrique a toujours donné les résultats les plus satisfaisants.

Les cristalleries du Val Saint Lambert près de Liège ont fait une intéressante transmission de force motrice électrique pour remplacer une série de groupes de chaudières et de machines à vapeur alimentant divers centres d'utilisation. Les machines à vapeur employées consommaient jusqu'à 30 et 50 kilogrammes de vapeur par cheval-heure et nécessitaient la présence de 2 mécaniciens et chauffeurs. On a installé une machine à vapeur de 350 chevaux, système Frickart, compound à condensation, à la vitesse angulaire de 60 tours par minute. Cette machine actionne par courroie les transmission des tailleries ainsi qu'une dynamo Pieper de 73,6 kw à 110 volts. L'énergie électrique met en marche divers moteurs disséminés dans l'usine : un de 10 chevaux à des tours de tailleurs sur verre, 3 de 10 chevaux pour actionner, l'un des mélangeurs, l'autre l'atelier de tourneurs en bois, et le troisième un broyeur à mortiers, un de 2 chevaux pour commander un ventilateur, un de 15 chevaux pour les transmissions d'un atelier. En dehors de cette station spécialement destinée à la distribution de force motrice, il en existe une autre pour l'éclairage ; les deux stations sont reliées entre elles par des câbles de secours.

On a trouvé pour l'ensemble de l'installation un rendement industriel de 75,5 pour 100, avec un rendement de 90 pour 100 pour la dynamo, 96 pour 100 pour les lignes et 87,5 pour 100 pour la moyenne des moteurs.

La *Société de la Vieille-Montagne* a fait établir dernièrement dans ses usines de Jemeppe à Valentin Cocq en Belgique une installation de force motrice qui mérite d'être signalée. Elle a remplacé toutes les machines à vapeur de faible puissance existant dans diverses parties de l'usine et elle a établi une station centrale qui renferme 3 chaudières Babcock et Wilcox, dont une de réserve, une machine à vapeur compound à condensation système Friekart, et une dynamo Pieper de 440 kw à 500 volts et à la vitesse angulaire de 80 tours par minute. L'eau est puisée par une pompe actionnée par un moteur électrique de 33 kw dans la Meuse qui se trouve à 2,7 kilomètres de là ; cette pompe peut fournir un débit de 60 mètres cubes par heure à la hauteur de 110 mètres. Sur le bord de la rivière deux grues servant à la charge et à la décharge des canots sont également actionnées électriquement. L'installation actuelle comprend : 5 moteurs de 0, 736 kw, 7 de 1,472 kw, 6 de 2,5 kw, 6 de 3,6 kw, 4 de 5, 2 de 18, 4 de 10, 2 de 18 et 1 de 50 kw. Il est également question d'installer prochainement 1 moteur de 60 kw, 1 de 10,5, 1 de 0,75 et 2 de 7,5. Un tableau de distribution répartit le courant électrique dans 18 circuits différents qui se rendent aux moteurs dans les établis, aux forges, aux scies, aux soufflets, aux ascenseurs, etc. Les moteurs sont utilisés pour les usages les plus divers, pour actionner des broyeurs, des laveuses de cendres, des pompes centrifuges, des meules, des pétrins, des machines à faire les briques, les transmissions dans les ateliers de menuiserie et de tonnellerie mécanique, des marteaux pilons.. etc. Un transformateur rotatif à courants continus qui abaisse la différence de potentiel de 500 à 100 volts, alimente 75 lampes à arc et 500 lampes à incandescence ; pendant la journée, il charge une batterie d'accumulateurs. Le rendement industriel de cette transmission, ou rapport de la puissance utile à l'outil à la puissance indiquée à la machine à vapeur, peut être évalué à 68,5 pour 100 ; en effet, le rendement industriel des machines à vapeur est de 90 pour 100, des dynamos de 90 pour 100, des

circuits à pleine charge de 98 pour 100 et des moteurs
de 86 pour 100.

La Société anonyme *Électricité et Hydraulique* de
Charleroi a installé un grand nombre d'appareils élec-
tromécaniques, et entre autres des appareils de levage,
des treuils électriques, des grues, des ascenseurs et di-

Fig. 86. — Vue du chariot d'un pont roulant électrique.

verses machines-outils. Dans les aciéries de la Société de
la Providence, à Hautmont, elle a monté un pont roulant à longue portée possédant un moteur pour chacun
des sens de marche. Dans les usines de la Société la
Vesdre à Verviers, il existe un pont roulant semblable
de puissance plus faible, avec un seul moteur pour les

trois mouvements. La Fig. 86 nous montre une vue d'ensemble du chariot moteur installé sur ce pont.

La même Société a installé aussi un grand nombre d'ascenseurs de toutes sortes dans les fabriques. Nous retrouverons plus loin diverses autres applications.

g. Installations en Espagne.

Dans ces dernières années, en 1893, une application très intéressante de l'énergie électrique a été faite à Bilbao, pour la mise en marche d'une grue et d'un titan électriques dans la construction du nouveau port. La grue avait pour but de prendre les énormes blocs de béton fabriqués à l'avance, et de les transporter aux points d'immersion. La grue se déplaçait sur une voie ferrée et soulevait des blocs pesant 100 tonnes. L'installation comprenait une machine à vapeur de 60 chevaux actionnant une dynamo Hillairet-Huget de 44 kw à 220 volts. Une ligne aérienne transmettait l'énergie à la réceptrice placée sur la grue. Ce moteur, tournant à 600 tours par minute, faisait tourner un arbre horizontal transmettant le mouvement aux pistons des presses hydrauliques. Ce premier arbre en actionnait un autre perpendiculaire, muni de pignons et commandant par des chaînes Gall deux tambours fixés sur les roues de devant de la grue. Le même moteur pouvait donc à la fois assurer le déplacement de la grue sur la voie ferrée et le soulèvement des blocs. Divers autres appareils étaient également actionnés par l'énergie électrique, tels que un truck-porte-blocks, et un titan électrique. La Fig. 87 représente l'embarquement sur les chalands d'un bloc de 100 tonnes placé sur le chariot de l'appareil porteur.

h. Installations en Autriche-Hongrie.

Parmi les plus récentes installations électro-mécaniques

Fig. 87. — Embarquement d'un bloc de 100 tonnes sur un chaland.

faites en Autriche-Hongrie, nous mentionnerons l'installation établie par la maison Egger et Cie dans l'imprimerie Pallas. Une machine de 80 chevaux produit la force motrice nécessaire à la dynamo de distribution. L'énergie électrique est ensuite fournie à 30 moteurs de puissance variable entre 0,5 et 10 chevaux pour mettre en mouvement des presses simples, doubles et diverses autres machines utilisées dans l'impression.

Ces nombreux exemples de transmissions électriques de force motrice dans les ateliers, fabriques et usines nous prouvent que les moteurs électriques sont hautement appréciés dans l'industrie et qu'ils ont fourni partout d'excellents résultats.

CHAPITRE II

APPLICATIONS MÉCANIQUES DE L'ÉNERGIE ÉLECTRIQUE DANS LES MINES.

A. — Généralités.

Les applications mécaniques de l'énergie électrique dans les mines répondent à des besoins mutiples qui nécessiteraient une étude complète et détaillée. Dans ce qui va suivre, nous nous contenterons d'indiquer les principes généraux.

a. Principe.

Dans une mine, établie souvent à une grande profondeur en terre, — 1200 à 1300 mètres et au delà — il est d'abord nécessaire d'installer des treuils permettant de remonter à l'extérieur la matière extraite. Dans l'intérieur de la mine il faut des moyens pratiques de locomotion, afin de transporter rapidement les charges d'un point à un autre. Des outils, perforatrices, trancheuses, haveuses sont nécessaires pour abattre les roches, les blocs de houille etc ; enfin une ventilation énergique est indispensable pour permettre le séjour des ouvriers et éviter les accidents. La force motrice fournie par une distribution électrique est celle qui se prête le mieux pour actionner tous ces outils, *b.* **Exigences. Difficultés.**

La distribution de force motrice dans une mine doit fournir un service rapide, pouvant s'étendre à une distance assez éloignée, soit de 1500 à 2000 mètres. Il est certain qu'à ce point de vue, l'électricité est de beaucoup supérieure à l'eau ou à l'air sous pression. On peut affirmer sans conteste qu'elle est à ces points de vue la forme de l'énergie la plus commode et la plus pratique. Une seule objection se présente relativement à la production d'étincelles aux balais et aux appareils d'interruption et de réglage, surtout dans les mines grisouteuses. Pour éviter ces graves inconvénients, on enferme les moteurs dans des caisses spéciales, où toute inflammation de grisou peut être évitée. Il existe aujourd'hui, les moteurs à courants polyphasés qui n'ont plus de balais. Cette première objection peut donc être écartée, puisqu'il est facile de l'éviter en prenant certaines dispositions.

c. Avantages, économie, simplicité.

L'établissement et la mise en marche des appareils électriques sont de beaucoup plus simples et plus économiques que les appareils à vapeur ou à air comprimé. Les moteurs électriques sont puissants sous un faible volume, et peuvent facilement être déplacés ou replacés. Leur entretien est assez facile, et ne nécessite pas constamment des ouvriers spéciaux. Il n'en est pas de même pour les moteurs et les conduites à air et à vapeur.

d. **Comparaisons avec les autres modes de transmissions.**

La transmission électrique de l'énergie peut aisément soutenir la comparaison avec la transmission par la vapeur ou l'air comprimé. Nous n'insisterons même pas ici sur toutes les difficultés que présente l'établissement des canalisations à vapeur et à air comprimé. Si nous considérons le fonctionnement de ces derniers moteurs, qui ont été préférés jusqu'à ce jour, nous verrons qu'il ne sera pas possible d'assurer le réchauffement de l'air avant son entrée dans le cylindre, et que le moteur fonctionnera alors dans les plus mauvaises conditions. Ainsi que l'ont établi MM. Atkinson dans une communication à la Société des ingénieur civils de Londres, en 1891, la transmission électrique de l'énergie coûtera environ 2 fois moins cher de premier établissement et donnera un rendement deux fois plus élevé que l'air comprimé. Aux mines de Blanzy pour une installation d'un ventilateur électrique de 4 kw, en 1881, M. Mathet a trouvé une dépense totale de premier établissement de 4 244 francs et un rendement industriel de 60 pour 100 ; avec l'air comprimé la dépense première aurait été de 14770 francs, et le rendement n'aurait pas atteint 40 pour 100.

Une série d'études très complètes ont prouvé jusqu'ici que la transmission électrique de l'énergie dans les mines était incontestablement supérieure à tous les points de vue : avantages, économie dans l'installation, et l'exploitation.

e. Applications diverses possibles avec les transmissions électriques.

La transmission électrique de l'énergie, qui est obtenue à l'aide de canalisations beaucoup moins coûteuses que celles de l'air comprimé, et pouvant être établies fa-

cilement dans tous les endroits, possède également le
grand avantage de fournir l'énergie à toutes sortes d'utilisations. Alors qu'avec l'air comprimé pour actionner
les outils, il est encore nécessaire de pourvoir à l'éclairage, il suffit de brancher une lampe sur la canalisation
électrique pour assurer l'éclairage. Cette lampe peut
être pourvue très aisément de toutes les dispositions de
sûreté utilisées dans les mines.

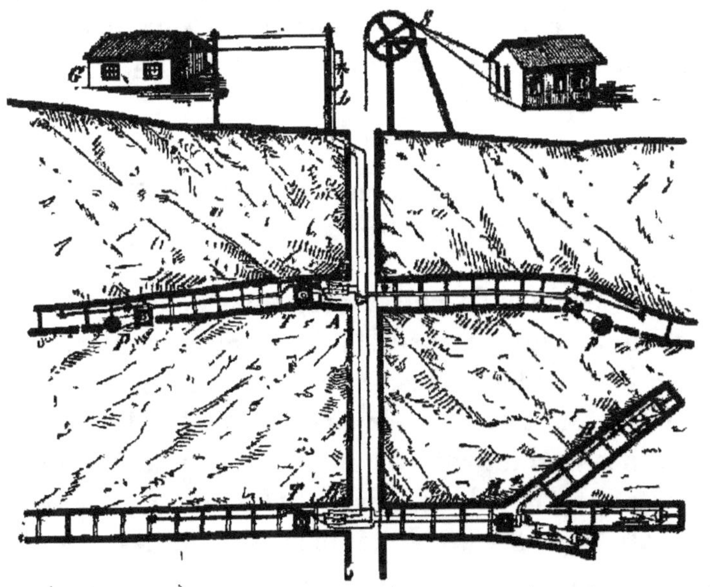

Fig. 88. — Vue d'ensemble de la distribution électrique dans une mine.

La Fig. 88 nous donne une vue générale d'ensemble
de l'installation d'une mine. En G, à la surface du sol se
trouve l'usine génératrice avec une machine à vapeur et
une machine électrique. La canalisation dessert en L
une lampe à arc et descend dans la mine où elle vient
alimenter des conduites latérales pour actionner en T, T

des treuils de roulage, en P, P des pompes, en M et H des perforatrices, etc. ; un treuil général S, actionné par un moteur électrique, sert à faire ressortir au dehors les charges de charbon. La même canalisation dessert également l'éclairage.

Nous ne pouvons faire ici une étude complète des divers appareils utilisés dans ces installations ; nous dirons qu'il s'agit surtout de perforatrices, de haveuses, de treuils et de pompes. Nous en trouverons ci-après de nombreux exemples d'installation. Nous laissons bien entendu en dehors toutes les questions de traction électrique.

f. Arguments en faveur de la transmission électrique dans les mines.

Pour achever de convaincre nos lecteurs des avantages que peut procurer la transmission électrique de l'énergie dans les mines, nous analyserons un mémoire fort intéressant et fort sérieux de M. Doeltz, ingénieur des mines à Hanovre. Ce mémoire a pour titre *l'Electricité dans l'art des mines en Allemagne*, et a été présenté au Congrès des Ingénieurs des mines allemandes à Hanovre (10 septembre 1895).

L'auteur, après avoir fait une série de réflexions générales sur les divers moteurs électriques, et donné la description de quelques installations que nous allons retrouver plus loin, se pose cette question qui est certainement de toutes la plus importante et la plus caractéristique : *La transmission électrique de la force motrice dans les mines est-elle avantageuse au point de vue économique ?* Il est certain, nous répond aussitôt

M. Doeltz, que cette question ne peut être résolue d'une manière générale, mais qu'elle peut recevoir une réponse favorable dans nombre de cas particuliers. L'Électricité, ajoute-t-il, continuera à pénétrer de plus en plus dans l'exploitation des mines ; la possibilité et la facilité de se procurer la force motrice électrique en grande et en petite quantité et en n'importe quel point, ne sera pas sans influence sur l'ensemble de l'art des mines. En dehors de ces divers avantages, M. Doeltz reconnaît que la transmission électrique présente encore une grande propreté, ainsi que la facilité et la sécurité des manœuvres. L'air n'est ni vicié, ni échauffé. Elle n'apporte pas un supplément d'air frais, comme l'air comprimé ; mais elle ne refroidit pas non plus l'atmosphère. L'établissement et l'enlèvement des conducteurs est des plus aisés ; ils occupent un emplacement insignifiant. Les mêmes conducteurs peuvent être utilisés pour la force motrice et l'éclairage. Ce système de distribution permet de centraliser en un même point la station de production d'énergie.

En terminant son excellent mémoire, M. Doeltz fait une revue sommaire de l'emploi actuel de l'électricité dans les mines. Il parle d'abord de la traction électrique, sujet qui ne nous occupe pas en ce moment. Il dit ensuite que les grandes machines d'extraction de plusieurs centaines de chevaux ainsi que les grands ventilateurs à la surface seront encore longtemps attaqués directement par la vapeur. Il trouve au contraire que les ventilateurs moyens éloignés des puits principaux seront avantageusement munis de moteurs électriques. Pour de petits cabestans et élévateurs, ainsi que des machines motrices et des machines-outils à la surface les avantages de la force motrice et de la transmission électrique sont nettement caractérisés. Pour les cabestans de puits intérieurs et les plans inclinés, on peut s'adresser à l'air comprimé ou à l'électricité, et le choix peut dépendre de ce que l'on possède des compresseurs ou une installation centrale d'électricité à proximité.

Ces arguments sont de nature à bien montrer que la transmission électrique de l'énergie occupe aujourd'hui dans l'art des mines une place très sérieuse.

B. — Exemples divers d'installations.

Dans les quelques lignes suivantes nous désirons surtout montrer que les applications mécaniques de l'énergie électrique sont très nombreuses dans les mines, et leur ont rendu jusqu'ici de grands services.

a. Installations en France.

Il faut remonter à 1881 pour retrouver dans les mines de Blanzy l'installation d'un ventilateur électrique actionné au fond d'un puits de 500 mètres de profondeur, et faisant l'aérage d'une galerie de recherches partant de ce même puits. L'installation comprenait 2 machines Gramme de 2 kw, servant l'une de génératrice et l'autre de réceptrice.

Au mois de mai 1881, la Société es dhouillères de Saint-Étienne avait installé au puits Thibaud un treuil électrique servant à l'extraction dans un puits voisin d'une profondeur de 30 mètres.

En 1882, un treuil électrique était également utilisé aux mines de La Péronnière.

Dans la fosse Saint-Léonard des charbonnages d'Anzin, la Société Edison a installé, il y a déjà de nombreuses années, un treuil de 10 chevaux pour une exploitation en vallée. Ce treuil remorque une berline à l'aide d'un câble sans fin passant dans la poulie à gorge motrice du treuil sur un plan incliné de 30 à 35°. La différence de potentiel est de 350 volts, les balais sont en charbon. L'appareil de mise en marche est combiné avec un rhéostat liquide au sulfate de cuivre. La réduction de vitesse du moteur est obtenue par 2 trains d'engrenages droits ; le pignon calé sur l'arbre du moteur est en cuir avec frettes en acier.

Signalons également qu'en 1889 des locomotives électriques furent employées pour la première fois dans les houillères de Marles.

La maison E. Farcot fils a fourni de nombreux ventilateurs électriques pour des installations de mines.

MM. de Wendel et Cie à Hayange ont installé des pompes électriques pour l'épuisement dans les mines. Une pompe est actionnée par un moteur de 38 chevaux, et 2 autres pompes chacune par un moteur de 10 chevaux. La Fig. 89 nous montre les dispositions générales. Sur le même bâti sont montées d'une part la dynamo Henrion et en avant la pompe actionnée par une courroie.

La maison L. Dumont, déjà bien connue pour ses pompes centrifuges, s'est fait également une spécialité des pompes électriques pour mines. Les installations de ce genre qu'elle a déjà faites sont très nombreures ; nous ne citerons que celles se rapportant aux mines de l'Altaï où des groupes de 2 et 4 pompes conjuguées élèvent

Fig. 89. — Vue d'une pompe électrique de mine.

Fig. 90. — Pompe électrique centrifuge Dumont, utilisée dans les
mines de l'Altaï.

l'eau à des hauteurs de 22 et 48 mètres. La Fig. 90 fait

voir les dispositions adoptées pour le groupe de 2 pompes montant l'eau à 22 mètres.

La Société des machines magnéto-électriques Gramme a aussi fourni un grand nombre de moteurs électriques pour utilisations diverses dans les mines, et notamment une pompe électrique de 80 chevaux dans les mines de la Santa Cécilia en Espagne.

La maison Bréguet a installé dans les usines de la Société minière et métallurgique de Pennaroya 2 moteurs de 4 chevaux pour ascenseurs, 4 moteurs de 4 à 6 chevaux pour les ventilateurs dans les usines de Pennaroya, et un ventilateur électrique de 20 chevaux dans la mine de Triunfo. Dans les mines de l'Horcayo, la même société a établi 2 moteurs de 20 chevaux pour pompes d'épuisement.

Dans l'année 1895, la Cie des charbonnages d'Anzin a fait installer à la fosse Lambrecht une pompe d'épuisement électrique pour refouler à 500 mètres de distance un volume de 17 mètres cubes d'eau par heure. L'installation comporte une dynamo génératrice de 55 kw à 450 volts actionnée par une machine à vapeur de 100 chevaux, et un moteur électrique de même puissance tournant à 400 tours par minute. La canalisation est faite en câbles armés de 75 millimètres carrés. La pompe est à 3 pistons plongeurs. Le moteur attaque par pignon un engrenage calé sur l'arbre tricoudé; il est monté sur coulisse pour permettre de changer les distances d'axe des engrenages et, par suite, le nombre de dents du pignon lorsque la pompe est déplacée pour travailler à différentes profondeurs. Le pignon est calé sur l'arbre par un manchon élastique destiné à égaliser le couple de torsion pendant le mouvement. La génératrice est compound, le moteur en dérivation. Le rhéostat de mise en marche est à cadran ; il possède un dispositif qui permet d'empêcher que l'on ne puisse fermer le courant sur l'armature sans que le champ ait une intensité suffisante réglée à l'avance, qui permet de couper le courant sur l'armature en cas d'abaissement de la différence de potentiel ou d'arrêt de la génératrice, et d'arrêter automatiquement la pompe en cas d'abaissement de l'eau au-dessous d'un niveau déterminé. Ces dernières précautions ont pour but d'éviter les rentrées successives d'air et d'eau qui peuvent amener des ruptures dans ces pompes à haute pression.

Parmi les installations électriques les plus récentes et les plus remarquables dans les mines, nous mentionnerons les mines de Decize, dont l'établissement a été fait en courants diphasés en 1894 par MM. Schneider et Cie. L'installation comprend 6 chaudières, 2 machines à vapeur horizontales sans condensation, et à distribution faite par des tiroirs cylindriques à l'admission et par des obturateurs genre Corliss à l'émission, tournant à la vitesse angulaire de 200 tours par minute. Elles actionnent par courroies chacune un groupe de 2 dynamos jumelles calées sur le même arbre, mais, avec les inducteurs écartés d'un demi intervalle pour que les différences de potentiel présentent aux bornes une différence de phase d'un quart de période. La Fig. 91 nous donne la vue en plan et en coupe de l'usine. Chaque dynamo est un alternateur Zipernowsky à 10 pôles. L'excitation est fournie aux 2 alternateurs par une dynamo à courants continus de 30 ampères à 110 volts. La ligne est en partie aérienne et en partie souterraine. Les moteurs utilisés sont au nombre de 4 de 30 chevaux pour ventilateurs,

1 de 15 chevaux pour treuil de plan incliné et 1 de 12 chevaux pour pompe électrique. La Fig. 92 montre

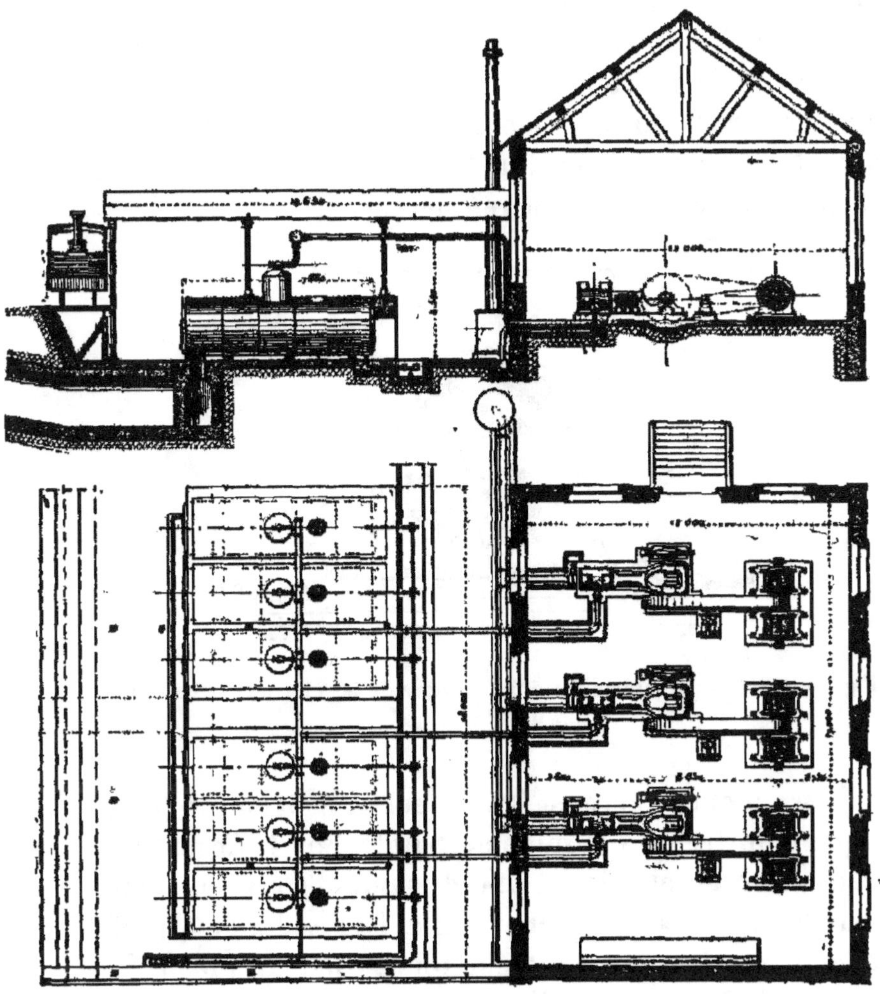

Fig. 91. — Vue en plan et en coupe de l'usine de Decize.

la coupe intérieure d'un moteur de 30 chevaux à 16 pôles. Au moment du démarrage, des résistances variables peuvent être introduites dans chacun des deux circuits de l'armature. Ces résistances sont obtenues par des rhéostats à liquide dans lequel plongent deux plaques métalliques que l'on peut approcher ou reculer à l'aide d'une vis à manivelle. Tous ces moteurs sont abandonnés à eux-mêmes, installés en pleine forêt. La Fig. 93 montre la vue d'ensemble de l'installation d'un moteur de 30 chevaux actionnant un ventilateur.

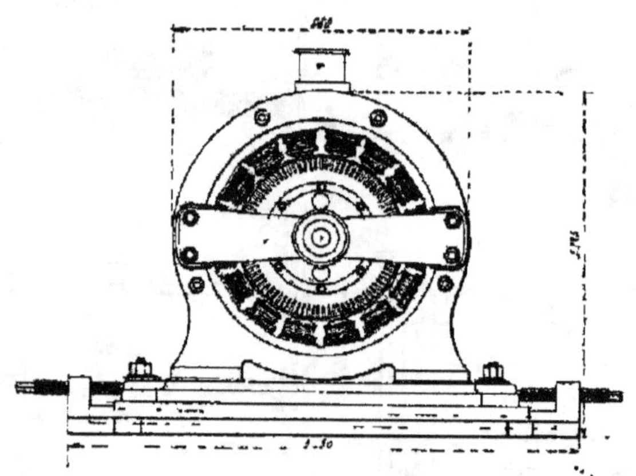

Fig. 92. — Coupe intérieure d'un moteur de 30 chevaux à courants diphasés.

Nous mentionnerons également l'installation électrique d'un treuil à la mine de Sainte-Foy L'Argentière. La dynamo employée est une dynamo d'Oerlikon, compound à 4 pôles de 25 chevaux à 650 volts et à 1 050 tours par minute. Le moteur fourni par la même Société est de 20 chevaux ; il est à 4 pôles et fait 1 000 tours par minute. Le treuil qu'elle actionne est formé de deux tambours en fonte et en tôle ; il est relié à l'axe du moteur par trois paires d'engrenages à dents en chevrons. Les résultats obtenus dans cette installation ont permis

Fig. 93. — Installation d'un ventilateur électrique aux mines de Decize.

de dire que la transmission électrique était de beaucoup
supérieure à la transmission par l'air comprimé.

b. Installations en Angleterre.

L'utilisation des appareils électriques dans les mines
est très répandue en Angleterre.

La maison Crompton et Cie a déjà construit une série
de pompes électriques actionnées par des moteurs de
15 chevaux. Nous citerons en particulier l'installation de
East Howle Colliery, dans le comté de Durham. Un moteur série de 15 chevaux à 500 volts actionne une pompe
qui fournit 4000 litres d'eau par minute. Les installations de ventilation sont également très nombreuses.
La figure 94 nous représente les dispositions adoptées
pour la traction par treuil à Aberconaid Colliery,
Merthyr Tydvil. Un moteur électrique de 75 chevaux à
500 volts et à 600 tours par minute met en marche
le tambour du treuil. Diverses autres dispositions analogues ont été utilisées dans d'autres mines.

Au charbonnage de Normanton, il existe une installation électrique d'épuisement des eaux et de drainage mécanique. Cette installation comprend deux machines à
vapeur compound Robey and Cie de Lincoln, de 80 chevaux à 50 tours par minute ; elles actionnent chacune
une dynamo Immisch à 4 pôles de 50 kw chacune à
70 volts, et à 450 tours par minute. Les moteurs sont du
même type et de 50 chevaux. Ces 2 moteurs commandent par courroies un même arbre qui, par pignons à
engrenages, met en mouvement une pompe à pistons
différentiels, un traînage mécanique et une pompe à trois
pistons plongeurs. Il est facile de débrayer à volonté

l'un quelconque de ces trois appareils. La poulie motrice du trainage mécanique prend son mouvement sur l'arbre de transmission ; le câble mis en marche par la poulie va ensuite actionner deux autres poulies qui four-

Fig. 91. — Vue de treuil électrique dans la mine de Abercanaïd Merthyr Tydwil.

nissent elles-mêmes le mouvement à d'autres câbles latéraux. Ces dispositions permettent d'extraire avec un personnel restreint de 1 000 à 1 200 tonnes par jour.

Dans le charbonnage de Hanerch existent aussi un traînage mécanique et une pompe. Un moteur électrique, qui reçoit l'énergie électrique d'une petite station centrale voisine, actionne par courroie un arbre qui, au moyen d'un pignon, met en mouvement un engrenage monté sur l'axe du tambour du transport mécanique.

Dans le charbonnage de Andrew's House deux pompes électriques sont installées pour épuiser l'eau à des distances de 1 600 et 1 800 mètres du puits. La dynamo fournit 18,5 ampères à 270 volts et alimente deux moteurs qui actionnent deux pompes, dont on peut supprimer l'une ou l'autre à volonté. Ces deux pompes, faisant 60 tours par minute, peuvent élever 270 litres d'eau par minute à une hauteur de 13 mètres, après un

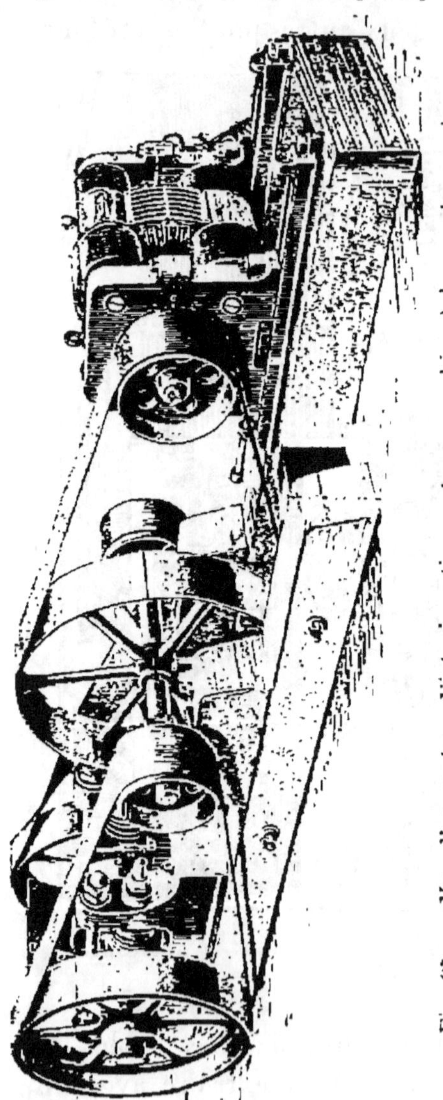

Fig. 25. — Vue d'un moteur Victoria actionnant une machine à broyer le quartz.

parcours de 682 mètres dans le tuyau de décharge. Une intéressante transmission de force motrice a été

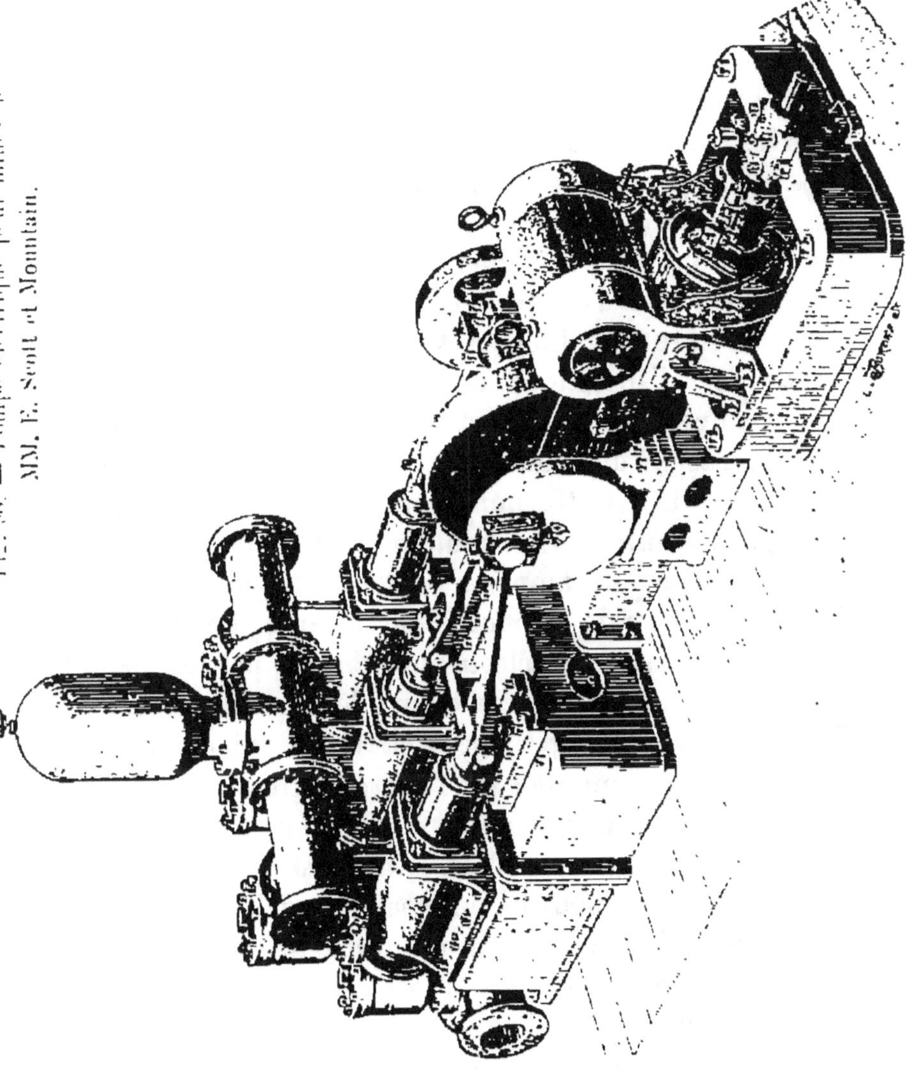

effectuée dans les mines de Sheba à l'aide des moteurs électriques Victoria. Ces moteurs, d'une puissance de 30

ou 50 chevaux, tournent à des vitesses angulaires égales
à 700 tours par minute. La Fig. 95 nous montre un moteur
de ce genre actionnant une machine à broyer le quartz.
Le mouvement est transmis par le moteur à l'aide d'une
courroie sur une poulie portant un arbre avec deux autres
poulies plus petites qui actionnent à leur tour par courroies les roues de mise en marche de la machine.

La maison Scott et Mountain, de Newcastle-on-Tyne,
a la spécialité de construire des appareils électriques ;
nous citerons en particulier ses pompes et ses treuils
électriques, que l'on trouve aujourd'hui dans un très
grand nombre de mines en Angleterre. La Fig. 96 nous
montre les dispositions adoptées pour la commande
d'une pompe. Le moteur est fixé sur un bâti à l'avant et
la transmission du mouvement se fait par des engrenages appropriés. Cette pompe peut fournir 1500 litres
d'eau par minute à une hauteur de 15 mètres. Le moteur consomme 65 ampères à 300 volts et tourne à la
vitesse angulaire de 800 tours par minute. La figure 97
nous fait voir un treuil électrique fabriqué par les mêmes
constructeurs. D'un côté se trouve le moteur, l'arbre de
l'induit porte un engrenage à chevrons qui commande
une roue dentée montée sur l'arbre du treuil.

Les pompes électriques ont été surtout utilisées dans
les mines en Angleterre. MM. Hayward Tyler et Cⁱᵉ ont
construit dernièrement de nouveaux modèles de pompes
horizontales. Le mouvement est transmis par le moteur
électrique à un premier arbre intermédiaire à l'aide d'un
pignon et d'une roue d'engrenage à dents hélicoïdales.
Les arbres coudés qui actionnent les pompes à l'aide de
roues dentées sont mis en mouvement par deux nouveaux pignons calés sur l'arbre. Les constructeurs dont

il est question ont établi des modèles de pompes verticales ou horizontales de 1 à 100 chevaux.

Nous pouvons encore citer des installations de pompes
électriques dans la Greenside Silver Lead Mine, des
pompes centrifuges électriques des tractions électriques
par câbles, des ventilateurs électriques, et des machines
à broyer le charbon actionnées électriquement.

Fig. 95. — Treuil électrique pour mines de MM. Scott et Mountain.

Aux mines de Margaret, MM. Easton, Anderson et
Goolden ont fait une installation électrique intéressante.
Deux machines à vapeur verticales Willans et Robinson
de 114 chevaux à 320 tours par minute actionnent à
l'aide de transmissions 2 dynamos Goolden de 780 volts
et 79 ampères à 500 tours par minute et 2 dynamos de
110 volts et 90 ampères à 1 200 tours par minute. Les
deux dernières dynamos servent à l'éclairage et les deux

premières à haute tension fournissent l'énergie à une pompe électrique, à un treuil et à une machine d'extraction électriques. La pompe a un débit de 800 litres par minute à une hauteur de 80 mètres ; le moteur qui l'actionne consomme 580 volts et 23 ampères. La machine d'extraction est mise en marche par un moteur de 610 volts et 58 ampères à 650 tours par minute.

M. G. Richard qui nous a déjà fait connaître un nombre si considérable d'applications diverses, décrivait récemment dans l'*Éclairage Électrique* l'installation du roulage de la houillère d'Earnock près de Hamilton en Angleterre. Cette mine est en exploitation depuis 15 ans. On employait des machines à vapeur, des chevaux, et des plans inclinés automoteurs. On a remplacé ces divers appareils et les chevaux par des treuils électriques. La dynamo affectée à ce service donne 100 ampères et 490 volts à 620 tours par minute. Elle fournit l'énergie électrique à un treuil commandé par un moteur shunt de 76 ampères et 400 volts à 770 tours par minute. Ce moteur actionne par un double train d'engrenages deux poulies à mâchoires de Hurd, et à frein avec embrayage à friction ; les câbles sont entraînés à la vitesse maxima de 5 kilomètres par heure. Le deuxième treuil n'est que de 12 chevaux et n'a qu'une seule poulie à mâchoires. Cette exploitation a donné toute satisfaction. Les câbles ne s'arrêtent jamais, on leur accroche sans difficulté des bennes qui pèsent à vide 250 kilogrammes et en charge 850 kilogrammes, soit 600 kilogrammes utiles.

Les dépenses de premier établissement se sont élevées à 94 475 francs se répartissant de la façon suivante :

Bâtiment des machines à fondations, des machines et des
dynamos . . . . 12 925 fr.
Logement des machines dans les couches, taille du charbon, fondations. . . . . 5 575 »
Moteurs à vapeur Westinghouse, arbre, courroies, dynamos, moteurs de 35 et 12 chevaux, treuils, fils, téléphones . . . . 53 325 »
Roues, poulies, câbles . . . . 14 200 »
Pièces de rechange, armatures, balais . . . . 8 450 »

Total . . . . 94 475 fr.

Les dépenses d'exploitation, pour un débit de 600 tonnes par 10 heures, auraient nécessité 40 chevaux environ. Les dépenses auraient donc été :

Dépréciation et renouvellement de 40 chevaux (30 000 fr.)
au taux de 15 pour 100. . . . . 4 500 fr.
Nourriture et entretien à 750 fr. par an et par cheval . 30 000 »
Salaires de 40 hommes à 6 fr. 75 par jour pendant
250 jours . . . . 68 750 »

Total. . . . . 103 250 fr.

Avec les treuils électriques, la dépense n'a été que
de 49 750 francs.

1 électricien à 12 fr. 50 par jour pendant 250 jours . . 3 125 fr
12 hommes à 7 fr. 50 par jour pendant 250 jours . . . 22 500 »
Charbon, huiles . . . . 12 500 »

Amortissement, dépréciation.

Salle des machines 5 pour 100 sur 15 000 fr. . . . . . 750 »
Machinerie, poulies, câbles 15 pour 100 sur 72 500 fr. . . 10 875 »

Total. . . . . 49 750 fr.

L'économie qui est résultée de l'emploi des transmissions électriques est donc de 53 500 francs par an.

Le rendement industriel atteint dans cette installation a donc été de 50 pour 100. Les pertes peuvent se répartir de la façon suivante :

Chaudières et machine	22 pour 100
Transmission.	0,15 »
Courroie et frottement de la dynamo	4,5 »
Excitation de la dynamo.	3 »
Câble.	12,5 »
Treuil	7,5 »
Total	50 pour 100

Cette installation a été faite par MM. Goolden et Cie et fonctionne depuis deux ans.

c. Installations en Amérique.

Depuis déjà de longues années l'énergie électrique a été employée en Amérique comme force motrice. Sans vouloir faire un historique de la question, nous rappellerons qu'en 1891, M. F. Bosson, représentant de The Northern Thomson Houston Agency, prit l'initiative d'une transmission électrique de force motrice pour actionner des pompes.

La *general Electric C°* était une des premières Sociétés à favoriser ce mouvement, et en 1893 à l'Exposition de Chicago elle faisait voir la pompe pour mines que représente la Fig. 98. Il s'agit d'une pompe triple d'un débit de 2250 litres par minute à la vitesse angulaire de 50 tours par minute. Elle était actionnée par un moteur électrique à 6 pôles de la general Electric C° de 72 kw, tournant à 275 tours par minute.

La même Cie a inventé et construit un modèle

de perforatrice rotative électrique, représenté par la
Fig. 99, et qui rend dans les mines les plus grands services. Cette perforatrice est formée d'un moteur électrique de 1,472 kw. à 220 volts à 1500 tours par minute.
Des engrenages appropriés que l'on aperçoit au milieu
de la figure réduisent cette vitesse angulaire à 300 tours
par minute et la transmettent à la tige centrale munie de
l'outil. Ce dernier pénètre rapidement dans la pierre

Fig. 98. — Pompe électrique pour mines de la General Electric Cᵒ.

tendre, mais la vitesse d'avancement est réduite propor-
tionnellement à la dureté de la roche. Des expériences
très intéressantes ont prouvé qu'avec des pas de vis de
4 et 6 millimètres il était possible de forcer des trous de
66 et 77 millimètres de profondeur en des durées respectives de 30, 17,20 et 50 secondes dans l'anthracite, le
schiste dur, et la roche schisteuse. Mentionnons égale-

ment la perforatrice électrique à percussion de la même C^le (Fig. 100). Cette perforatrice, dont les modèles établis sont de 6 et 10 chevaux, consistent en 2 solénoïdes placées dans un cylindre en fer. A l'intérieur de ces solé-

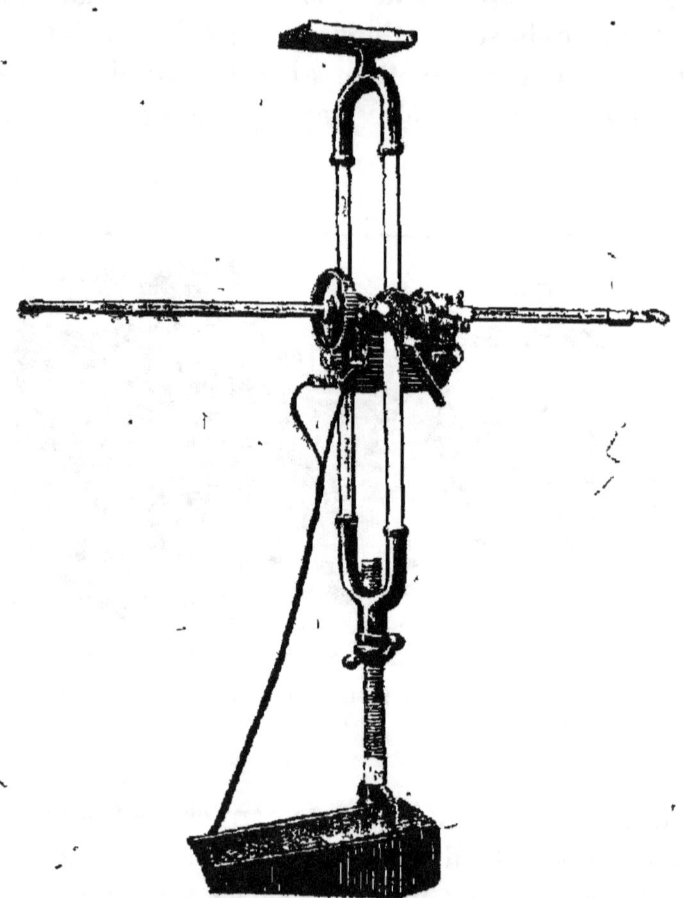

Fig. 99. — Perforatrice rotative électrique.

noïdes est un piston d'acier dont une extrémité s'engage sur une hélice, et dont l'autre extrémité porte une tige et un porte-outils. Le courant est envoyé alternativement dans les bobines, et le piston prend un mouvement de va-et-vient alternatif. Ces perforatrices, qui sont très répandues dans les mines en Amérique, peuvent être montées sur colonne ou sur trépied.

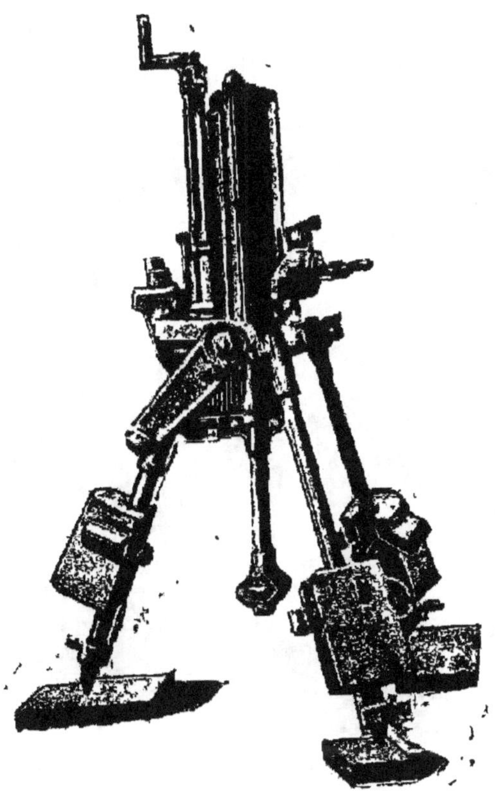

Fig. 100. — Perforatrice à percussion.

La *general Electric* C° a installé dans les mines de Southern Silver un treuil double que représente la Fig. 101. L'installation comprend 2 machines à vapeur Mac Instosh et Seymour de 85 chevaux actionnant chacune une dynamo de la General Electric C° à 500 volts. L'énergie électrique est fournie à divers treuils de 16, et 25 chevaux et au treuil représenté, d'une puissance de 125 chevaux et pouvant déplacer un poids de 2 500 kilogrammes à la vitesse de 150 mètres par minute.

Les treuils ont été très employés dans les mines. Parmi tous les modèles nous mentionnerons celui que montre

Fig. 101. — Treuil électrique dans la mine de Southern Silver.

la Fig 102. Un moteur Edison de 25 kilowatts commande par engrenage un tambour très développé. Les leviers de manœuvre se trouvent au premier plan. Ce treuil peut faire déplacer une charge de 500 kilogrammes avec une vitesse de 220 mètres par minute.

Les haveuses électriques sont également très employées dans les mines aux États-Unis. La Fig 103 nous montre un modèle de haveuse Jeffrey. Le havage est opéré par une barre horizontale armée de gouges, et animé d'un mouvement de rotation rapide au moyen d'une chaîne sans fin. Le moteur électrique fixé à l'arrière commande, au moyen d'engrenage droit et d'un mécanisme de vis sans fin, l'arbre transversal de deux pignons engrenant dans des crémaillères fixées aux longerons d'un bâti en acier. L'intensité alimentant ce moteur est de 50 ampères sous 220 volts.

Fig. 102. — Treuil électrique pour mines.

Dans un grand nombre de mines, la Cie Goulds a fait l'application de diverses pompes électriques. Nous mentionnerons entre autres la pompe triplex horizontale montée sur un chariot circulant sur les rails du roulage qui a été étudiée pour l'épuisement de l'eau dans les galeries de mines. La pompe à une des extrémités du châssis, et le moteur à l'autre, servent d'entretoise au chariot qui maintient en son milieu l'arbre à manivelle avec les roues actionnées par les pignons entraînés par l'induit du moteur. Quand il faut atteindre des hauteurs de refoulement un peu élevées, la Cie Goulds adopte un montage en relais spécial. Un puisard intermédiaire entre le fond et la surface porte un flotteur qui règle la marche ou l'arrêt de la pompe de relais.

Aux mines de Siver Lake (Col), une chute d'eau a été utilisée pour transmettre la force motrice à l'aide de courants triphasés. L'installation comprend 2 alternateurs à courants triphasés de la general Electric C° de

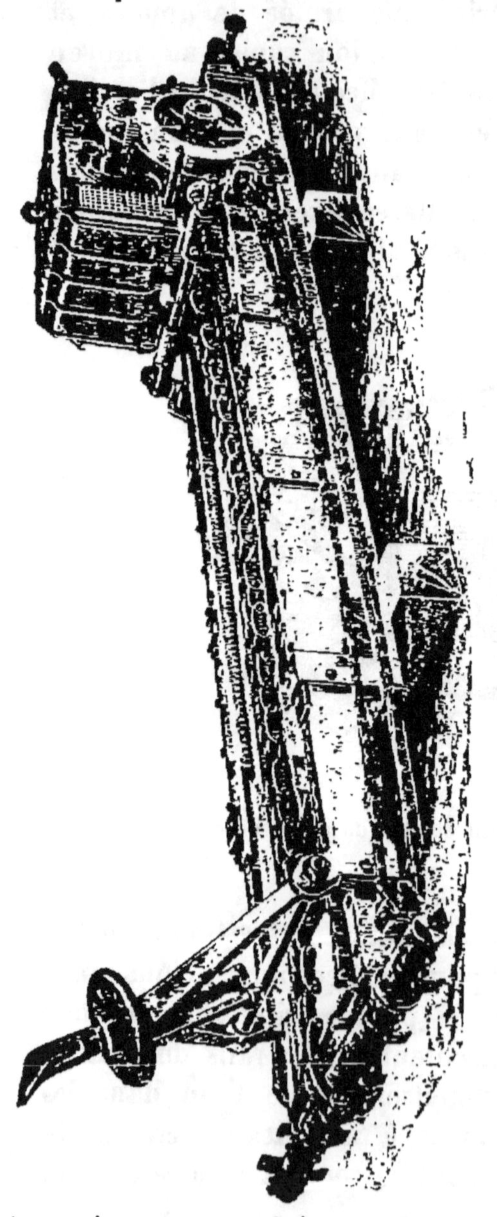

Fig. 163. — Vue d'ensemble d'une haveuse électrique Jeffrey.

150 kw, chacun à 2 500 volts. Dans l'usine sont installés pour divers usages 2 moteurs de 100 chevaux, 1 de 75 chevaux et 1 de 15 chevaux. Ce dernier met en marche une pompe.

Une installation semblable, à courants triphasés à 2 500 volts, a également été faite à the Tropics, où l'on a installé un moteur de 20 chevaux pour un ventilateur, un moteur de 25 chevaux pour un treuil d'une force portante de 500 kilogrammes, et un moteur de 20 chevaux pour une pompe triplex horizontale Knowles.

Une installation intéressante a été faite à San-Francisco pour la manutation du charbon. Il s'agit de treuils électriques semblables à celui que représente la Fig. 104.

L'installation comprend 2 machines à vapeur compound Mc Ewen de 135 chevaux à 265 tours par minute, actionnant par courroies 2 dynamos multipolaires de la General Electric C° de 90 kilowatts à 250 volts et à 700 tours par minute. Les moteurs électriques utilisés dans les treuils ont également été construits par la General Electric C°. Les treuils ont une force portante de 1000 kilogrammes à la vitesse de 240 mètres par minute. Il faut ajouter à cela des locomotives électriques utilisées pour les transports.

A Bodie (Californie), dans une mine, on a eu recours à une transmission de force motrice électrique pour actionner les machines à broyer et autres engins installés dans la mine. La force motrice est empruntée à une chute d'eau à Castle Peka, à l'aide de 4 turbines Pelton. Celles-ci actionnent un alternateur Westinghouse de 120 kw, à 3 500 volts, et l'énergie électrique est transmise à l'usine à un moteur synchrone de 100 kw. Celui-ci met en marche 20 bocards, 4 cribles, 8 bacs, 3 classificateurs, 1 agitateur, 1 crible, 1 monte-charge et un broyeur. On installa également dans le fond de la mine un extracteur électrique de 45 chevaux, une pompe électrique de 10 chevaux, et une autre pompe électrique de 10 chevaux.

Fig. 104. — Treuil électrique pour la manutention du charbon.

Dans la mine argentifère de Challar à Comstock (Nevada), une puissance hydraulique de 800 chevaux est transmise sous forme de puissance électrique à une série de moteurs électriques au fond de la mine. Une installation hydraulique semblable, faite sur la rivière Feather, a été utilisée dans une mine californienne (Big Bend Tunnel Camp, Butte County). La transmission est

faite en courants continus à 1000 volts à 28 kilomètres;
dans la mine se trouvent répartis 20 moteurs de 5 à
50 chevaux.

Une installation très intéressante a été faite par la
General Electric C° aux mines du Lac d'Argent, à
6,5 kilomètres sud-est de Silverton (Colorado), à une
altitude de 3,1 kilomètres au-dessus du niveau de la
mer. Une chute d'eau a été prise sur la rivière Animas
par un canal d'une longueur de 3,2 kilomètres et donnant
un débit de 65 mètres cubes d'eau par minute. Sous
une hauteur de chute de 60 mètres la puissance fournie
par 2 roues Pelton de 1,25 mètre de diamètre est de
640 chevaux. Les roues actionnent par courroies 2 alternateurs à courants triphasés de 150 kilowatts à
2 500 volts. La ligne de transmission d'une longueur de
5 kilomètres est formée de câbles installés sur des poteaux; des parafoudres sont placés aux deux extrémités.
L'énergie électrique est fournie à 2 500 volts à un moteur de 100 chevaux et à 220 volts après transformation
à un deuxième moteur de 100 chevaux, à un de 75 chevaux pour actionner les broyeurs, à un moteur de
15 chevaux pour une pompe, et à un moteur de 1 cheval pour un ventilateur. Pour actionner les broyeurs, on
était obligé de mettre en marche une machine à vapeur
et de transporter le charbon. La transmission électrique
a permis de réaliser par an une économie de 180 000 fr.
et de supprimer les longs chômages forcés de l'hiver,
quand la saison ne permettait pas le transport du charbon.

d. **Installations en Allemagne.**

De très nombreuses installations d'appareils électriques,

dans les mines d'Allemagne ont été faites par les grandes maisons de constructions électriques, dont nous avons déjà cité les noms précédemment. Comme il serait trop long de donner ici l'énumération de toutes les applications, nous nous contenterons de mentionner les principales.

Une des premières applications de la transmission électrique de la force motrice dans l'art des mines en Allemagne fut la traction électrique installée en 1882 et 1883 à Zaukerode, Beuthen, et Neu-Stassfurt.

Dès 1888, la maison Siemens et Halske avait établi un treuil électrique aux mines de Neu-Stassfurt pour l'extraction du sel dans le puits de Hammach à 300 mètres de profondeur. Une machine Siemens de 370 volts et 22 ampères actionnait un moteur électrique de même puissance qui mettait en marche un tambour sur lequel s'enroulait un câble de traction conduisant les caisses chargées. Le changement de sens de rotation était obtenu en abaissant ou en élevant à volonté des balais spéciaux à l'aide de leviers appropriés. En 8 heures, on extrayait 800 wagonnets de 1,2 tonnes sur un parcours de 150 mètres. Cette installation a disparu par suite de l'abandon de l'extraction.

Dernièrement, à la mine de fer de *Hollertzug* près Dermbach (Siegen) on a installé un treuil électrique mis en marche par un moteur ayant sur le prolongement de son arbre deux pignons qui engrenaient avec deux grandes roues dentées calées sur l'arbre du tambour.

A la mine de fer d'*Audun-le-Tige*, un treuil électrique de 11 chevaux à 840 tours par minute extrait en 24 heures 1 600 tonnes d'une profondeur de 10 mètres.

Dans la même mine, quatre pompes centrifuges actionnées par des moteurs électriques refoulent chacune 2 mètres cubes d'eau par minute à une hauteur de 12 mètres.

A Oelsnitz, au puits *Preussen*, l'énergie est produite par une machine à vapeur compound de 500 chevaux. La transmission de force motrice est faite par l'air comprimé pour les treuils, les perforatrices et les petits ventilateurs, par l'eau sous pression pour l'épuisement et les taquets hydrauliques, et par l'électricité pour les ateliers. L'énergie électrique est produite par un alternateur à courants triphasés de 600 volts.

La transmission électrique comprend dans les ateliers 4 moteurs d'une puissance totale de 50 chevaux, dont un à la forge, un aux ateliers mécaniques, un troisième à la charpenterie et un quatrième à la scie circulaire.

Le moteur de la forge actionne la foreuse, la cisaille, la foreuse radiale, la scie à froid, la meule et un ventilateur ; le moteur de l'atelier de mécanique met en marche la transmission du tour, la machine à raboter, les foreuses fixe et murale ; le moteur de la charpenterie commande la scie à ruban, la machine à affuter les scies et la meule ; la scie circulaire est actionnée directement par le quatrième moteur.

Dans les mines de charbon de Zamkerode, l'*Elektrizitäts Aktiengesellschaft* a installé une transmission de force motrice pour actionner une commande par chaînes d'une longueur de 320 mètres. Une dynamo Schuckert à courants continus de 20 ampères à 410 volts et 880 tours par minute transmettait l'énergie à un moteur de puissance semblable, situé à 263 mètres, tournant à 1150 tours par minute, et actionnant la roue motrice de l'engin. La même Société avait installé en 1891 une pompe électrique dans les mines d'Oelsnitz.

Une importante application de la transmission de l'énergie électrique a été faite également dans les mines de charbon de Bockwa, à Zwickau en Saxe. L'installation comprenait une machine à vapeur monocylindrique de 85 chevaux à la pression de 7 atmosphères et à 190 tours par minute, une dynamo Schuckert de 62 ampères et 500 volts pour la transmission de force motrice et une dynamo Schuckert à anneau pour l'éclairage donnant 75 ampères à 110 volts. L'énergie était transmise à une pompe centrifuge commandée directement par un moteur Schuckert de 24 ampères à 450 volts, soit 12,5 chevaux, et fournissant 1800 litres d'eau par minute à une hauteur de 17 mètres, et à deux autres pompes centrifuges commandées par des moteurs de 19,6 et 24,5 ampères à 480 volts et donnant chacune, à 48 tours par minute, un débit de 625 litres par minute à une hauteur de 60,5 mètres. Un quatrième moteur était utilisé pour la mise en marche d'une locomotive électrique.

Aux mines de Gelsenkirchen, un moteur électrique de 135 chevaux actionne un ventilateur Pelzer.

Parmi toutes les installations analogues, nous pouvons citer les suivantes : 1 moteur de 100 chevaux pour ventilateur à Zeche Vereinigte Hagenbeck, Altendorf, 1 moteur de 30 chevaux pour actionner une machine à glace, 7 moteurs d'une puissance totale de 300 chevaux à Gutehoffnungshütte, Aktienverein für Bergbau und Hüttenbetriel à Obernhausen, 2 moteurs de 28 chevaux pour grues à Neu-Obernhausen, 1 moteur de 60 chevaux pour ventilateurs à Bergwerksgesellschaft Vereinigter Bonifacius Kray, 1 moteur de 20 chevaux pour trans-

missions à Gelsenkirchen, 1 moteur de 12 chevaux pour
tours et machines à percer aux mines de MM. E. Haas
et fils à Neuhoffnungshütte, 4 moteurs de 44 chevaux
pour pompes centrifuges à l'Aachener Hütten Aktienverein Esch (Alzette), etc.

e Installations en Belgique.

Les installations électriques sont aussi très nombreuses
dans les mines de Belgique ; on y rencontre les divers
appareils dont nous avons déjà parlé plus haut et dont
nous parlerons plus loin encore, ainsi que des perforatrices. Les Fig. 105 et 106 nous font voir des modèles de
perforatrices verticales et horizontales que l'on utilise en
de nombreuses circonstances.

La Société *Electricité et Hydraulique*, de Charleroi,
s'est beaucoup occupée de la transmission électrique de
l'énergie dans les mines. Une des premières installations
a été faite aux charbonnages de Mariemont où l'énergie
produite au jour est envoyée dans la mine pour actionner des treuils entraînant des chaînes sans fin, des
pompes foulantes, etc. Tous les moteurs et appareils
électriques sont à l'abri du grisou, enfermés dans des
enveloppes hermétiquement closes, de forme et de di-
mensions telles que l'échauffement de l'air intérieur
puisse trouver un écoulement facile par rayonnement.
Le système de ventilation est tel que l'air frais pris dans
les galeries d'aérage est insufflé sous pression dans ces
enveloppes. La même Société a installé aussi en de
nombreux endroits des locomotives électriques de 40
chevaux, des pompes électriques de 10 à 500 chevaux.
Les perforatrices ont été également étudiées et on s'est

attaché à créer des appareils très réduits et très puissants, légers et robustes, de manipulation et de démontage faciles, et enfin simples et peu coûteux. Aux mines de Zalothna, en Turquie, la compagnie a employé des

Fig. 105. — Vue d'ensemble de perforatrices verticales.

perforatrices d'avancement montées sur truc, au nombre de 3, 6 ou 9. Tous les mouvements pouvaient se commander de l'arrière même du truc, au moyen de combinaisons de manivelles et leviers permettant de pointer les perforatrices. Un seul ouvrier pouvait conduire simultanément 3 forets, chacun d'eux pouvant percer des trous de 30 millimètres de diamètre dans une pierre très dure. La pénétration était environ de 10 centimètres par minute, avec une puissance seulement de 1 cheval électrique aux bornes de la perforatrice.

Fig. 106. — Vue d'une perforatrice horizontale sur le chariot.

Aux mines de charbonnage de Masse-Diarbois, à Ransart, on a transmis électriquement une puissance de 25 chevaux du lavoir, où se trouvait la machine à vapeur, à un treuil électrique placé dans la mine. L'installation comprenait une dynamo génératrice à courants continus Lahmeyer de 17,6 kw, à 660 volts, à 1 000 tours par minute, et un moteur électrique de 12,5 kw, à 625 volts, à 800 tours par minute. Le moteur électrique commande directement le treuil. Cette installation a donné des résultats très satisfaisants.

f. Installations en Suisse.

On trouve également en Suisse des installations électriques pour mines. La grande Société des ateliers d'Oerlikon, dont nous avons déjà parlé en plusieurs circonstances, a établi divers outils admirablement appropriés à cet objet, entre autres la perforatrice que représente la Fig. 107. Cette perforatrice est destinée aux travaux de mines ou aux tunnels. Un moteur à courants polyphasés est monté sur une tige horizontale que l'on peut déplacer à son tour le long d'un montant vertical. Ce moteur, par une série d'engrenages et de transmissions, met en mouvement une tige-support qui maintient le foret. Cet outil nous semble très pratique et de nature à fournir des résultats très satisfaisants.

g. Installations en Autriche-Hongrie.

Nous avons à mentionner plusieurs installations électriques dans les mines en Autriche-Hongrie.

A Anina, dans les mines de charbon de la Société austro-hongroise des chemins de fer de l'État, la maison Ganz et Cᶦᵉ, de Budapest, a installé un treuil électrique qui sert à tirer les charbons d'une profondeur de 250 mè-

Fig. 107. — Perforatrice électrique pour mines et tunnels (p. 216).

Fig. 108. — Vue d'ensemble du treuil électrique des mines d'Anina (p. 216.)

tres. La Fig. 108 nous donne une vue d'ensemble de ce
treuil électrique.

L'énergie électrique est fournie par une machine dynamo série commandée par une machine à vapeur de
10 chevaux. Le moteur électrique, qui tourne à la vitesse
angulaire de 680 tours par minute, actionne à l'aide
d'engrenages le tambour du treuil sur lequel s'enroule
la corde qui tire la charge. La vitesse de déplacement du
câble est de 60 centimètres par seconde, et la charge
maxima à extraire est de 250 kilogrammes.

L'énergie électrique a également été utilisée au puits
de Erzherzog Albrecht à Peterswald. Celle-ci est produite au niveau du sol dans un hangar spécial : une
machine à vapeur de 80 chevaux à 80 tours par minute
actionne un alternateur triphasé Siemens et Halske de
44 kilowatts à 500 volts et à 750 tours par minute.
L'excitation est fournie par une machine à courants
continus shunt, donnant 50 ampères et 110 volts à 1050
tours par minute. On a choisi les courants triphasés pour
avoir des moteurs sans balais et ne donnant aucune
étincelle dans l'intérieur de la mine qui est un peu gri-
souteuse. Les câbles sont isolés et portés sur des isolateurs en porcelaine. La Fig. 109 donne le schéma de
l'installation du treuil. L'énergie électrique est fournie
au moteur M qui, en charge normale, a une puissance de
25 chevaux à 475 volts et 736 tours par minute, mais
qui peut aller à 40 chevaux. Ce moteur actionne un arbre
de transmission P qui fait 380 tours par minute, et qui, à
l'aide de courroies croisées, met en mouvement le treuil
de traction. Celui-ci est formé de deux tambours, qui sont
actionnés par l'intermédiaire de deux transmissions à
engrenages par l'arbre de commande D. Un volant à

main B permet d'effectuer le démarrage du treuil ou de renverser le sens de son mouvement. Le mécanicien

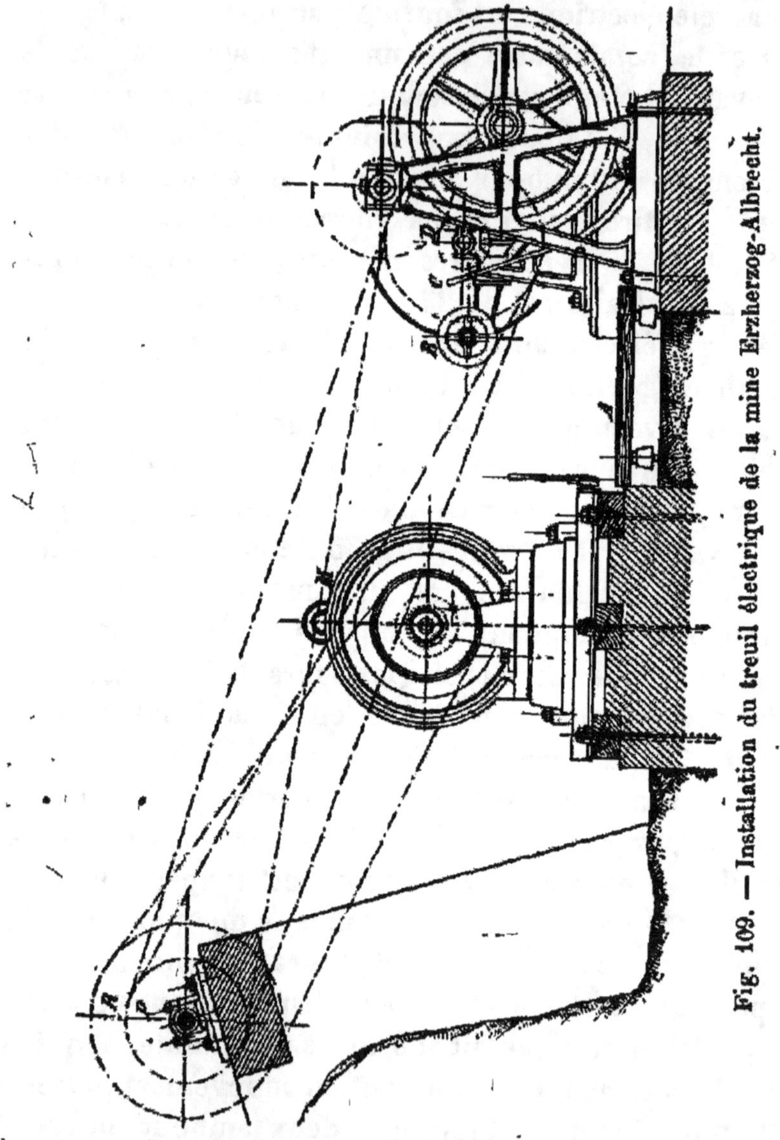

Fig. 109. — Installation du treuil électrique de la mine Erzherzog-Albrecht.

peut se placer sur une plate-forme A complètement isolée du sol pour effectuer toutes ces manœuvres. Ce treuil, sur un plan incliné de 14° et d'une longueur de 70 mètres, peut faire déplacer simultanément deux bennes de 990 kilogrammes, sous charge, et de 340 kilogrammes à vide avec une vitesse de 1,5 mètre par seconde. Dans une journée de 8 heures on peut donc extraire de la mine 2 500 quintaux. La longueur du câble de traction est de 650 mètres, les bennes sont fixées à 25 mètres de distance l'une de l'autre.

Pour éviter la formation d'étincelles, on a pris une série de précautions, notamment au moment du démarrage. On décharge d'abord complètement le moteur en poussant les courroies du treuil et du câble de traction sur leurs poulies folles respectives. On met ensuite le moteur en mouvement en envoyant le courant dans le circuit, et on le met en charge quand il a atteint la vitesse angulaire normale. Les appareils, tels que coupe-circuit, interrupteur sont renfermés dans des boîtes spéciales.

Une autre installation électrique a été faite pour une machine d'extraction à Hodritsch (Hodrusbanya, en Hongrie). Cette installation doit assurer l'extraction des minerais d'un puits incliné situé à 1 300 mètres de l'orifice de la galerie d'extraction. Une machine à vapeur de 20 chevaux actionne une dynamo à courants continus compound Siemens et Halske, donnant 26 ampères à 500 volts, à 800 tours par minute. L'énergie électrique est transmise par des câbles isolés à la machine d'extraction que représentent en coupe et en plan les Fig. 110 et 111. L'arbre des tambours porte un tambour fol et un tambour claveté ; il fait 10 tours par minute et est actionné par le moteur électrique à l'aide de deux engrenages faisant l'un 60 tours et l'autre 270 tours par minute.

Les roues R_1 et R_2 sont munies de dents en bois. Des freins à mâchoires B_1 et B_2 peuvent arrêter l'arbre des

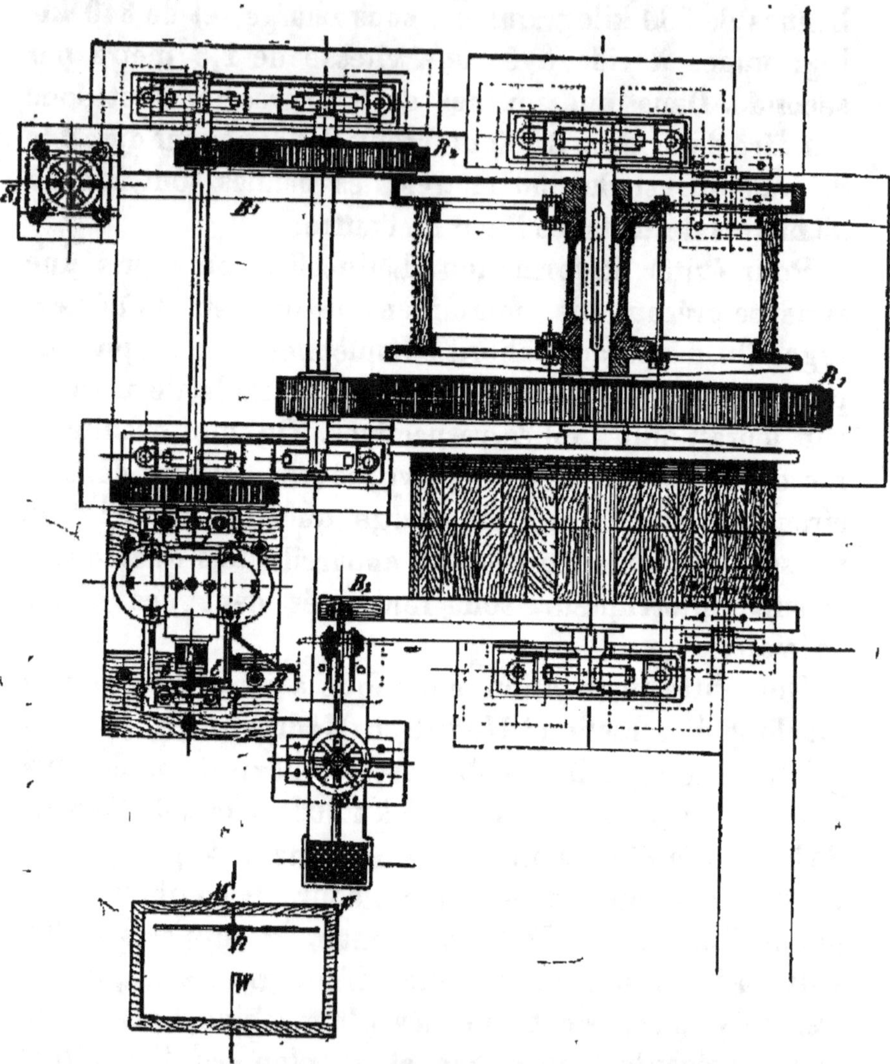

Fig. 110. — Vue en plan de la machine d'extraction électrique
de Hodritsch.

tambours. Le moteur électrique est un moteur série de
12 chevaux à 450 volts et à 1 000 tours par minute. Le

démarrage est obtenu à l'aide d'une résistance spéciale de réglage. La vitesse d'extraction est de 1 mètre par seconde ; le poids d'une benne chargée est de 900 kilogrammes le poids d'une benne vide est de 400 kilogrammes. L'intensité nécessaire pendant la montée d'une benne est de 10 ampères. Chaque montée exige 70 secondes, il faut 30 secondes pour manœuvrer les bennes. L'extraction est donc de 1 030 tonnes en 7 heures.

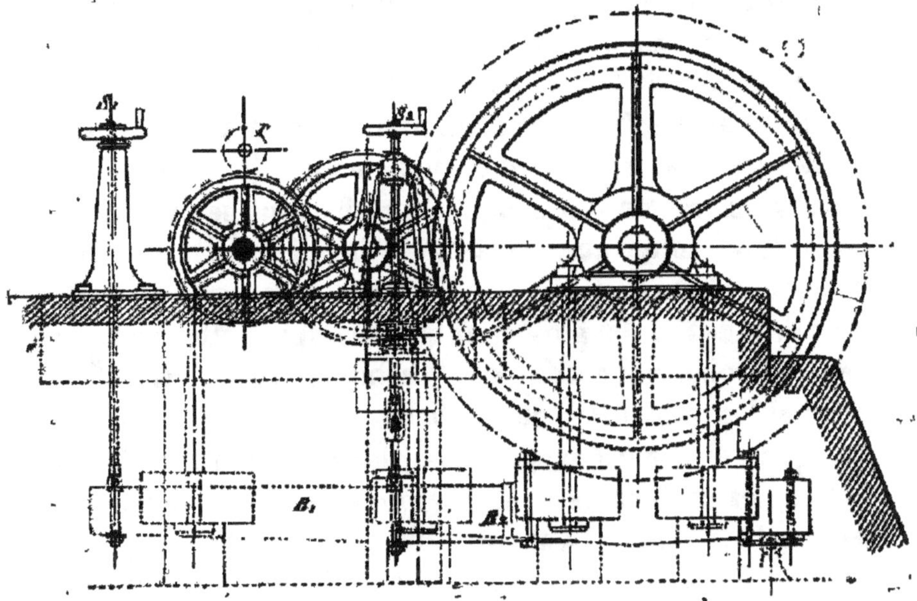

Fig. 111. — Vue en coupe de la machine d'extraction électrique de Hodritsch.

h. Installations diverses.

Dans les mines en Russie, la Société l'*Eclairage Electrique* a installé une transmission de force motrice pour épuisement de l'eau. La puissance de cette installation est de 200 chevaux ; elle dessert 4 pompes actionnées par des moteurs électriques et pouvant élever 12 litres d'eau par seconde à une hauteur de 150 mètres.

Nous n'avons pu réunir, en ce qui concerne les applications mécaniques de l'énergie électrique dans les mines, que les quelques renseignements précédents. Il est certain, et personne ne cherche à le contester, que l'électricité peut rendre les plus grands et les plus utiles services dans les mines, et d'une manière bien supérieure aux autres modes de transmission. Mais nous devons reconnaître également que son emploi ne doit pas être fait à la légère et sans étude approfondie des conditions locales, en raison des dangers qui peuvent se présenter. C'est sans doute aux hésitations inspirées par ces circonstances que l'on doit encore de ne pas enregistrer de plus grandes et de plus nombreuses applications ; mais l'énergie électrique offre des ressources variables à l'infini : si les moteurs à courants continus peuvent donner quelques étincelles dangereuses dans les mines grisouteuses, les moteurs à courants polyphasés n'ont pas de balais et ne donnent aucune étincelle. C'est là une particularité qui a déjà été vivement appréciée par les directeurs des mines et qui le sera encore davantage à l'avenir.

CHAPITRE III

APPLICATIONS MÉCANIQUES DE L'ÉNERGIE ÉLECTRIQUE DANS LA MARINE

Les applications mécaniques de l'énergie électrique ont pris depuis quelques années une très grande extension dans la marine. Il faut reconnaître que les circonstances locales étaient des plus favorables. Dès 1867 des expériences avaient été couronnées de succès pour l'installation de l'éclairage électrique des navires, et depuis cette époque de nombreux essais avaient été faits avec la machine magnéto de l'*Alliance* et dès 1873 par les machines Gramme. La maison Sautter-Lemonnier construisait aussitôt des machines et les adoptait à l'éclairage des navires. Cette innovation se propagea rapidement, et on peut dire qu'actuellement la plupart des bâtiments et navires sont pourvus de l'éclairage électrique. Nous n'avons pas à étudier ici tous les avantages que procura ce nouvel éclairage sur les modes d'éclairage usités jusqu'à cette époque. Nous constatons simplement le fait de l'introduction de l'électricité à bord des bâtiments. Nous allons maintenant envisager la question des application mécaniques.

A. — Généralités.

a. Distributions d'énergie électrique à bord des bâtiments.

Nous venons de voir que l'éclairage électrique à bord des navires avait été accueilli avec faveur dès 1883. Mais un navire est une immense cité flottante qui emporte dans ses flancs une cité ouvrière. Les matelots ont des besognes à remplir, des réparations à effectuer, des fardeaux à décharger, des eaux à rejeter etc. A côté de l'éclairage, il est donc nécessaire de disposer à chaque instant d'une source d'énergie mécanique. A cet effet, la vapeur, l'eau sous pression, l'air comprimé ont été canalisés, et ont rendu des services. Mais après les expériences de M. H. Fontaine en 1873, l'électricité est devenue la source d'énergie mécanique la plus commode et la plus facile. Dès que ces expériences furent connues, elles excitèrent à bord des bateaux un vif enthousiasme ; car il devenait possible désormais, avec une seule source d'énergie, d'assurer à la fois l'éclairage et les manœuvres diverses.

b. Avantages, économie, simplicité.

Il serait oiseux de dire que la place est limitée dans les navires, et qu'il convient de restreindre aux limites les plus étroites les emplacements nécessaires pour l'outillage mécanique, la production de vapeur, d'énergie électrique, etc. Il est certain, à tous ces points de vue,

que tous les avantages reviennent à la distribution d'é-
nergie électrique qui permettra de transmettre en tous
points l'énergie mécanique à l'aide de deux simples fils
d'un diamètre très faible. La pose de ces fils doit être
entourée de certaines précautions, il est vrai ; mais on ne
rencontrera pas les difficultés que présentent les tuyaux
de vapeur, d'eau sous pression, d'air comprimé, etc.
L'économie et la simplicité appartiendront sans aucun
doute au système électrique. Il serait, du reste, facile
d'établir à ce sujet des devis comparatifs.

e. Comparaison avec les autres modes de transmission.

Dans la transmission par la vapeur, le tuyautage est
lourd, encombrant, porté à une température assez élevée ; les fuites sont fréquentes. Ces mêmes inconvénients
se retrouvent avec l'eau comprimée. Les joints perdent ;
les appareils, pour bien fonctionner, doivent être constamment sous une pression élevée. L'air comprimé n'a
pas été employé jusqu'ici dans de nombreuses circonstances. Ce dernier système présente sur les autres l'avantage de ne pas donner de fuites apparentes, et de pas
échauffer la tuyauterie ; mais avec tous ces systèmes, il
faut installer des canalisations métalliques lourdes, encombrantes, difficiles à loger. Par suite, toutes ces installations sont très coûteuses et exigent un entretien
soigné.

Il est beaucoup plus facile d'établir une station centrale de distribution d'énergie électrique dans la salle
des machines ou dans une salle voisine, d'où l'on fait
partir des câbles isolés que l'on fixe contre les parois du
navire soit dans des moulures, soit sur des isolateurs

appropriés. Suivant les parties à desservir, les circuits
seront branchés sur la conduite générale, ou ils seront
distincts et partiront du tableau de distribution. Ces canalisations électriques n'exigent pas une dépense aussi
élevée que les canalisations métalliques dont nous par-
lions plus haut ; l'entretien en sera plus facile. Les appareils électriques alimentés offriront eux-mêmes de plus
grands avantages pour leur manœuvre, leur mise en
marche, leur arrêt, etc. Enfin, en pratique les accidents
seront autrement moins graves avec des conduites électriques qu'avec des ruptures de conduites de vapeur
ou d'eau sous pression.

d. Applications diverses possibles avec les transmis-sions électriques.

Les transmissions électriques dans les navires présentent encore cette supériorité incontestable qu'elles se
prêtent à toutes les applications : mise en marche de
machines-outils, treuils, cabestans, monte-charges, appareils de commande à distance, appareils de pointage
pour manœuvres militaires, actionnement des tourelles
cuirassées... etc. L'énergie électrique peut s'adapter à
toutes ces applications ; c'est là un autre avantage que
n'offrent pas les modes de transmission de l'énergie que
nous avons étudiés plus haut.

Ces applications sont multiples, et il importe de les
mentionner en quelques mots. Nous n'examinerons pas
la propulsion même des navires par les moteurs électriques, telle qu'elle est pratiquée sur divers bateaux de
plaisance, et sur les bateaux sous-marins, le *Gymnote*,
le *Gustave Zédé*, *le Goubet*, etc ; Cette question se rap-

porte surtout à la traction électrique ; mais nous distinguerons les 3 sortes d'applications suivantes :

1° *Applications pour commandes d'appareils généraux.*

2° *Applications pour commande d'appareils de direction.*

3° *Applications pour commande d'appareils militaires.*

Nous donnerons d'abord ici quelques indications généralisées sur ces diverses applications et nous en trouverons plus loin quelques exemples.

Par applications pour commandes d'appareils généraux, nous entendons l'utilisation des moteurs électriques pour la mise en marche des machines-outils, perceuses, foreuses, etc., des ventilateurs, des treuils, des cabestans, des monte-charges. Tous ces appareils sont de première nécessité ; il suffit d'avoir mis le pied sur un navire, même en simple voyageur, pour être convaincu de toute leur utilité.

La commande des appareils de direction dans un navire est chose importante. Le gouvernail doit être manœuvré avec précision par le pilote. Jusqu'ici cette direction se faisait avec un servo-moteur et nécessitait une transmission mécanique avec tringles et chaînes. Ce genre de transmission était sujet à avaries, telles que la rupture, l'allongement etc., et il pouvait en résulter de graves inconvénients : La commande électrique les supprime. Il suffit d'ouvrir et de fermer un interrupteur pour faire la manœuvre au moment précis, et pour donner à celle-ci la durée nécessaire. Un contrôle permanent de la marche des appareils est également possible.

Les applications pour la commande des appareils militaires sont également d'une haute importance. Cette question exigerait, du reste, une élude plus compétente, aussi nous contenterons-nous de les étudier sous quelques points de vue spéciaux. Sur un cuirassé, par exemple, il est nécessaire de faire mouvoir les tourelles cuirassées, de diriger le pointage, de charger les pièces avec de lourds projectiles au moyen de monte-charges. Il faut en même temps alimenter les canon-revolvers... etc. Au point de vue militaire, la transmission électrique permet aujourd'hui au commandant d'un navire, sans compter l'éclairage intense du projecteur pour découvrir l'ennemi, de se diriger vers lui, de pointer les pièces et de diriger le feu par la seule manœuvre d'interrupteurs disposés à cet effet.

Cette courte notice met en évidence les nombreux avantages que peut procurer à bord des navires une distribution d'énergie électrique ; nous allons voir maintenant quelques exemples d'installation.

B. — Exemples divers d'installation

Les installations complètes d'énergie électrique pour éclairage et force motrice ne sont pas encore très nombreuses ; mais elles augmentent chaque jour. Nous ne parlerons pas des installations d'éclairage seul : divers ouvrages ont déjà traité cette question.

La maison Sautter-Harlé, autrefois Sautter et Lemonnier est une des premières maisons qui se soient occupées de ces applications mécaniques à bord des navires.

Nous trouvons en premier lieu la ventilation électrique qui a été réalisée sur un très grand nombre de navires el, entre autres, sur le croiseur de 2me classe *Suchet* et sur le croiseur protégé de 1re classe *Dupuy-de-Lôme*. La Fig. 112 nous montre le modèle de ventilateur électrique installé sur ce dernier navire. Un moteur électrique de 2,4 kilowatts à 110 volts, placé sur le côté avec les appareils accessoires, actionne l'ailette du ventilateur qui peut fournir un débit de 10 à 11 000 mètres cubes d'air par heure à une dépression de 20 millimètres d'eau.

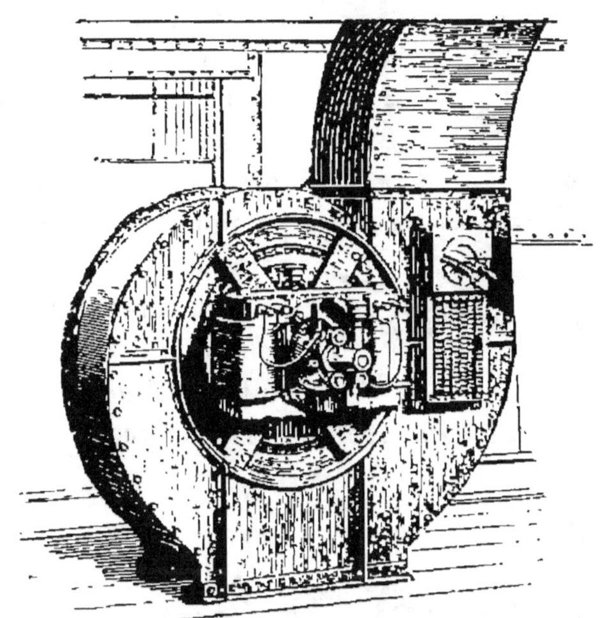

Fig. 112. — Ventilateur électrique à bord du croiseur *Dupuy-de-Lôme*.

Des perceuses électriques, semblables à celle représentée dans la Fig. 113 ont été placées à l'arsenal de Rochefort, à l'arsenal de Toulon et sur une série de bâtiments. Un moteur électrique de très faible puissance actionne un flexible qui vient commander le foret vertical que l'on aperçoit.

Les pompes électriques (Fig. 114) n'offrent pas grandes différences avec les pompes que nous avons déjà trouvées dans l'industrie, sinon qu'elles sont encore plus ramassées et plus compactes.

La maison Sautter-Harlé et Cie a fait depuis quelques années de nombreuses applications de transmission électrique de force motrice pour la propulsion des torpilles, la commande du gouvernail ou du servo-moteur du gouvernail, comme sur le cuirassé *Magenta*, le bateau sous-marin le *Gustave Zédé*. Sur le garde côtés cui-

Fig. 113. — Perceuse électrique.

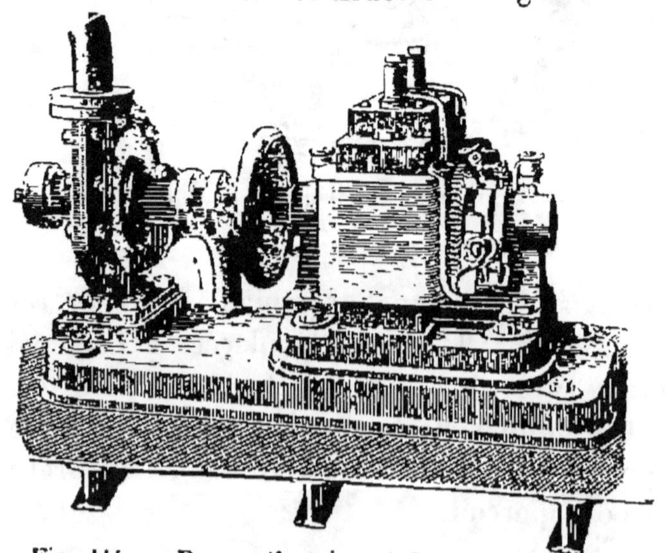

Fig. 114. — Pompe électrique à bord des bâtiments.

rassé le *Tonnant*, la tourelle cuirassée, les mouvements de la pièce, les appareils de chargement et les pompes des affûts hydrauliques sont asservis par des moteurs électriques. Le cuirassé chilien *Capitan Prat*, construit par la Société des Forges et Chantiers de la Méditerranée à la Seyne, a toutes ses tourelles commandées électriquement : les monte-charges pour projectiles sont aussi munis de moteurs électriques. Ces derniers appareils ont été étudiés par la maison Sautter-Harlé et Cie.

Nous ne pouvons étudier ici toutes les ingénieuses dispositions adoptées par la maison Sautter-Harlé pour les monte-charges, les treuils électriques, le pointage des tourelles, les monte-charges électriques pour canons à tir rapide. Ces questions sont bien spéciales, touchant à l'art militaire et nous entraîneraient loin de notre sujet. Elles ont, du reste, été traitées avec beaucoup de compétence par M. H. Leblond, professeur d'électricité à l'École des officiers-torpilleurs, dans son très intéressant ouvrage *Les moteurs électriques à courant* continu dans la *Bibliothèque du Marin*. Nous nous contenterons de faire remarquer que ces monte-charges, et treuils électriques, dont le fonctionnement a donné toute satisfaction, ont été installés sur un grand nombre de bâtiments de la Flotte, les cuirassés et croiseurs *Le Marceau*, *L'Alger*, *Le Magenta*, *L'amiral Baudin*, *l'Isly*, le *Milan*, le *Fleurus*, le *Suchet*, le *Surcouf*, etc.

La maison Bréguet, de son côté a fourni un très grand nombre d'appareils électriques à la marine, et principalement à la marine de guerre. Les principales applications mécaniques (nous ne comptons évidemment pas les applications d'éclairage et de projecteurs) ont consisté en des treuils électriques, des ventilateurs et des servo-moteurs. Nous allons donner quelques généralités sur ces divers appareils.

Les treuils électriques employés sont de puissances très variables : il y en a de 0,2 cheval pour des monte-escarbilles installés sur le *Brennus* et le *Tréhouart*, de 6 chevaux pour des monte-charges sur l'*Isly*, et de 16 chevaux pour des treuils destinés à manœuvrer des embarcations.

Tous ces treuils se composent d'un moteur à induit Gramme ; le système inducteur sert de base à tous les organes. La commande se fait soit par engrenages avec un arbre intermédiaire, soit par des vis tangentes et des roues hélicoïdales, soit par des galets et des roues de friction. L'arbre du tambour est muni d'un frein à bande, dont la manœuvre se fait au moyen d'un levier ou d'une vis de serrage. Ce frein est utilisé pour la descente à la main ou au moteur, et permet d'éviter une accélération exagérée. On a également disposé une roue à rochets et un cliquet pour éviter le retour en arrière du tambour en cas de rupture du courant ou de fausse manœuvre. Il est, d'ailleurs, possible de ralentir et de faire arrêter automatiquement. Nous ne pouvons donner la description détaillée de tous ces appareils, qui sont utilisés sur un grand nombre de navires et notamment sur l'*Isly*, le *Brennus*, le *Tourville*, le *Tréhouart*... etc.; nous nous arrêterons cependant sur quelques détails intéressants.

Dans la Fig. 115 nous voyons le schéma d'un treuil électrique pour monte-charge de 1 cheval. L'arbre porte-tambour est mis en mouvement par des roues d'engre-nage ; un arbre auxiliaire V porte la manivelle et un

pignon pour la manœuvre à bras. Ce treuil peut soulever un poids de 260 kilogrammes à la vitesse de
0,30 mètre par seconde. Il consomme une intensité de
22 ampères sous une différence de potentiel de 75 volts ;
son poids total est de 500 kilogrammes, sa longueur
verticale de 1,05 mètre et sa longueur horizontale de
1,55 mètre.

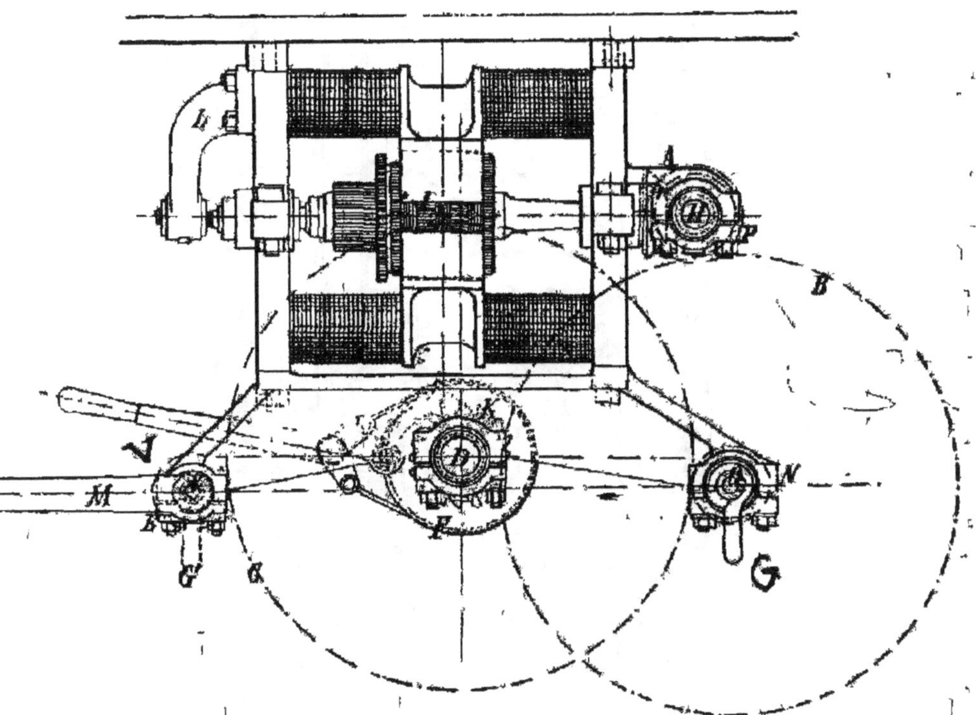

Fig. 115. — Schéma d'un treuil électrique pour monte-charge.

Les monte-charges pour munitions de canons à tir
rapide méritent de fixer un instant notre attention. Les
treuils employés peuvent soulever des poids de 200 à
400 kilogrammes avec des vitesses variant de 0,60 à
0,30 mètre par seconde, suivant la puissance de l'appa-

reil. La différence de potentiel utilisée est toujours de 75 volts et l'intensité varie de 24 à 41 ampères ; le poids de l'appareil est de 650 kilogrammes. L'appareil se compose d'un moteur électrique (Fig. 116) dont le système

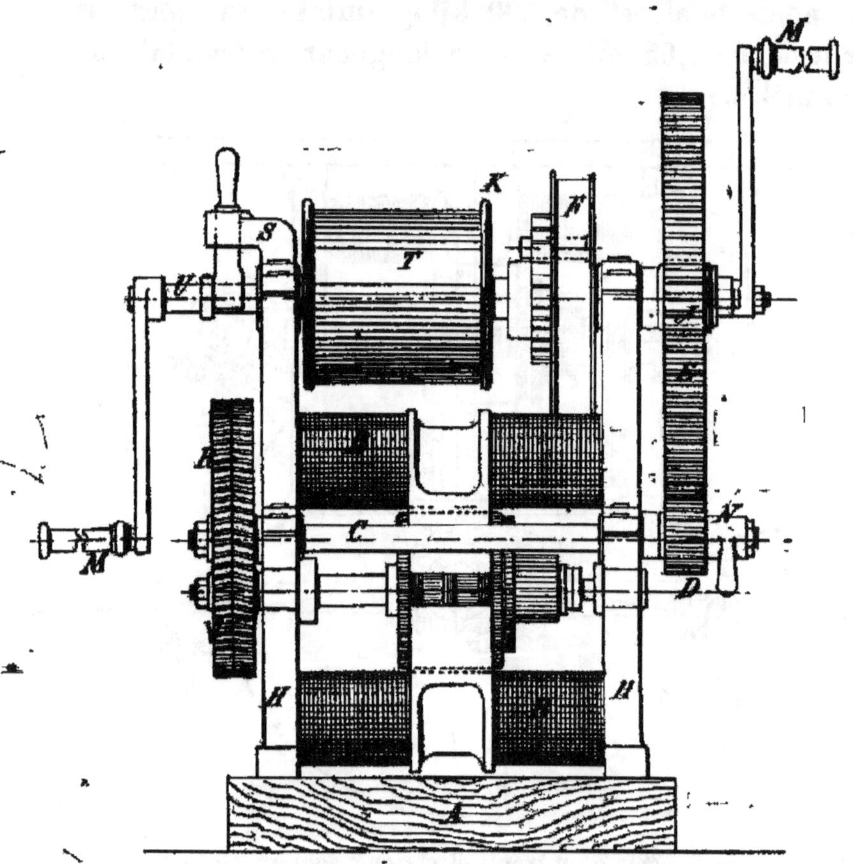

Fig. 116. — Treuil électrique pour monte-charge.

inducteur H,B sert de base à tous les organes du treuil. Sur l'arbre de l'induit est calé un pignon V commandant l'arbre intermédiaire C par la roue R. Ce dernier porte aussi le pignon D qui actionne la roue E fixée sur l'arbre du tambour T. Sur l'arbre U sont fixées deux manivelles

M pour la commande à bras. Pour la commande électrique le pignon J est débrayé de la roue E et se trouve maintenu par le débrayage S. Une série de connexions

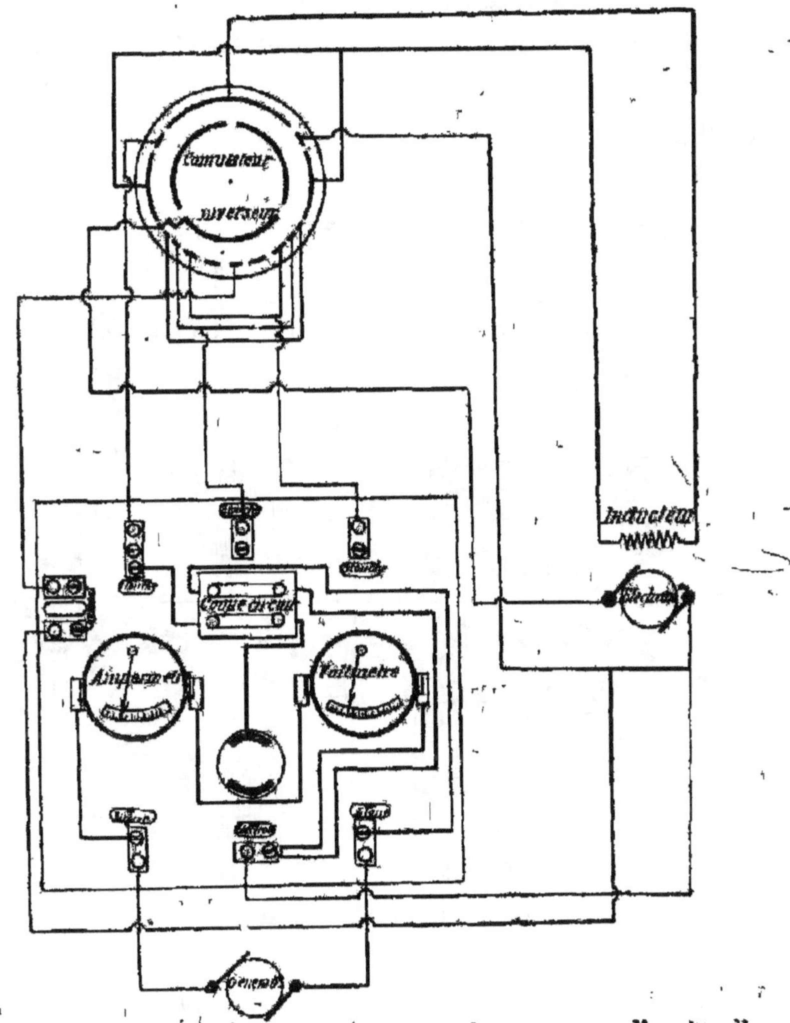

Fig. 117. — Schéma des connexions pour la manœuvre d'un treuil électrique.

et de liaisons ont été établies sur un tableau de distribution pour faciliter toutes les manœuvres. La Fig. 117

nous représente le schéma de toutes les liaisons entre la dynamo génératrice, le tableau de distribution et l'électro-moteur.

D'autres treuils, semblables pour les dispositions à celui que nous venons de décrire, permettent de soule-

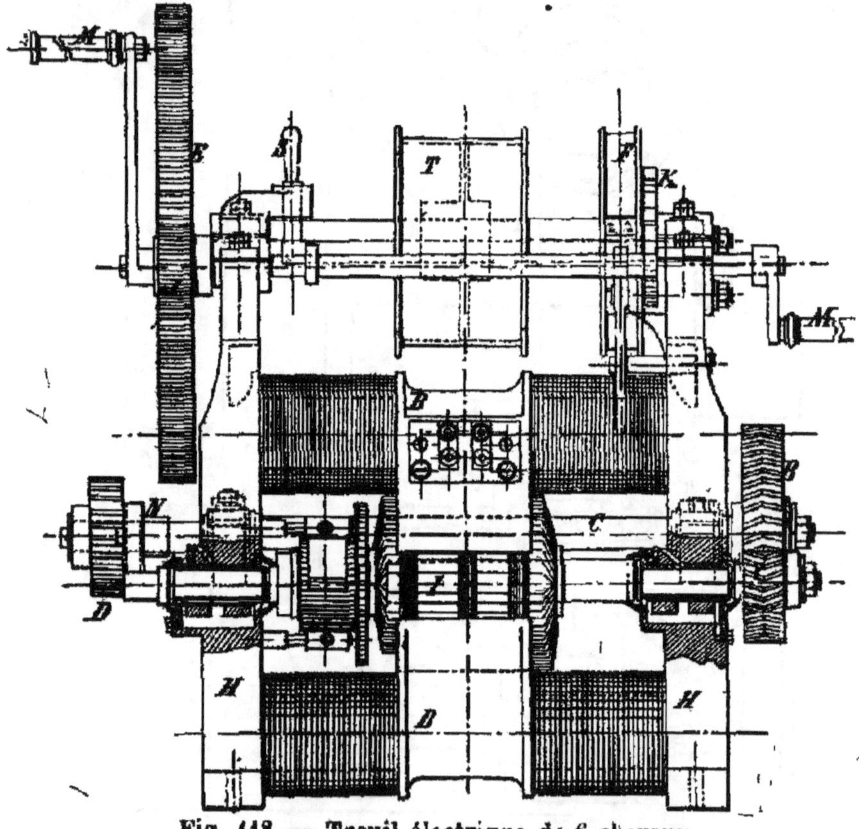

Fig. 118. — Treuil électrique de 6 chevaux.

ver des charges de 500 et 250 kilogrammes à des vitesses respectives de 0,45 mètre et 1,10 mètre par seconde en consommant 80 volts èt 50 et 55 ampères. Ces treuils pèsent 840 kilogrammes. Les treuils électriques pour mâts militaires peuvent élever des charges de 310 kilogrammes à la vitesse de 1 mètre par seconde avec une dépense de 66 ampères et 75 volts.

La Fig. 118 nous donne une vue intérieure des dispositions du treuil électrique de 6 chevaux. Ce treuil, d'un poids total de 1150 kilogrammes, consomme 80 volts et 90 ampères en élevant une charge de 500 kilogrammes avec une vitesse de 0,90 mètre par seconde.

Il existe enfin un autre modèle de treuil électrique et à bras pour la manœuvre des embarcations. Cet appareil peut marcher dans les deux sens à des vitesses variables ; il est muni d'un dispositif de sûreté pour empêcher le déviage dans les manœuvres. Ce treuil, d'une puissance de 16 chevaux, consomme 75 volts et 300 ampères ; il pèse 3600 kilogrammes et peut soulever une charge de 2000 kilogrammes à la vitesse de 0,40 mètre par seconde.

La maison Bréguet a également fourni pour les navires et la marine une série de ventilateurs électriques semblables à ceux que nous avons déjà signalés dans notre premier volume (p. 259). Les ventilateurs employés sur les navires peuvent se diviser en ventilateurs à hélices et en ventilateurs à force centrifuge. Les ventilateurs à hélices agitent l'air, l'aspirent du dehors mais ne le refoulent pas. Ils sont utilisés pour des débits inférieurs à 2000 mètres cubes par heure et la pression d'une colonne d'eau de 6 millimètres. Ces ventilateurs consomment des puissances électriques de 150, 450 et 750 watts. Pour des débits supérieurs à 2000 mètres cubes d'air par heure, la marine utilise des ventilateurs à force centrifuge. Ces appareils sont de puissances très variables et ont des débits de 2000 à 20 000 mètres cubes d'air par heure, sous des pressions de 20 à 35 millimètres d'eau.

Il sont utilisés sur un grand nombre de navires : le *d'Iberville*, le *Bugeaud*, le *Chasseloup Laubat* etc... Nous avons réuni dans le tableau ci-joint les principales données relatives au fonctionnement de ces divers appareils :

MODÈLES DE VENTILATEURS ÉLECTRIQUES BRÉGUET,
UTILISÉS DANS LA MARINE

Débit d'air en mètres cubes par heure	Pression en millimètres d'eau	Vitesse angulaire en tours par minute	Différence de potentiel en volts	Intensité en ampères	Diamètre du disque en millimètres	Diamètre de l'orifice en millimètres	Section de refoulement en décimètres carrés	Poids de l'appareil en kilogrammes
2 000	20	1 900	110	7,5	400	240	3,1	180
3 500	35	1 900	75	28	400	230	4,2	425
5 000	20	1 350	75	22	400	240	7,84	450
6 000	20	1 050	75	25	530	380	10	480
8 000	20	950	75	35	600	435	14,4	530
10 000	20	770	75	40	900	600	30	630
15 000	20	850	75	40	900	600	25	800
20 000	20	850	75	48	950	650	32	850

Enfin nous signalerons une disposition intéressante, utilisée par la maison Bréguet pour asservir par des moyens électriques la commande de divers appareils, soit machines à vapeur ou machines hydrauliques. L'appareil qui porte le nom de servo-moteur électrique comprend un manipulateur et inverseur disposés de façon à agir sur le circuit d'un moteur électrique afin de faire tourner celui-ci à droite ou à gauche, à la volonté de l'opérateur. Le manipulateur et l'inverseur sont montés sur le même axe. Le manipulateur est composé d'une série de touches circulaires et d'une manette ; sur un axe, la manette peut tourner folle avec l'inverseur composé d'un tambour sur lequel sont montés, isolés l'un de l'autre, 4 demi cercles et 4 cercles entiers. Les 4 premiers s'entre-croisent deux par deux et forment l'inverseur proprement dit ; deux des

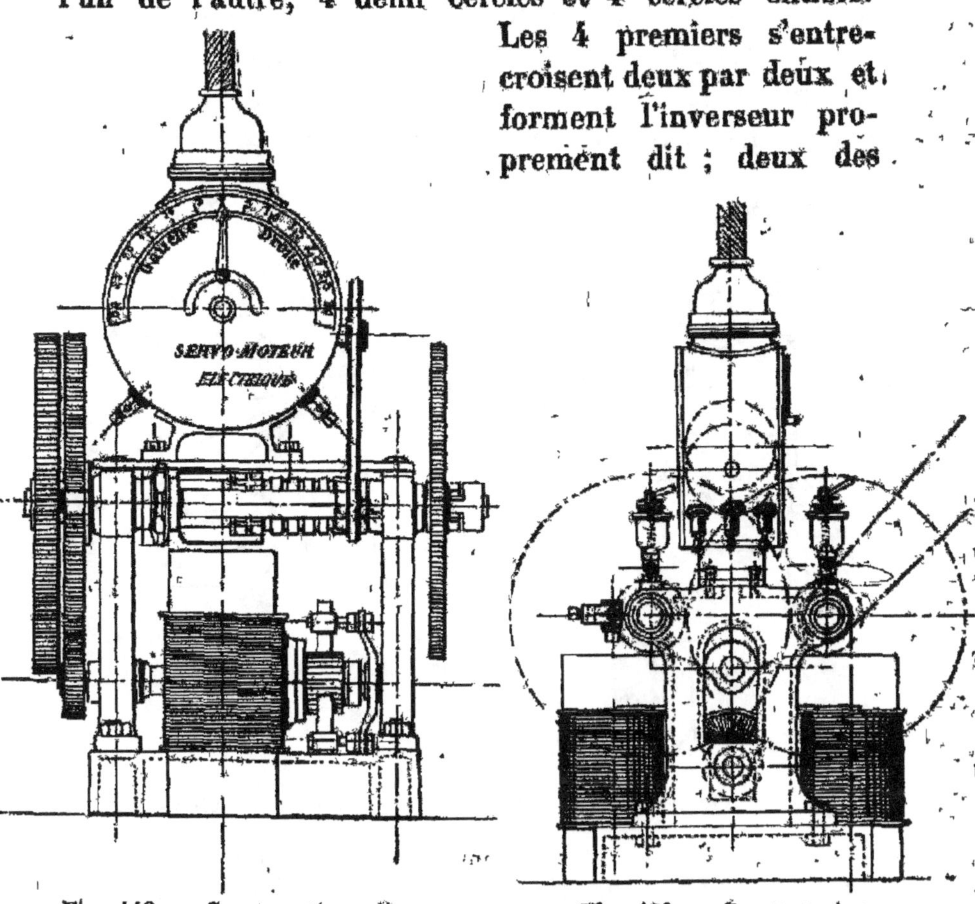

Fig. 119. — Servo-moteur électrique.

Fig. 120. — Servo-moteur
électrique.

cercles entiers communiquent avec les deux bornes de la dynamo génératrice et les deux autres avec les deux balais du moteur. Les figures 119 et 120 représentent la coupe longitudinale et la coupe latérale de l'appareil. La

Fig. 121 montre le schéma des connexions d'un servo-moteur électrique. Dans l'exemple choisi, un moteur électrique commande le volant d'un servo-moteur à vapeur pour la manœuvre de la barre d'un navire faisant un angle maximum de 30° par fractions de 5°. Ces dispositions sont assurées par 12 conducteurs reliés aux deux appareils au moyen de conjoncteurs.

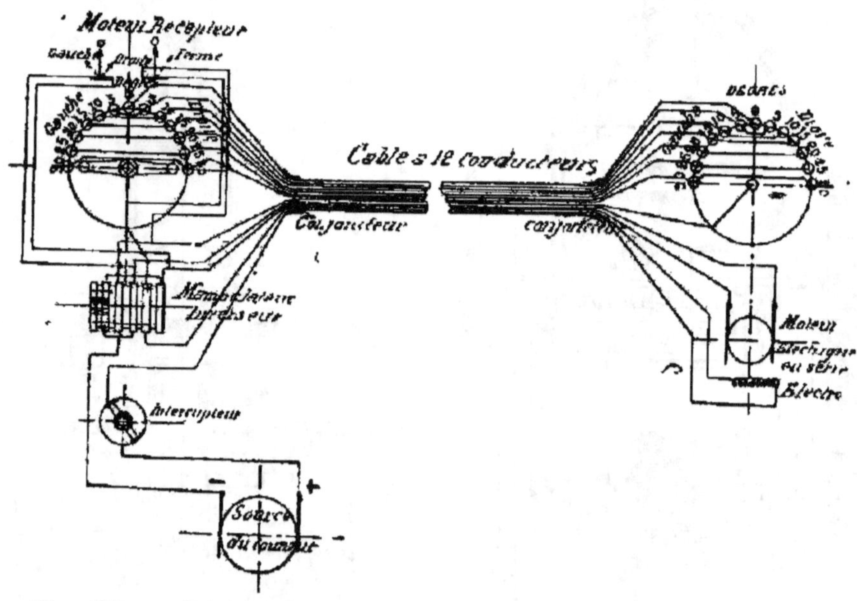

Fig. 121. — Schéma des connexions d'un servo-moteur électrique.

La Société Gramme a également fourni à la marine un grand nombre de ventilateurs électriques. Elle a adapté les moteurs électriques qu'elle construit à des ventilateurs Farcot. Les modèles sont très nombreux, nous n'en citerons ici que quelques-uns. Un modèle de ventilateur électrique, actionné par un moteur consommant 9 ampères à 75 volts et tournant à la vitesse angulaire de 800 tours par minute, fournit un débit de 3000

Fig. 122 et 123. — Ventilateur pour feu de forge.
Vue avant et vue arrière (p. 241).

Fig. 124. — Forge portative, à 2 tuyères,
avec ventilateur électrique (p. 241).

mètres cubes d'air par heure à la pression de 20 millimètres d'eau. Un autre modèle, donnant 6000 mètres cubes d'air par heure à la même pression, est mis en marche par un moteur de 14 ampères à 75 volts à 1000 tours par minute. Un ventilateur de 10 000 mètres cubes d'air par heure, toujours à la même pression, est actionné par un moteur de 25 ampères à 75 volts et à 800 tours par minute.

On sait combien sont importants à bord les ateliers de réparation. Il est donc nécessaire d'avoir des forges. La Société Gramme a disposé des petits ventilateurs spéciaux pour feux de forge, consommant 4 ampères à 110 volts à 2 200 tours par minute. Les Fig. 122 et 123 donnent une vue avant et arrière de semblables ventilateurs.

La même Société a construit aussi des forges portatives avec tuyères ; à l'intérieur se trouvent les ventilateurs avec les moteurs électriques. Ces forges peuvent se déplacer très-aisément. La Fig. 124 nous fait voir le modèle d'une forge avec ventilateur électrique de 3 ampères à 110 volts. On aperçoit sur le côté en avant le collecteur avec les balais du moteur ; l'interrupteur est en avant. Un modèle, semblable à celui-ci, mais consommant 7 ampères à 110 volts, fournit un débit de 7 mètres cubes d'air par minute à la pression de 100 millimètres d'eau.

Nous ne citerons que pour mémoire les pompes électriques fournies à la marine par la Société Gramme. Ces pompes peuvent avoir des puissances variables de 0,1 à 6 chevaux et élever à 25 mètres de hauteur des quantités de 225 à 20 500 litres par heure ; divers autres modèles peuvent aussi être établis.

La Société L'*Éclairage Électrique* a fait également dans la marine un certain nombre d'applications mécaniques de l'énergie électrique. Nous avons déjà décrit dans notre premier volume p. 280 un cabestan électrique pouvant entraîner 2000 kilogrammes à la vitesse de 20 centimètres par seconde, et commandé à l'aide de vis tangente par un moteur de 75 volts et 125 ampères soit 9, 375 kw à la vitesse angulaire de 600 tours par minute. Ce cabestan a été utilisé pour le service de construction du « *Charlemagne* ». Citons également les treuils électriques, qui ont été construits pour le « *Magenta,* » et dont la Fig. 125 représente une vue d'ensemble. On aperçoit le moteur électrique commandant par engrenage le tambour du treuil ; sur le devant est le rhéostat de réglage qu'un jeune homme manie. Une pédale commande l'interrupteur.

La même Société a fourni au port de Cherbourg une pompe électrique représentée par la Figure 126. Cette pompe peut fournir en service normal 17 mètres cubes d'eau à une hauteur de 15 mètres, et en service d'incendie 17 mètres cubes à une hauteur de 40 mètres. La vitesse angulaire de la pompe est de 140 tours par minute. Le moteur électrique consomme à 80 volts en service normal 20 ampères, et en service d'incendie 50 ampères. Mentionnons enfin un treuil escarbilleur mû par un moteur électrique de 800 watts. A la vitesse angulaire de 1100 tours par minute, et pour une intensité de 10 ampères à 80 volts, ce treuil soulève un poids de 100 kilogrammes à la vitesse de 33 centimètres par seconde.

On a cité en particulier dans ces derniers temps l'installation des treuils doubles électriques sur le vapeur

Fig. 125. — Treuil électrique pour le *Magenta* (p. 242).

allemand *Darmstadt*. Ces treuils ont une force portante de 1 500 kilogrammes et la vitesse d'enroulement des câbles sur le tambour est de 0,6 mètre par seconde. Les moteurs électriques sont série, ont une puissance de 15 à 20 chevaux et tournent à 900 tours par minute. Ils sont enfermés dans une caisse en acier qui contient les bobines des inducteurs et les met à l'abri des chocs et de

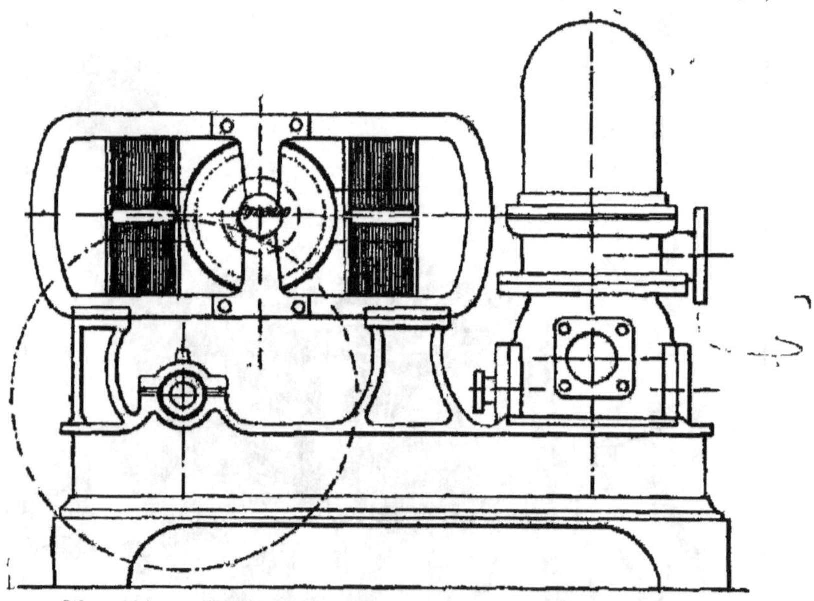

Fig. 126. — Pompe électrique construite par la Société *L'Éclairage Électrique.*

l'eau de mer. Pour trouver les balais et les collecteurs, il faut enlever 4 couvercles à fermeture à baïonnette sur la face avant du moteur.

Dans le bateau le *Prinz Heinrich*, on a utilisé un autre modèle de treuil électrique d'une force portante de 2 500 kilogrammes et avec une vitesse de déplacement de la charge de 15 mètres par minute. Le moteur électrique a une puissance de 15 chevaux à 450 tours par minute. Sur l'arbre prolongé de l'induit se trouvent des engrenages en cuir calés sur une douille en bronze. On peut par un équipage de roues dentées modifier la puissance et la vitesse du treuil, et lui faire soulever une charge de 900 kilogrammes à 40 mètres par minute.

Il nous resterait à parler ici des applications mécaniques de l'énergie électrique à l'art militaire, et notamment au pointage des canons, à l'armement etc. Cette question n'est pas de notre compétence ; nous mentionnerons toutefois l'installation électrique du Latouche, Tréville, due à MM. Canet et Hillairet-Huguet.

Telles sont les principales applications mécaniques de l'énergie électrique qui existent actuellement dans la marine française. L'éclairage électrique et les projecteurs occupent certainement la place la plus importante ; mais on y retrouve en grande quantité des moteurs électriques pour toutes sortes d'utilisations.

Des applications semblables ont également été réalisées dans toutes les marines européennes, en Angleterre, en Allemagne et dans la marine américaine. Nous n'avons cependant pas pu nous procurer des renseignements suffisamment complets pour traiter cette partie. Dans toutes nos investigations, nous avons omis à dessein la marine militaire.

CHAPITRE IV

APPLICATIONS MÉCANIQUES DE L'ÉNERGIE ÉLECTRIQUE DANS L'AGRICULTURE, A LA FERME, A LA CAMPAGNE

La nécessité d'utiliser la puissance mécanique dans l'agriculture s'impose de jour en jour en ce moment de crise agricole ; il faut aujourd'hui augmenter la production, et diminuer les dépenses d'exploitation en utilisant les engins mécaniques. Dans une ferme ce sont d'abord des machines de toutes sortes, hache-paille, concasseurs, broyeurs, coupe-racines, etc., qu'il faut mettre en mouvement ; dans les champs, c'est le labourage, le sarclage ; ce sont les faucheuses, les faneuses, les bineuses, etc. Tous ces appareils doivent être mis en marche par une source de force motrice qui, pour rendre de réels services, comme l'a fort bien dit M. Ringelmann dans l'excellent rapport qu'il rédigea au mois de mai 1894 à propos du concours des moteurs à pétrole à Meaux, doit être empruntée à des machines susceptibles d'être mises en pression rapidement et construites de telle façon que leur entretien soit peu compliqué et leur surveillance aussi restreinte que possible. Les machines utilisées jusqu'ici dans l'agriculture ont été les moteurs à pétrole et les moteurs à vapeur ; les applications mécaniques de l'énergie électrique peuvent être également de la plus haute utilité.

A. — Généralités.

a. Principe de l'utilisation de l'énergie électrique.

L'énergie électrique pourra dans une ferme rendre des services incomparables pour l'éclairage des bâtiments, des cours, etc., et ensuite pour alimenter des moteurs électriques. Il suffira d'installer dans une partie de la ferme une station centrale et d'effectuer la distribution de l'énergie électrique par câbles. Les uns seront établis à demeure, les autres facilement mobiles à volonté soit posés directement sur le sol, soit installés sur des supports à roulettes. Un chauffeur mécanicien conduira facilement la chaudière, la machine à vapeur et la dynamo, ou le moteur à pétrole et la dynamo. Des câbles iront alimenter des lampes et des moteurs électriques attelés à toutes sortes de machines faisant les opérations ordinaires à l'intérieur de la ferme. Les jours de labourage, il suffira de prolonger d'une façon provisoire la canalisation pour atteindre jusqu'à la charrue, quelquefois à 1, ou 2 km de distance. Si d'autres opérations se présentent, il suffira d'adopter les mêmes dispositions. S'il s'agit de dessécher rapidement une partie, un moteur électrique attelé à une pompe refoulant dans un tuyau spécial ou dans un autre bassin accomplira bientôt cette besogne.

L'énergie électrique pourra être plus utile encore lorsqu'il se trouvera dans le voisinage une chûte d'eau, une force motrice que l'on pourra emprunter à un barrage. La transmission électrique à distance de cette force motrice rendra possible son utilisation.

b. Avantages, économie, simplicité.

Il est certain qu'une source de force motrice réellement pratique est appelée à être appréciée dans l'agriculture. La solution électrique est certainement de toutes la plus avantageuse, la plus économique et la plus simple. Il est évident qu'avec un apprentissage de très faible durée, il est facile d'apprendre à manœuvrer un interrupteur pour la mise en marche ou l'arrêt d'un moteur, de même pour l'allumage et l'extinction. Et ce sont là les seules opérations que l'on puisse réclamer aux ouvriers employés dans la conduite des machines agricoles dont nous avons parlé plus haut.

c. Comparaison avec les autres modes de transmission d'énergie.

Si nous prenons des moteurs à vapeur, il en faudra plusieurs pour faire fonctionner les charrues, les broyeuses, etc., aux mêmes moments. S'il n'y en a qu'un seul, un seul travail pourra être fait à la fois. Il en résultera une très faible production de travail ; ce n'est pas là le but poursuivi par l'emploi des engins mécaniques en agriculture. S'il y a plusieurs machines, chacune nécessitera un chauffeur-mécanicien expérimenté, si l'on ne veut s'exposer à des catastrophes. Nous passons sous silence les difficultés que l'on pourra rencontrer en pratique pour aller en plein champ mettre en marche une pompe : les chemins ne se prêteront pas toujours à de pareils trajets.

Les moteurs à pétrole seront encore plus souples que les moteurs à vapeur ; ils offriront un encombrement moins grand, seront plus aisément maniables. Mais il sera toujours nécessaire de confier leur surveillance à un mécanicien exercé, quoi qu'on en dise.

Tous les inconvénients que nous avons signalés plus haut disparaissent complètement avec l'emploi de l'énergie électrique. Si nous établissons dans la ferme une station centrale à pétrole ou à vapeur, le chauffeur-mécanicien s'occupe uniquement de la conduite, de l'entretien et de la marche de cette usine. Il produit à chaque instant à l'usine l'énergie électrique qui peut être utilisée au même instant aux endroits les plus divers pour tous les travaux nécessaires. Si à certaines heures la consommation d'énergie baisse, ce mécanicien saura charger des batteries d'accumulateurs pour assurer l'éclairage ou la force motrice nécessaire pendant les temps d'arrêt de la machine.

On remarquera que dans cette dernière hypothèse les dépenses ne sont pas comparables avec celles dont il a déjà été question. Il serait également nécessaire de comparer le travail produit dans les 2 cas dans le même temps et pour la même dépense.

Si nous examinons ensuite le cas qui se présentera le plus fréquemment de l'utilisation d'une chute d'eau, les dépenses seront encore notablement diminuées, puisque le combustible ne sera pas à acheter.

d. Applications possibles de l'énergie électrique dans l'agriculture.

L'emploi de l'énergie électrique pourra faciliter dans l'agriculture toutes sortes d'essais qu'il n'a pas été possible de tenter jusqu'ici. En dehors de l'éclairage, nous avons surtout en vue les applications mécaniques sans nous arrêter aux essais d'électro-culture dont il a déjà été sérieusement question. Les moteurs électriques d'un volume restreint, d'un poids peu élevé peuvent être facilement transportés en tous endroits pour actionner des pompes, des scies pour couper le bois, etc. Peut-être une installation de ce genre, après avoir rendu de grands services dans la journée à la ferme, pourra-t-elle servir à l'éclairage du village voisin, du château, etc. Il peut surgir une quantité d'applications les plus variées, que nous ne pouvons même entrevoir en ce moment.

B. — **Exemples d'installation.**

On a déjà essayé à plusieurs reprises l'emploi de l'énergie électrique dans l'agriculture, d'abord pour le labourage mécanique et dans ces dernières années pour diverses utilisations. Nous allons examiner quelques-unes de ces installations.

a. **Installations en France.**

C'est en 1879 à Sermaize que MM. Félix et Chrétien firent, le 22 mai 1879, les premières expériences de labourage électrique en utilisant la puissance d'une locomobile à vapeur. Celle-ci actionnait une dynamo Gramme de 8 chevaux, et le courant produit était envoyé par des conducteurs aériens à des moteurs électriques placés chacun sur un chariot mobile respectivement à 460 et à 620 mètres de l'usine. Ces moteurs étaient établis aux deux extrémités d'un même côté du rectangle à labourer.

Chaque moteur actionnait un treuil monté sur un chariot, et sur celui-ci s'enroulait une corde qui tirait la charrue. Chaque moteur était successivement mis en marche pour tirer la charrue alternativement dans un sens et dans un autre. La charrue employée était une charrue Brabant double traçant des sillons de 0,30 mètre de largeur et de 0, 20 mètre de profondeur. La vitesse de déplacement était au maximum de 81 mètres par minute et au minimum de 50 mètres par minute. MM. Félix et Chrétien prouvèrent par divers essais que 50 pour 100 de la puissance de la machine à vapeur était transmis à la charrue. Ils montrèrent également qu'il était possible de faire cette transmission jusqu'à une distance de 2 kilomètres.

Ces premiers essais très remarquables pour l'époque ont été le point de départ de toutes les expériences entreprises depuis.

Quelques mois après, en octobre 1879, des expériences semblables de labourage électrique furent exécutées à Noisiel à l'usine de M. Menier avec des machines Gramme. La force motrice fut fournie par un barrage, et à une distance de 700 mètres environ, on creusa des sillons avec la charrue mue électriquement. Cette charrue, sur laquelle un spectateur se tenait, fit un travail équivalent à celui que donneraient environ 2 paires de bœufs. Ces essais furent entrepris par M. H. Menier pour démontrer qu'il était possible de faire marcher avec une vitesse de 1 mètre par seconde une charrue Fowler à 6 socs.

L'expérience de MM. Félix et Chrétien à Sermaize et de M. Menier à Noisiel soulevèrent d'abord une vive attention, puis pendant de longues années on n'entendit plus parler d'applications semblables en agriculture.

Ce n'est qu'en 1894, que MM. Menier firent établir par MM. Weyher et Richemond une installation électrique dans la ferme modèle située à 2 kilomètres de leur grande chocolaterie. M. Boucherot a fourni sur cette installation quelques renseignements techniques intéressants.

L'usine génératrice, qui sert aussi à la fabrique, se trouve à Noisiel ; la figure 127 en donne la vue intérieure. Elle renferme trois turbines de 200 chevaux à axe vertical, qui commandent par engrenage une transmission en l'air à arbre horizontal parallèle au plan des trois axes des turbines. Ces dernières utilisent une chute dont la hauteur varie entre 3 et 4 mètres, suivant les saisons. Une partie de la force motrice produite est envoyée à une ferme modèle distante d'environ 2 kilomètres.

L'alternateur est un alternateur Brown à courants diphasés de 50 kw, à 150 volts et 165 ampères à 600 tours par minute et à la fréquence de 40 périodes par seconde. L'excitatrice est une dynamo type Manchester donnant 90 volts et 15 ampères à 1800 tours par minute. Cet alternateur est à inducteurs fixes et induit mobile, à 8 pôles. La différence de potentiel au départ est élevée de 150 à 2 700 volts à l'aide de 2 transformateurs de 15 kw. Ces transformateurs sont formés par un noyau cylindrique en feuilles de tôle, sur lequel sont montées les bobines. Le circuit magnétique est fermé par un paquet de lames de tôles de fer, le tout plongé dans l'huile isolante. La canalisation d'une longueur totale de 2 kilomètres a une partie de 500 mètres souterraine, et une partie aérienne. Sur la ligne se trouvent des parafoudres servant à la fois de coupe-circuit et d'interrup-

Fig. 127. — Vue intérieure de l'usine génératrice de Noisiel.

teur, constitués par une petite pile de rondelles de zinc séparées les unes des autres par des rondelles de mica. Le milieu de la pile est reliée à la boite et la terre, et les deux extrémités avec les fils de la ligne. En ouvrant le couvercle, on coupe le circuit sur chaque pôle. Ces boites renfermant les paratonnerres sont fermées à clef et cette clef ne peut être à la disposition d'un ouvrier que si l'excitation de l'alternateur est coupée à l'usine. A l'arrivée à la ferme se trouvent des transformateurs semblables à ceux du départ et ils ramènent la différence de potentiel à 105 volts. Le circuit de distribution alimente 2 moteurs à courants diphasés de 12 et 15 kilowatts, et 1 moteur à courants alternatifs simples de 1 kw. Les moteurs de 12 et 15 kw sont asynchrones et à induit fermé mobile Le moteur de 12 kw actionne une batteuse montée sur rails (Fig. 128). On aperçoit sur notre figure le moteur placé à la partie supérieure avec la courroie de commande. Le moteur de 15 kw met en marche un laveur de betteraves avec élévateur, un coupe-racines et un hache-paille. La Fig. 129 nous montre une vue de cette installation. Le moteur de 1 kw est utilisé pour un treuil de levage pour bottes de foin. Le démarrage est obtenu en reliant les deux circuits en dérivation sur des bobines de self-induction qui sont montées elle-mêmes en dérivation sur les deux circuits. Chacune de ces bobines est subdivisée en un certain nombre de section sur lesquelles chaque circuit inducteur se branche en intercalant un nombre croissant de spires, à mesure que la vitesse angulaire augmente. Cette installation a donné jusqu'ici toute satisfaction.

De très intéressantes expériences de labourage électrique ont eu lieu au mois de février 1895 à Enguibaud, près Saint-Paul-Cap-de-Joux, dans le département du Tarn en se servant de la puissance d'une chute d'eau située dans le voisinage. Les essais ont été effectués par M. P. Tailhades dans la propriété de M. Félix Prat, à Enguibaud. L'auteur en a publié le compte-rendu dans

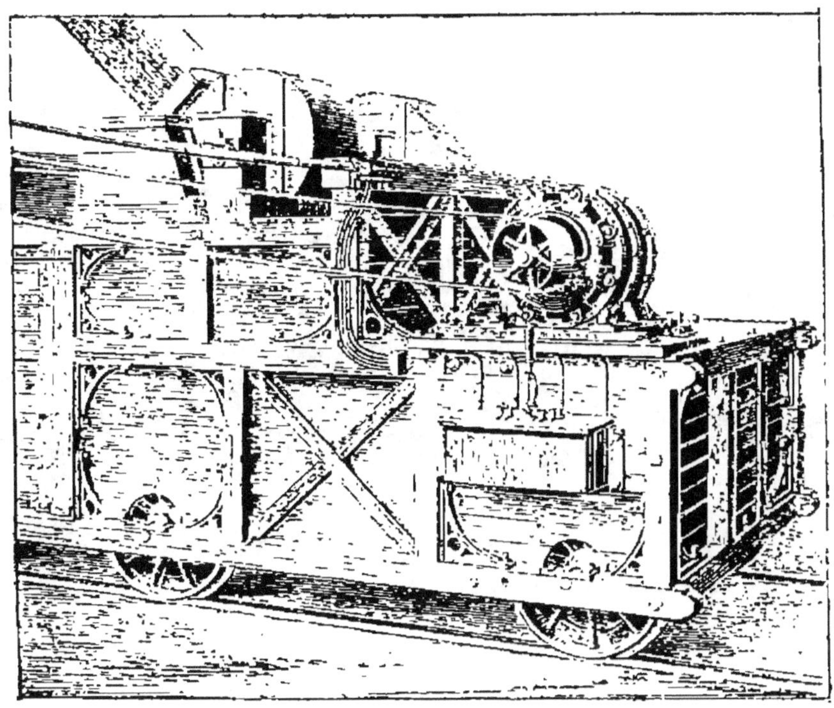

Fig. 128. — Batteuse sur rails actionnée par un moteur électrique.

le *Bulletin technologique des anciens élèves des écoles des Arts et Métiers*. La chute d'eau qui a été utilisée était celle d'un vieux moulin tombant en ruine. On fit différents travaux d'appropriation, et on installa une turbine à axe vertical, donnant une puissance de 30 chevaux sous une chute de 7 mètres de hauteur. L'eau était

Fig. 129. — Vue de l'installation d'un moteur électrique commandant divers appareils dans une ferme.

amenée à la turbine par un tuyau en tôle placé dans un canal maçonné. Une vanne en fonte placée en avant sur ce tuyau permettait d'arrêter l'eau pour visiter la cloche de - la turbine. Une grille convenablement disposée servait à retenir les feuilles ou corps flottants entraînés par l'eau. La turbine était munie de vannes à tabliers en cuir et à cônes d'enroulement que l'on pouvait facilement manœuvrer de la salle des machines soit à la main soit à l'aide d'un régulateur à force centrifuge afin de maintenir au moteur une vitesse angulaire régulière. L'arbre vertical de la turbine commandait par un engrenage d'angle un arbre horizontal portant 2 poulies et tournant à 325 tours par minute. Ces 2 poulies actionnaient par

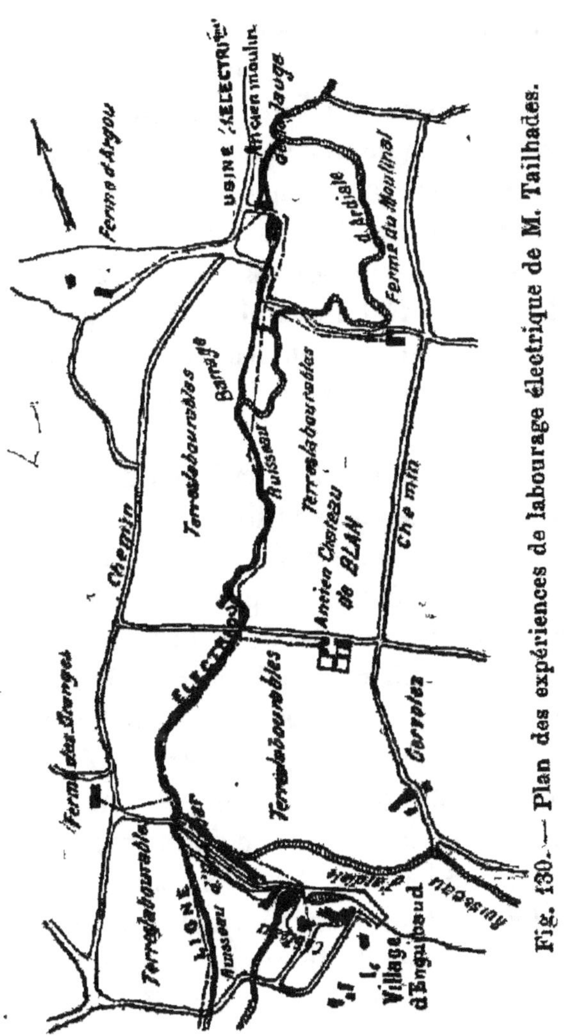

Fig. 130. — Plan des expériences de labourage électrique de M. Tailhades.

courroies la première dynamo type supérieur Gramme servant aux expériences d'une puissance de 15 kilowatts à 375 volts, 40 ampères et 880 tours par minute, et la seconde une dynamo pour l'éclairage de 3,6 kilowatts. Le propriétaire du chateau a désiré, en effet, faire en même temps des essais d'éclairage de son habitation, située à 1 600 mètres de l'usine. La salle des machines renferme également un tableau de distribution, avec tous les appareils nécessaires pour le réglage et la mise en marche. De l'usine partent deux circuits l'un destiné à l'éclairage, et l'autre aux expériences de transmissions de force motrice. La figure 130 nous donne un plan exact de l'emplacement où ont eu lieu les expériences. On voit le village d'Enguibaud, le tracé de la ligne électrique et la situation de l'usine électrique.

Les canalisations sont aériennes et en cuivre nu porté par des isolateurs en porcelaine. On a utilisé, pour maintenir les isolateurs, de gros peupliers que l'on a fait couper à une hauteur de 7 mètres. La puissance électrique était transmise à un moteur de 13 kilowatts, consommant 40 ampères et 325 volts à la vitesse angulaire de 700 tours par minute. Ce moteur commandait à l'aide d'un pignon et d'une roue dentée à chevrons, l'arbre d'un treuil tournant à 200 tours par minute. Sur cet arbre étaient montés deux manchons d'embrayage à friction permettant d'actionner par deux harnais d'engrenages à chevrons les tambours sur lesquels s'enroulaient alternativement les câbles de traction et de retour de la charrue. En effet cette dernière à simple effet, à un seul soc, était déplacé le long du sillon à creuser à l'aide de câbles mis en mouvement par le treuil électrique et tournant à une extrémité dans une poulie à gorge maintenue par des amarres. La Fig. 131 donne une idée exacte de la disposition. En L se trouvait la ligne électrique avec les câbles F amenant le courant au treuil T. Le câble K maintenu par les amarres A' et D tirait la charrue C pour la marche de T en A, et le mouvement avait lieu en sens inverse pour la marche de A en T. Les sillons S étaient les sillons successivement creusés par la charrue électrique.

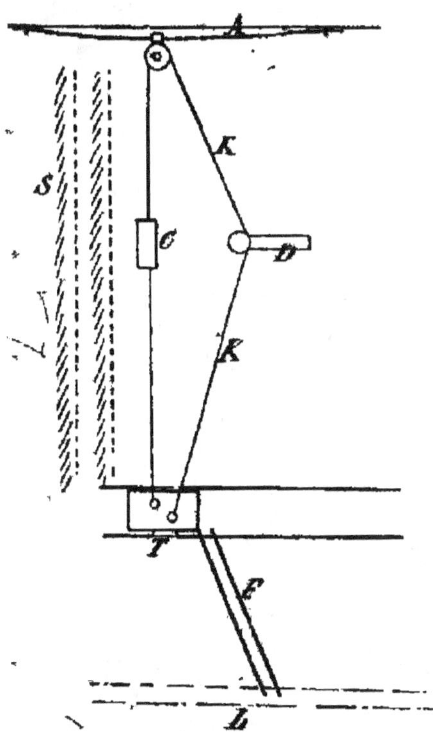

Fig. 131. — Disposition des câbles du treuil actionnant la charrue.

L'ensemble du treuil, comprenant les tambours, le moteur et un tableau de distribution avec rhéostat de rupture, était monté sur un bâti constitué par un cadre en fer à double T. La Fig. 132 donne une vue en coupe du treuil électrique avec tous les appareils de commande et la Fig. 133 nous donne une vue en plan du même treuil.

Tout le mécanisme se déplaçait facilement sur des rails, quand la charrue avait parcouru 3 ou 4 sillons. Les divers appareils électriques étaient enfermés dans une caisse en bois pour les mettre à l'abri des intempéries des saisons. La prise de courant sur la ligne aérienne était faite à l'aide de câbles isolés d'une longueur de 200 mètres et fixés à l'aide de griffes en cuivre,

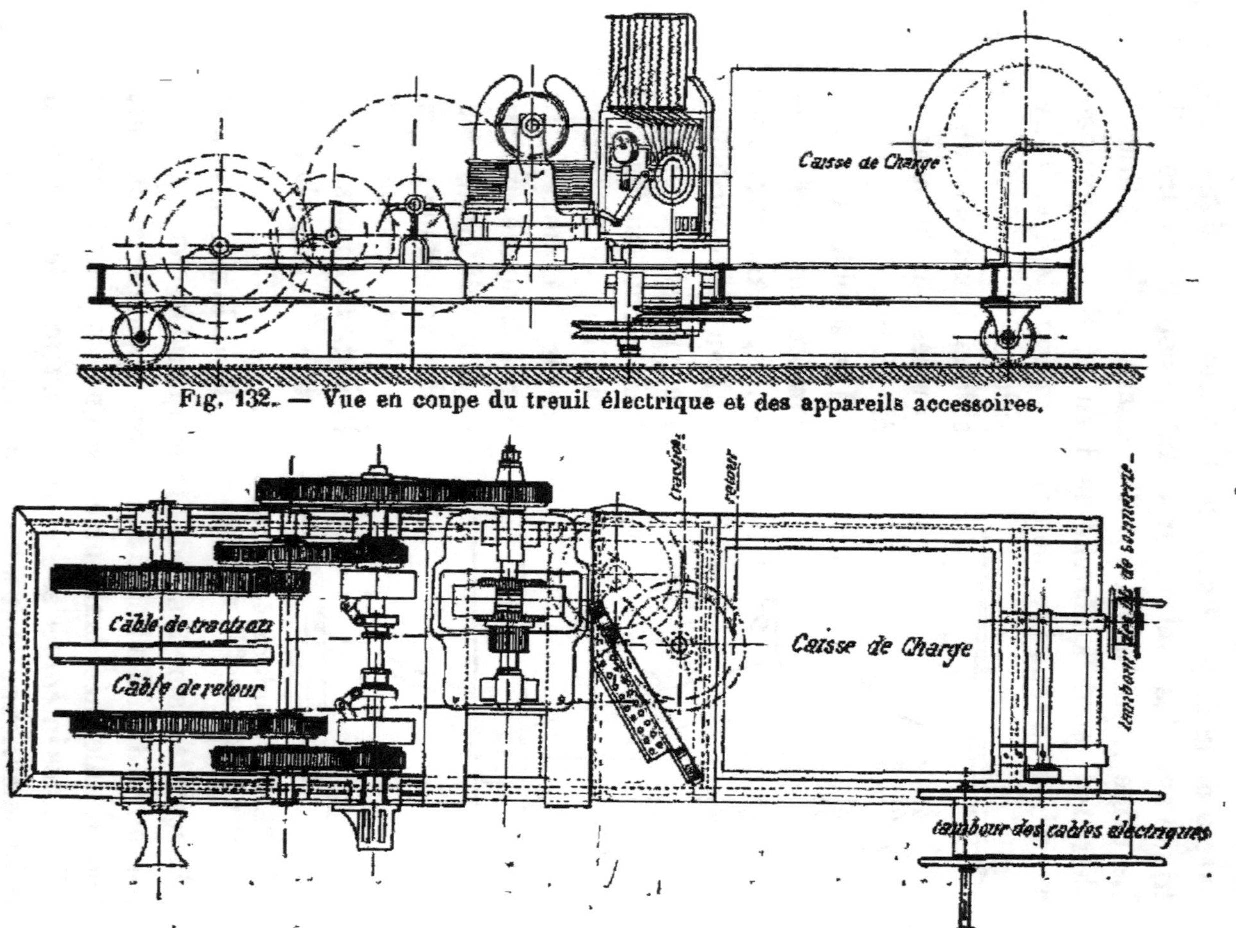

Fig. 132. — Vue en coupe du treuil électrique et des appareils accessoires.

Fig. 133. — Vue en plan du treuil électrique pour labourage.

Dans l'expérience dont il est question, le câble tracteur de la charrue avait une longueur de 250 mètres et celui de retour 550 mètres. Il était possible de faire le labourage à une distance de 450 mètres de chaque côté de la ligne électrique, soit environ sur 800 mètres de largeur et 1 800 mètres de longueur, sur une surface de 144 hectares. Une ligne spéciale de sonnerie mettait en communication le conducteur du treuil avec l'usine. Un téléphone a été également installé pour desservir le château.

Les travaux d'installations ont été commencés le 15 octobre 1894, et l'usine a été mise en marche le 15 janvier 1895. Mais les expériences de labourage n'ont été faites que le 22 février 1895.

Les principaux résultats ont été les suivants : La vitesse de la charrue creusant un sillon de 0,60 mètre de profondeur et de 0,50 mètre de largeur était de 26,50 mètres par minute ; à vide au retour elle était de 87 mètres par minute. La différence de potentiel et l'intensité étaient aux bornes de la dynamo génératrice de 376 volts et 35 ampères quand la charrue travaillait, et de 375 volts et 16 ampères à vide ; elles étaient respectivement de 325 volts et 35 ampères, et de 350 volts et 16 ampères aux bornes du moteur pour le travail ou le retour à vide. Le moteur marchant seul en actionnant l'arbre des manchons consommait 375 volts et 3,5 ampères. Le labourage avait lieu dans un terrain argilo-siliceux, humide et adhérant fortement aux roues et au soc de la charrue. D'après les résultats précédents, la surface labourée était de 400 mètres carrés par heure, soit 4000 mètres carrés par journée de 10 heures, avec des dépenses d'énergie électrique respectives de 13 et 131 kilowatts-heure.

En admettant une puissance de 21,8 chevaux sur l'arbre de la turbine, de 17,8 chevaux électriques aux bornes de la dynamo génératrice, de 15,5 chevaux électriques utiles aux bornes du moteur, et de 12,6 chevaux sur l'arbre du moteur, on trouve un rendement industriel de 57 pour 100, et un rendement de 71 pour 100 pour la transmission à distance et transformation de l'énergie électrique produite à l'usine en énergie mécanique disponible sur l'arbre du treuil.

L'installation électrique a été faite par M. Delgay, ingénieur électricien à Pau, et le treuil et la charrue à défoncer ont été fournis par MM. Pelous frères constructeurs à Toulouse.

Les résultats remarquables obtenus dans ces essais méritent d'être mentionnés et d'être pris en sérieuse considération par les agriculteurs.

La maison Jacquet frères à Vernon a eu l'occasion de faire depuis déjà un certain nombre d'années diverses applications mécaniques de l'énergie électrique.

En 1891, elle avait installé dans une ferme 2 moteurs pour actionner une marche à battre les grains et divers autres instruments d'agriculture. Dans une autre ferme, ils ont utilisé dans le même but une chute d'eau située à une distance de 500 mètres.

Il est probable qu'il a été fait en France beaucoup d'autres essais isolés ; ils ne sont malheureusement pas venus à notre connaissance.

b. **Installations en Allemagne.**

La question des applications mécaniques de l'énergie

15*

électrique en agriculture a été agitée récemment à plusieurs reprises en Allemagne.

Fig. 134. — Disposition générale des essais de labourage électrique à Hall.

Nous citerons d'abord les essais effectués en 1891 à

Fig. 135. — Vue de la machine dynamo sur chariot.

Hall par la maison Zimmermann. Dans ces essais, représentés par la Fig. 134 une locomobile de 8 à 12 chevaux actionne par courroie une dynamo à courants continus montée sur un chariot (Fig. 135). Ce dernier porte également un tableau de distribution avec tous les appareils de mesure et de manœuvre ainsi qu'un dévidoir pour dérouler les câbles de transmission. Les câbles électriques partant de la dynamo génératrice sont portés sur des petits chariots à 3 roues placés de distance en distance pour éviter leur frottement direct contre le sol. Le courant arrive enfin à la charrue électrique. Celle-ci

Fig. 136. — Vue de la charrue électrique.

(Fig. 136) se meut le long d'une chaîne fixe, ancrée aux deux extrémités des sillons à labourer. Un moteur, placé sur la charrue, actionne par une série d'engrenages les roues à empreintes qui font avancer la charrue. A une extrémité du champ, on fait basculer la charrue, on fait marcher le moteur en sens inverse et on revient en arrière. Les modèles les plus puissants sont munis d'une double série de socles fixés de part et d'autre des roues pour pouvoir faire labourer à la fois dans les deux sens. Dans les petits modèles, il y a deux socs avec un seul couteau. Cette charrue permet de labourer à une profondeur de 25 à 28 centimètres avec une vitesse de 70 mètres par minute ; on peut également aller à 40 centimètres de profondeur. Le moteur est installé directement sur le châssis ; le conducteur de son siège, peut commander la marche ou l'arrêt. Il peut aussi à l'aide d'un levier régler l'enfoncement des socles, suivant la profondeur du labourage. La charrue se remorque ainsi comme un bateau toueur dans une rivière sur la chaîne dont nous avons parlé plus haut, qui est tendue fortement à l'aide d'ancrages spéciaux dans toute la largeur du champ. Avant son passage dans les engrenages de la charrue, la chaîne est guidée par une poulie à gorge.

Divers essais ont été faits avec cette charrue, voici quelques résultats. La charrue à deux raies travaillant dans un sol argileux dur et collant, nécessite une puissance, de la part de l'électro-moteur fixé sur elle, de 12 chevaux (8800 watts). La génératrice du courant développe en nombre rond 15 chevaux. La charrue labourait deux sillons de 0,60 mètre de largeur sur 0,24 mètre de profondeur ; la traction de la chaîne était en moyenne de 650 kilogrammes, et atteignait parfois 700 kilogrammes. La vitesse de la charrue était de 0,90 mètre par seconde, ce qui représente une puissance utile de 8 chevaux. Le prix d'achat total de l'installation pour une charrue à deux socs étant d'une dizaine de mille francs, le prix de revient d'une journée de labourage à l'électricité est de 51, 25 fr., qui peut s'établir de la façon suivante :

Fig. 137. — Vue d'une batteuse actionnée par une locomobile électrique (p. 265).

Salaire d'un chauffeur . . . .   4,50 fr.
  »   de deux hommes   6,30
  »   d'un jeune garçon   1,85
Charbon, 400 kilogrammes   11,25
Transport d'eau   6,25
Huile   3,75
Intérêt et amortissement . . . .   15, »
Entretien et réparation   2,50
                                                 ─────────
                                                  51,25 fr.

Dans une journée de douze heures, la surface labourée était de 2 hectares, le prix du labourage par hectare
était donc de 25 fr. 65, soit inférieur de plus de moitié à
ce que coûte le même travail fait par des bœufs. Ce dernier travail est en effet estimé dans le pays à 62 fr. 50
l'hectare.

Dans d'autres essais une locomobile de 11 chevaux
actionnait une dynamo donnant 110 volts et 60 à 80 ampères. A ce moment la charrue creusait deux sillons
ayant ensemble 60 centimètres de largeur et 24 centimètres de profondeur. L'effort de traction comme précédemment variait entre 600 et 700 kilogrammes. A une
vitesse de 0,90 mètre par seconde, la puissance utile
était de 7,8 chevaux. Il y avait donc dans la transmission de force motrice, et dans les frottements de la chaîne
dans les engrenages une puissance absorbée de 5,2 chevaux, soit 30 pour 100 de la puissance totale.

Les constructeurs ont fabriqué un autre modèle de
charrue pour labourer en 10 heures une surface de
5 hectares à une profondeur de 35 centimètres ; la puissance nécessaire est alors de 35 chevaux. Dans ce cas,
il faut une station centrale fixe avec transmission par
canalisation aérienne en divers points. On peut aussi
avoir recours à des trolleys spéciaux. Ce ne sont point

là des difficultés à considérer. La charrue employée pour ces dernières opérations a 4 socs au lieu de 2 ; toutes les autres dispositions sont semblables à celles que nous avons mentionnées.

Une autre expérience des plus intéressantes a été faite en 1894 par la maison Ganz et Cⁱᵉ pour établir dans le domaine de Ugarte Lowatell en Moravie une installation électrique complète pour tous les besoins de la ferme. La station centrale renferme une machine à vapeur de 30 chevaux actionnant une dynamo à courants continus de 35 ampères et 620 volts, avec régulateur automatique de tension Blathy. Cette station actionne en même temps une usine pour le travail du bois située non loin de là. De la station centrale partent deux circuits d'une longueur totale d'environ 10 kilomètres. L'un fournit la force motrice à un moulin à farine, à une ferme et à une laiterie ; le second alimente deux autres fermes séparées. Au moulin, qui est ordinairement mû par l'eau, le moteur n'est employé que pendant les époques de l'année où l'eau devient insuffisante. A la laiterie est affecté un moteur de 10 chevaux actionnant une pompe centrifuge et différents appareils de moindre importance. Dans chacune des autres fermes, un moteur de 10 chevaux est monté sur un truc mobile, abrité et construit de manière à protéger le moteur contre le mauvais temps. Cette locomobile électrique, est transportée d'une partie de la ferme ou des terrains dans une autre où elle est nécessaire pour donner le mouvement aux machines à battre, pompes, hache-paille. Le circuit électrique, consistant en fils de cuivre nus, supportés par des isolateurs en verre, contourne les pièces de terre. Au moyen d'un câble flexible, muni de joints pour établir la communication avec les fils et le manchon en caoutchouc pour empêcher les courts circuits, le courant peut être amené au moteur sur tout point où le service de celui-ci est nécessaire. La consommation du courant pour la laiterie, quand la pompe centrifuge et l'arbre de transmission fonctionnent, est de 8 ampères. Le moulin prend à peu près la même intensité tandis que la machine à battre réclame de 10 à 16 ampères selon le travail à effectuer. Les deux circuits sont constitués par du fil de cuivre nu de 5,5 millimètres de diamètre, et les supports par des poteaux et des isolateurs en verre. Les poteaux soutiennent également un circuit téléphonique reliant la station centrale avec les différentes sous-stations qui sont ainsi en constante communication les unes avec les autres. Lorsque, à l'automne, les grains sont battus, les trucs portant les moteurs sont rentrés dans la cour de chaque ferme et servent à actionner les pompes d'irrigation. Un de ces moteurs mobiles est utilisé pendant l'hiver pour fournir la puissance à une brasserie distillerie située près de l'une des fermes. L'emploi du moteur électrique dans le travail de la ferme offre plusieurs avantages sur celui des locomobiles à vapeur. Les véhicules des moteurs sont considérablement plus légers et par suite plus faciles à conduire d'un point à un autre. Aucun transport de charbon ni d'eau n'est nécessaire et on ne perd pas de temps pour la mise en marche. Il y a moins de risque d'incendie pour les meules de grains, de fourrages et les granges. Au point de vue économique, cette transmission électrique est avantageuse, car la génératrice étant située dans une usine à bois, les débris et les copeaux peuvent être utilisés et la dépense de charbon réduite dans de grandes proportions.

M. Brutschke a fait vers le milieu de 1895 devant le Club des agriculteurs de Berlin sur les applications de l'électricité à l'agriculture une intéressante conférence qui a amené diverses discussions importantes. Il a d'abord reconnu qu'il était nécessaire pour l'industrie agricole d'avoir recours aux puissances mécaniques, afin de réduire le prix de revient des produits agricoles. Parmi toutes ces puissances mécaniques, l'électricité est une des plus avantageuses. Les appareils à vapeur ne sont pas très économiques et ne conviennent qu'aux exploitations importantes. Les moteurs électriques sont d'un prix plus abordable et se prêtent admirablement à la division de la puissance. M. Brutschke donne 0 fr. 15 pour le prix de revient du cheval-heure électrique utile ; nous verrons plus loin que ces chiffres ont été contestés. Il donne également sur les prix comparatifs d'achat de matériel et d'installation, quelques chiffres qui ne nous semblent pas encore très nettement établis. Les dépenses d'amortissement et d'entretien ne sont pas encore très bien déterminées. En terminant sa conférence, M. Brutschke a beaucoup insisté sur les nombreux avantages de l'énergie électrique qui pouvait être employée à toutes sortes de travaux agricoles, mise en marche des batteuses, etc. L'électricité permettra l'emploi de petites pompes pour le déssèchement des terres ; on ne peut aujourd'hui employer des pompes à vapeur que dans des fermes et métairies d'une certaine importance. A Greifenhagen, en Poméranie, un fermier a pu installer une pompe électrique, avec une dépense quatre fois moins élevée que celle qui aurait été nécessitée par une pompe à vapeur.

La conférence dont nous parlons a d'abord été suivie

d'une discussion. M. le professeur Budde a reconnu tous les avantages de l'emploi de l'énergie électrique dans l'agriculture, mais il s'est prononcé contre l'emploi de câbles nus reposant directement sur le sol, et il a recommandé de bien protéger contre la poussière les moteurs électriques lorsqu'ils doivent actionner des batteuses.

M. Brutschke a donné comme résultat pratique qu'il était possible en 10 heures de labourer 4 hectares à 0,35 mètre de profondeur avec une dépense de 30 kilowatts-heure. En comptant toutes les dépenses de salaires du personnel, d'amortissement, d'intérêt, d'entretien, d'usure, etc., le prix de revient peut-être estimé à 25, 89 fr. par hectare. M. Ringelmann, ingénieur agronome français d'une grande valeur, a contesté les chiffres fournis par M. Brutschke et notamment la valeur de 0,19 fr. pour le prix de revient du kwh. Il estime que ce prix doit être porté à 0,36 fr. On arrive alors à une dépense de 38,62 fr. par hectare ; mais s'il est possible de labourer 6 hectares au lieu de 4 par jour de 10 heures, la dépense tombe à 25,76 fr. Ce prix ne serait pas différent de celui que coûte aujourd'hui le labourage à traction animale.

Ces diverses contestations prouvent que les agriculteurs ne sont pas encore bien fixés sur la valeur absolue des prix de revient. Mais ils sont tous d'accord pour reconnaître que le labourage à vapeur donne un rendement industriel de 25 pour 100, alors que le labourage électrique par charrue à touage donne un rendement de 50 pour 100 environ.

L'Elektrizitäts aktiengesellschaft, autrefois Schuckert et Cie a eu l'occasion de faire en Allemagne diverses applications mécaniques de l'énergie électrique ; nous pouvons en citer quelques exemples intéressants.

Dans la propriété de M. Amtsrat Ad. Strandes à Zehringen près de Coethen se trouve une installation électrique d'éclairage et de force motrice. L'installation comprend une locomobile fixe Wolf de 16 chevaux, avec alimentation d'eau provenant d'une pompe spéciale. La locomobile actionne par courroie une dynamo à courants continus de 16,5 kw à 720 tours par minute à 110 volts. Mais la différence de potentiel peut être portée à 160 volts pour la charge d'une batterie de 60 accumulateurs. La salle des machines renferme le tableau de distribution et tous les accessoires nécessaires. L'énergie électrique est fournie par canalisations aériennes à 2 lampes à arc placées dans la cour, 220 lampes à incondescence dans les bâtiments de la maison d'habitation et de la ferme et à divers moteurs dont voici les usages. Un moteur est attelé à une pompe à eau servant de réserve jour et nuit en cas d'incendie. Le circuit est branché sur les accumulateurs, et le moteur peut-être mis très rapidement en marche. Une locomobile électrique, formée d'un moteur électrique placé sur un chariot, d'une puissance de 16 chevaux sert à actionner une batteuse Garrett Smith et Cie. Sur le même chariot, à côté de la machine se trouvent tous les appareils nécessaires pour la mise en marche. Un couvercle permet de mettre le tout à l'abri de la pluie et de la poussière. Cette machine sert à battre tous les grains, blé, seigle, avoine. Les communications électriques peuvent être établies jusqu'à 300 mètres de distance. La Fig. 137 nous montre à droite la locomobile électrique montée sur son chariot, et à gauche la machine à battre.

Dans les greniers se trouve un moteur de 9 chevaux pour actionner les trémies et appareils nécessaires à la manutention des grains.

Un moteur de 2 chevaux actionne une machine à hâcher la paille, une machine à broyer la pâture, et une presse à écraser. La Fig. 138 nous représente une machine à couper la paille commandée par le moteur électrique, et la figure 139 un moulin à nettoyer le blé mis en marche par un moteur électrique.

Fig. 138. — Vue d'une machine à couper la paille commandée par un moteur électrique.

Un autre moteur de 3 chevaux sert dans la crêmerie à actionner une baratte et une pompe. Enfin dans la cuisine est installée un ventilateur électrique de $\frac{1}{15}$ cheval.

Cette installation a été faite au printemps de 1892, et a depuis fonctionné sans discontinuer.

Le comte Eckbrecht de Dürckheim-Montmartin a fait établir en 1892 dans son château de Fröschweiller une distribution d'éclairage et de force motrice. Il a utilisé à cet effet une chute d'eau d'une vieille fabrique à Liebfrauenthal à 3,5 kilomètres. L'usine génératrice renferme une turbine de 35 chevaux qui met en marche 3 dynamos. La moins puissante sert à l'éclairage de la salle des machines et de l'habitation du garde-forestier. Une des deux dynamos restantes sert à fournir l'énergie électrique au château et à une pompe électrique placée à une distance de 1 kilomètre. La ligne pour arriver au château d'une longueur de 3,5 kilomètres est établie en fils de cuivre nu sur isolateurs en porcelaine et poteaux. Il y a 2 fils pour

Fig. 139. — Moteur électrique actionnant un moulin à nettoyer le blé.

la transmission de l'énergie électrique, 2 pour les appareils de mesure à la salle des machines, 1 pour le service téléphonique, et 1 pour le paratonnerre. La différence de potentiel atteint 320 volts et l'intensité 34 ampères. A la station d'arrivée à Fröschweiller est installée une batterie de 120 accumulateurs Tudor pouvant desservir 200 lampes à incandescence de 10 bougies pendant 5 heures ou 280 lampes pendant 3,3 heures. De l'usine l'énergie électrique est distribuée dans la ferme pour

FIG. 140. — Scie horizontale électrique (p. 273).

actionner 2 moteurs électriques de 2 chevaux commandant une machine à battre, 2 machines à hâcher la paille et une scie. Ce dernier modèle de scie horizontale nous a semblé très intéressant, et nous le reproduisons dans la figure 140. Le moteur placé sur un socle roulant commande un système d'engrenages qui entraîne un arbre mettant en marche au moyen de leviers une scie comme le fait voir notre dessin.

L'alimentation du château en eau potable est assurée par une source située à 1 kilomètre. L'eau est amenée dans des bassins et élevée dans les réservoirs à une hauteur de 60 mètres au moyen de 2 pompes électriques commandées chacune par 1 moteur de 2 chevaux.

L'éclairage électrique du château est fait par un réseau à 3 fils desservant 500 lampes à incandescence et 8 lampes à arc. Dans l'intérieur du château se trouvent divers appareils d'utilisation électrique tels que allume-cigares, bouilloires, fers à repasser, appareils à faire le café et le thé, machines à coudre etc.

M. Brettschneider à Hoppenrade près de Mecklenburg a utilisé une chute d'eau pour faire actionner une turbine qui commande une dynamo Schuckert à 110 volts. L'installation comporte aussi une batterie de 60 accumulateurs Tudor, dont la charge est effectuée à l'aide d'un survolteur actionné par un moteur électrique. Sans nous arrêter sur tous les détails de cette installation, surtout en ce qui concerne les différentes manœuvres automatiques, nous dirons que l'énergie électrique est fournie à 170 lampes à incandescence pour l'éclairage, et à 2 moteurs électriques pour la commande de batteuses, scies, machines à scier le bois à brûler, pompes, et machines à couper la paille. Le nombre de lampes-heure annuel atteint 120 000, l'énergie fournie par les moteurs 22 000 chevaux-heure.

L'emploi de cette distribution électrique a permis de réaliser une économie annuelle d'environ 1 500 francs.

Nous citerons encore l'installation électrique de M. Oberamtmann Mankiewicz à Falkenrehde, établie pour desservir 220 lampes à incandescence, et 5 moteurs électriques dont 1 de 11 chevaux pour une machine à battre, 1 de 4 chevaux pour 1 machine à couper la paille, et 3 de 1/3 cheval chacun pour pompes. Cette installation, compris la locomobile a coûté 25 000 francs de première établissement.

Dans la ferme de Züschen près de Fritzlar, l'installation électrique, alimentée par une turbine hydraulique de 16 chevaux, dessert 6 lampes à arc de 4 et 8 ampères et 82 lampes à incandescence de 10, 16 et 32 bougies, ainsi qu'un moteur de 6 chevaux pour une machine à battre et un moteur de 2 chevaux, pour machine à couper la paille et une machine à nettoyer le blé.

A Tremsbüttel, près de Hambourg, dans la ferme de M. Hasenclever, un moteur à pétrole de 12 chevaux met en marche une machine électrique qui alimente 200 lampes à incandescence de 16 bougies, et 1 moteur électrique de 5 chevaux pour une machine à battre, 1 moteur de 1,2 cheval pour pompe, 2 moteurs de 0,3 cheval pour pompe et 1 moteur de 2,8 chevaux pour machines à laver le linge.

L'installation de M. Carl Gutzeit dans sa ferme de Klein-gnie (Ostpreussen) nous offre un exemple remarquable des avantages que peut offrir la transmission de l'énergie électrique. A 500 mètres de la ferme se trouvait une meule actionnée par une roue à eau, et dans la ferme on était obligé d'avoir une installation à vapeur pour la mise en mouvement de la laiterie, des pompes, et des machines à couper la paille. On a installé une machine dynamo sur la roue à eau, et on a remplacé la machine à vapeur par un moteur électrique de 8 chevaux. Une deuxième machine dynamo actionnée aussi par la même roue a permis d'alimenter dans la ferme 120 lampes à incandescence de 16 bougies.

Les exemples que nous venons de citer ne sont pas les seules installations établies par l'*Elektrizitæts Aktiengesellschaft*; mais il en est encore un très grand nombre de plus faible puissance 3-4 chevaux pour pompes, barattes, machines à couper, à hâcher, scies à bois, etc.

Ces quelques renseignements, encore sommaires, il est vrai, nous montrent cependant que l'énergie électrique commence à être utilisée dans les campagnes.

c. Installation en Autrtche-Hongrie.

La maison Ganz et Cie de Budapest a construit une machine spéciale électrique à abattre les arbres, qui est très employée dans les forêts de Galicie. On sait qu'il est difficile dans des forêts épaisses de faire pénétrer des locomobiles à vapeur pour actionner des scies ou machines à abattre. On peut parfois approcher la machine dans de larges allées, mais bien souvent l'arbre à abattre se trouve dans un fourré et il n'est pas possible d'avancer. Un appareil électrique de faible volume, et pouvant aisément se déplacer est alors de la plus haute utilité. C'est le cas de l'appareil que nous signalons, et dont les figures 141 et 142 représentent les vues en coupe et en plan. Un moteur électrique E est monté sur une plate-forme P

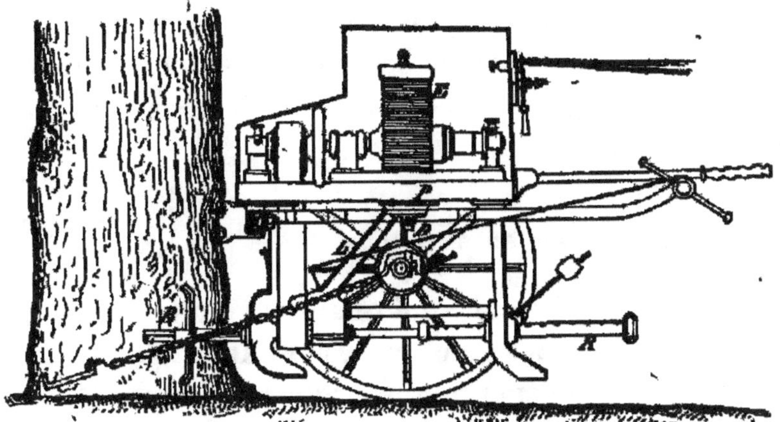

Fig. 141. — Vue en coupe de l'appareil électrique pour abattre les arbres, construit par la maison Ganz et Cᵒ.

qui se trouve elle-même supportée sur un chariot D à deux roues. La poulie du moteur, à l'aide d'ouvertures

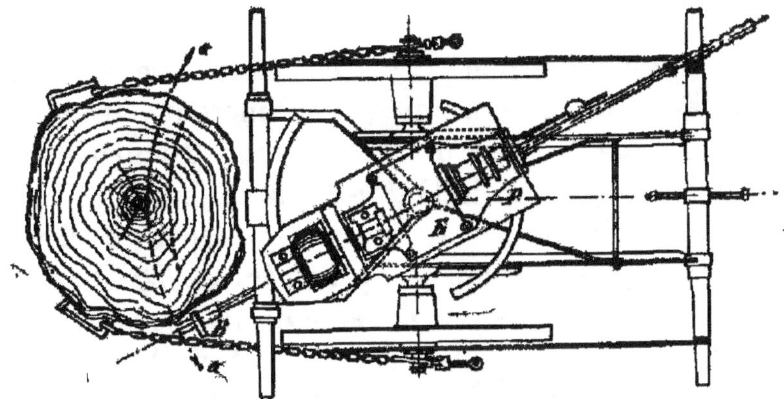

Fig. 142. — Vue en plan du même appareil.

spéciales ménagées à cet effet actionne par courroie un foret placé à la partie inférieure dans le sens horizontal.

Le moteur peut être déplacé ainsi que le foret à l'aide de leviers appropriés. On fixe d'abord l'appareil à l'arbre comme le montre notre figure. On met ensuite en marche le moteur électrique et on déplace le foret suivant les parties de circonférence pointillées. L'arbre peut être très rapidement abattu.

d. Installations en Amérique.

On nous a dit bien souvent que les exploitations électriques agricoles sont nombreuses en Amérique, et que dans bien des cas l'énergie électrique est empruntée par des dérivations aux lignes de tramways électriques passant dans le voisinage. Nous avons cherché à nous procurer des renseignements sur diverses installations de ce genre, et nous n'avons pu y parvenir.

e. Installations en Belgique.

Vers le mois de mai 1889, des essais de mise en marche d'une batteuse à l'aide d'un moteur électrique furent effectués à Chassart près Fleurus (Hainaut), par la Société anonyme d'électricité-hydraulique de Charleroi. Une machine à vapeur horizontale Hoyos à distribution par grande soupape équilibrée, de 20 chevaux actionnait par courroie une dynamo de 16 chevaux. Une ligne de 800 mètres en fil de cuivre de 6 millimètres de diamètre installée sur poteaux transmettait l'énergie électrique à un moteur électrique de 10 chevaux. Ce dernier commandait par courroie la machine à battre, qui ne cessait de travailler et de fournir d'un côté de la paille battue et de l'autre du grain complétement nettoyé.

Dans cet essai qui mérite d'être cité et mentionné, la machine à vapeur produisait une puissance de 16 chevaux, et la batteuse n'en recevait que 10 sur l'arbre. Le rendement industriel atteignait donc 62 pour 100.

Des essais ont également été faits par la même société en ce qui concerne le labourage électrique.

f. Installation en Italie.

Nous pouvons citer en Italie un exemple d'une ferme où l'électricité est utilisée pour toutes sortes d'usages. A Praforeano, dans la province de Frioul (Tyrol), une charrue électrique à 3 socs laboure 3 hectares en 10 heures à une profondeur de 22 centimètres à la vitesse de 70 mètres par minute. Un moteur électrique met en marche une baratte centrifuge et divers appareils de laiterie. Un autre moteur électrique est utilisé successivement pour mettre en marche la pompe de la fosse à purin, les machines à couper les pommes-de-terre, et diverses machines outils dans l'atelier de réparation. Le soir, l'éclairage est fourni à la ferme et aux rues du village.

L'installation comprend une roue hydraulique actionnant une génératrice de 18 chevaux, à 720 volts et 18 ampères. La ligne d'une longueur totale de 3 kilomètres consiste en un fil de cuivre de 4,5 millimètres de diamètre ; elle alimente un moteur électrique de 12 chevaux placé sur un chariot en fer à 4 roues, qui se trouve protégé par un toit. Sur ce chariot sont placés les interrupteurs, rhéostats et appareils de mesure. La ligne dont nous avons parlé plus haut est formée de deux parties : une partie fixe installée sur des poteaux et traversant le terrain de la ferme dans toute son étendue, avec une dérivation perpendiculaire vers le milieu, et une partie mobile composée de 500 mètres de ligne souple pouvant s'enrouler sur des bobines et se dérouler suivant les besoins. Les points d'utilisation de la charrue pouvaient ainsi se trouver dans un rayon de 500 mètres tout autour de la ligne installée à demeure.

g. Installation en Egypte.

Dans les premiers mois de l'année 1895, un projet a été mis en avant pour l'utilisation de la puissance hydraulique du Nil en Egypte à l'aide de transmissions électriques. Ce projet n'a pas encore reçu de solution ; mais il mérite de fixer l'attention. M. Prompt, administrateur des chemins de fer égyptiens, proposait la création dans le Nil, près d'Assouan, d'une chute artificielle de 15 mètres ; cette chute permettrait d'une part l'emmagasinement de 500 millions de mètres cubes d'eau pour l'irrigation et d'autre part fournirait une puissance de 40 000 chevaux-vapeur pour usines et fermes de la région.

h. Installation en Danemark.

Un fermier Danois a également fait une installation électrique pour commander une batteuse. Une machine à vapeur de 6 chevaux met en marche une dynamo qui envoie l'énergie électrique à 200 mètres de là à un moteur électrique qui actionne une batteuse. Cette disposition a permis de battre 5,6 tonnes de blé en une heure.

Dans ce chapitre, nous avons pu citer quelques exemples intéressants d'exploitations agricoles qui utilisent l'énergie électrique pour l'éclairage et la force motrice. Ces exemples ne sont pas encore très nombreux ; mais il est certain qu'ils le deviendront, dès que les ressources d'une distribution d'énergie électrique dans une ferme seront connues et appréciées. Il est évident, en effet, que les appareils mécaniques sont de plus en plus recherchés par les agriculteurs. Il suffit d'avoir visité les diverses machines agricoles, les locomobiles à vapeur et les moteurs à pétrole au concours agricole de 1896 à Paris, pour en être convaincu. Les avantages de l'électricité pour la transmission de l'énergie seront rapidement mis en relief.

CHAPITRE V

APPLICATIONS MÉCANIQUES DE L'ÉNERGIE ÉLECTRIQUE DANS DIVERSES INDUSTRIES

Nous avons réuni dans ce chapitre diverses applications mécaniques de l'énergie électrique qui n'ont pu trouver place dans les chapitres précédents.

Nous voyons d'abord que les compagnies de chemins de fer ont utilisé en de nombreuses circonstances la distribution de l'énergie électrique pour la force motrice dans les ateliers de réparations, pour diverses manœuvres dans les gares, etc. Sans examiner complètement tous les détails d'une question complexe, il était intéressant d'en étudier quelques parties.

Dans le chapitre III, relatif aux applications dans la marine, nous nous sommes contenté de passer en revue les applications faites à bord des bâtiments eux-mêmes. Mais à côté de ces applications, il en est un certain nombre utilisées à terre, et notamment dans les ports, où l'outillage mécanique doit toujours être perfectionné et amélioré ; il nous a paru nécessaire de décrire quelques installations remarquables.

L'énergie électrique a été employée en plusieurs circonstances dans les carrières, dans des établissements vinicoles, des observatoires, etc. ; notre étude devait également les mentionner.

Nous trouverons donc dans ce chapitre les divisions suivantes :

I. — **Applications mécaniques de l'énergie électriquedans les chemins de fer.**
II. — **Applications mécaniques de l'énergie électrique dans les ports de mer.**
III. — **Applications mécaniques de l'énergie électrique dans les carrières.**
IV. — **Applications mécaniques de l'énergie électrique dans divers établissements.**

Nous allons passer en revue successivement chacune de ces subdivisions.

I. — Applications mécaniques de l'énergie électrique dans les chemins de fer.

Les applications de l'électricité dans les chemins de fer sont nombreuses et nécessitent des études spéciales du plus haut intérêt ; nous citerons en particulier les appareils des signaux, de block-system, disques, etc. etc. Mais à côté de ces applications, nous en trouvons également d'autres qui nous intéressent tout spécialement. Dans notre premier volume p. 203 et suivantes, nous avons déjà fait connaitre les essais faits en 1883 à la compagnie des chemins de fer de l'Est à Paris pour la transmission électrique de la puisssance mécanique dans les ateliers, et nous avons décrit l'installation électrique des machines-outils que M. E. Sartiaux a fait établir dans les ateliers des services électriques de la Cie des chemins de fer du Nord à Saint-Ouen-les-Docks. Nous avons maintenant à faire connaître diverses autres installations intéressantes.

Nouveaux ateliers des chemins de fer de l'Est à Epernay.

La société Gramme a fait dernièrement une installation de moteurs électriques de diverses puissances dans les nouveaux ateliers des chemins de fer de l'Est à Epernay. La force motrice est fournie par une machine à vapeur à des dynamos de 110 volts qui alimentent la distribution d'énergie électrique. Les moteurs électriques utilisés sont au nombre de 24, dont 9 de 25,7 kw pour actionner les machines à aléser les cylindres et les machines à percer à flexibles, 2 de 0,1 kw pour ventilateurs de forges, 11 de 2,208 kw pour meules d'affutage et meuleurs doubles, 1 de 1,472 kw pour un ascenseur, et 1 de 0,736 kw pour une pompe à huile.

Grue électrique installée dans les chantiers à bois des chemins de fer de l'Est, à Romilly-sur-Seine.

On sait que les Cies des chemins de fer doivent toujours avoir en magasin de grandes quantités de bois pour satisfaire aux divers besoins, et doivent surtout en assurer le séchage en grande partie à l'air libre. Il est donc nécessaire de remuer des quantités considérables de bois et de les changer de place assez souvent. Cette manutention nécessite des organes puissants de levage. C'est à cet effet que la Cie des chemins de fer de l'Est a établi dans ses chantiers à bois de Romilly-sur-Seine la grue électrique vraiment remarquable qui est représentée dans la Fig. 143. Nous ne donnerons pas la description complète de l'appareil, dont on peut voir le détail dans notre dessin. L'ensemble de l'appareil repose sur des rails formant chemin de roulement. Les divers mécanismes pour les mouvements de levage, de déplacement du chariot, et de déplacement de la grue se trouvent dans une cabine établie sur le côté. Le levage et la descente sont obtenus par des vis sans fin commandées au moyen de trois engrenages coniques et de 2 cônes de friction. Le déplacement du chariot est commandé par vis sans fin à l'aide de deux chaînes de galle, placées de chaque côté de la chaîne de levage. Les chaînes dont il est question s'enroulent sur les pignons de commande qui sont montés à chaque extrémité de l'arbre de la roue à vis sans fin et sur des poulies de renvoi.

L'énergie électrique nécessaire au fonctionnement de la grue est fournie par une machine Gramme installée dans le bâtiment des moteurs de l'atelier de scierie, à une distance de 285 mètres. La ligne est formée de 2 câbles en cuivre nu portés sur isolateurs en porcelaine qui se trouvent maintenus sur des poteaux en fer spéciaux. On peut voir la disposition adoptée dans la partie gauche de la Figure. Le contact est obtenu à l'aide de crochets en bronze suspendus au-desssus de la cabine du mécanicien, tandis que le courant est transmis à un moteur Gramme installé sur la plate-forme supérieure. Tous les appareils de manœuvre, rhéostats et interrupteurs, sont réunis sous la main du mécanicien. Cette grue peut soulever un poids maximum de 8 000 kilogrammes à la vitesse de 1 mètre par minute et un poids inférieur à 4 000 kilogrammes à la vitesse de 2 mètres par minute. La largeur totale d'axe en axe des supports

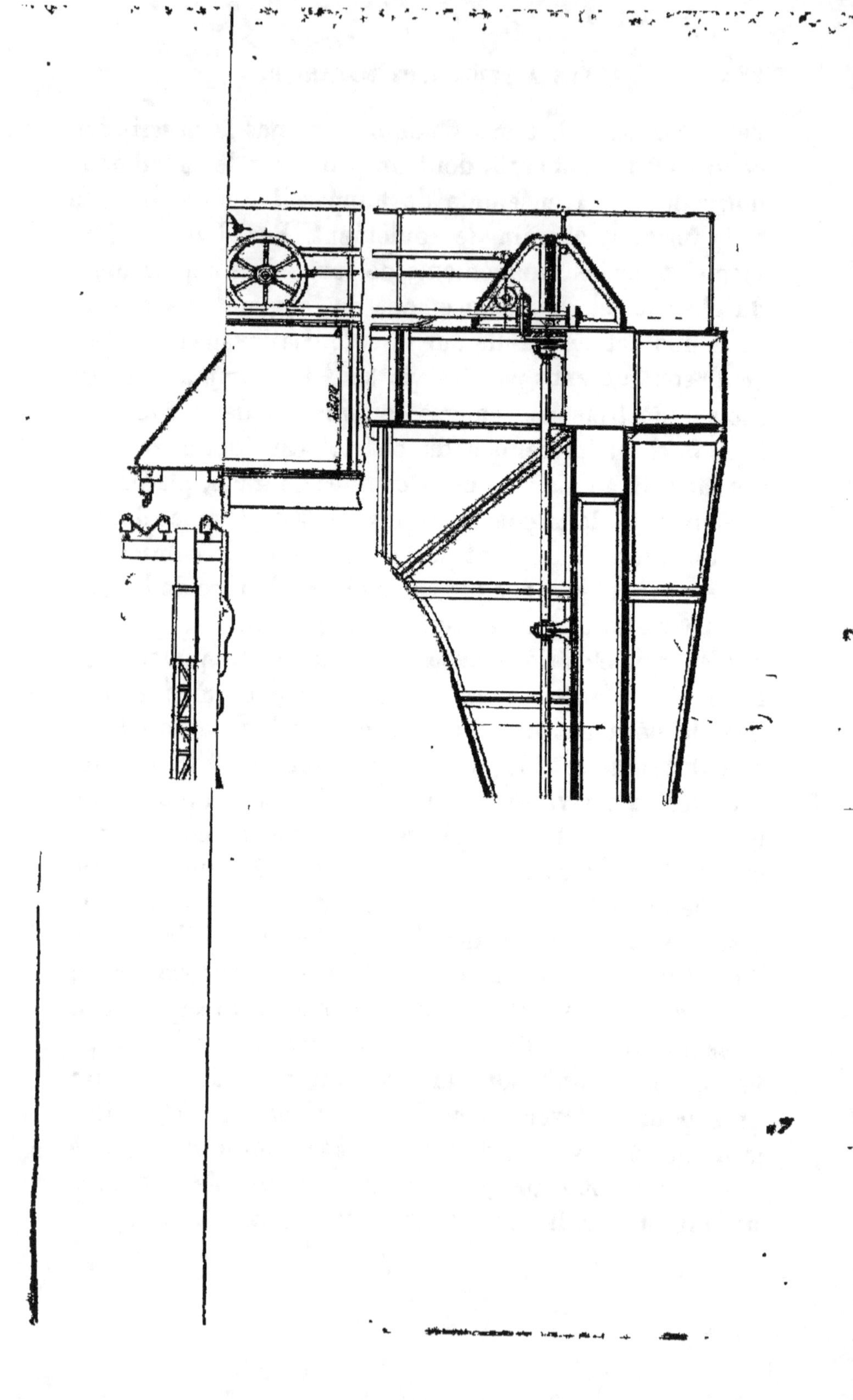

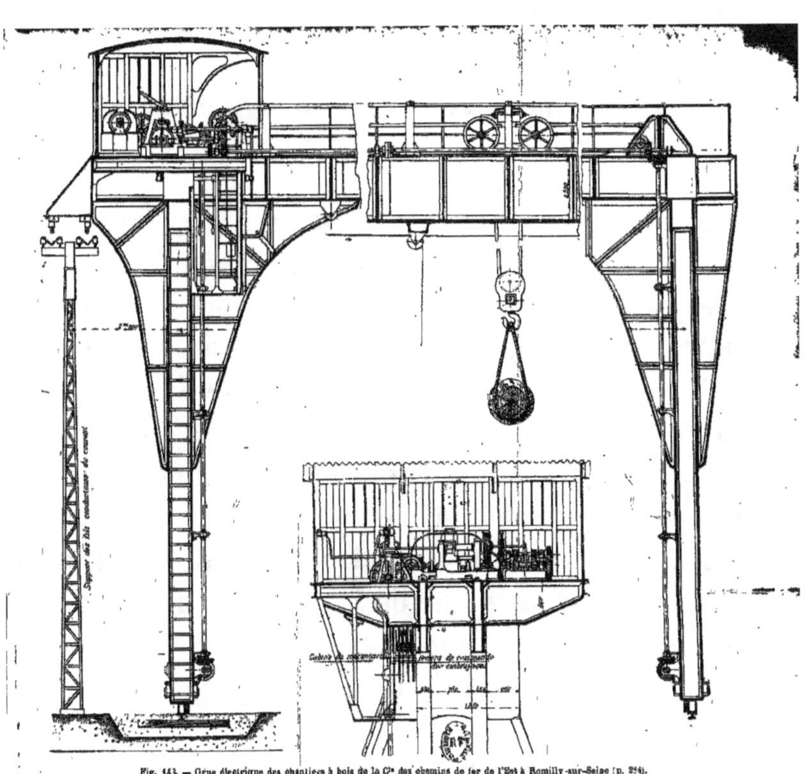

Fig. 143. — Grue électrique des chantiers à bois de la C¹ᵉ des chemins de fer de l'Est à Romilly-sur-Seine (p. 284).

est de 32 mètres. Le chariot portant la charge peut se déplacer sur une largeur de 28 mètres à la vitesse de 15 mètres par minute. La grue et sa charge peuvent également se déplacer avec la même vitesse. La hauteur totale de la grue est de 9 mètres, et le crochet porteur peut se déplacer sur une hauteur de 8 mètres.

Installations électriques du prolongement de la ligne du chemin de fer de Sceaux dans Paris.

Dans les premiers mois de l'année 1895, la maison Sautter-Harlé et Cie a fait une très intéressante distribution d'énergie électrique pour éclairage, force motrice et utilisations diverses sur le prolongement de la ligne du chemin de fer de Sceaux à l'intérieur de Paris. Nous avons eu l'occasion de visiter en détail cette importante installation, d'en voir les parties et d'entendre sur place toutes les explications de M. Bochet, chef du service des installations électriques de la maison Sautter Harlé, ainsi que de M. Léniau, ingénieur de la même Société. Nous donnons ici une description complète de cette installation, parce qu'elle peut réellement être proposée comme un modèle pour des applications analogues.

La distribution de l'énergie électrique est faite par une station centrale qui transmet l'énergie à 3 centres distincts : la gare Denfert, la gare de Port-Royal et la gare du Luxembourg. La répartition est ensuite faite dans chacune de ces gares à l'aide de tableaux de distribution particuliers. La distance entre les points extrêmes est de 3,2 kilomètres. La distribution est à courants continus et à 3 fils avec une différence de potentiel de 220 volts sur chacun des ponts. Les lampes à arc sont montées en tension par 4 et les lampes à incandescence par 2. L'éclairage est obtenu par 96 lampes à arc de diverses intensités lumineuses et par 500 lampes à incandescence. Les appareils d'utilisation mécanique de l'énergie électrique consistent en un pont tournant au dépôt de Montrouge, en deux ascenseurs à la gare Denfert, et en trois ascenseurs, deux plaques tournantes, une pompe d'épuisement et un ventilateur à la gare du Luxembourg.

L'usine centrale de production d'énergie électrique dont la Fig. 144 donne une vue d'ensemble, et dont la Fig. 145 nous représente le plan, est située boulevard Saint-Jacques, sur un des côtés de la gare Denfert. La salle de chauffe est placée dans le voisinage d'une cour en contrebas d'une voie sur laquelle arrivent les wagons chargés de charbon. Elle renferme 2 chaudières Roser, d'une surface de chauffe de 90 mètres carrés et fonctionnant à la pression de 12 kilogrammes par centimètre carré. La salle des machines contient 2 machines à vapeur horizontales M,M de la maison Chaligny et Cie d'une puissance de 120 chevaux à la vitesse angulaire de 85 tours par minute et à condensation. On voit les condenseurs en C,C. Chaque machine à vapeur commande directement par courroie, comme le montre notre dessin, un ensemble de deux dynamos D, D Sautter-Harlé accouplées sur le même arbre. Chacune d'elles fournit, à 420 tours par minute, une différence de potentiel de 270 volts et une intensité de 160 ampères. Ces deux dynamos sont couplées en tension pour la distribution à 3 fils. Actuellement le service est assuré par une machine à vapeur ; mais si la ligne est prolongée jusqu'au boulevard Saint-Germain, comme il en a été question, on ajoutera une troisième unité, et deux dynamos pourront être couplées en quantité sur chaque pont. Avant de poursuivre notre description, nous voulons

Fig. 144. — Vue d'ensemble de l'usine électrique à la gare Denfert, à Paris.

insister sur la condensation de la vapeur à la sortie de a machine par le procédé Chaligny. A l'endroit où se trouve l'usine, au-dessus des catacombes, il n'était pas possible de creuser un puits pour chercher l'eau nécessaire à la condensation. D'autre part le prix de l'eau de la ville, à 0 fr. 10 le mètre cube dans ce cas spécial, semblait élevé, et la marche à échappement libre ne pouvait être admise en raison de la dépense excessive de combustible. Le procédé de réfrigération de la maison

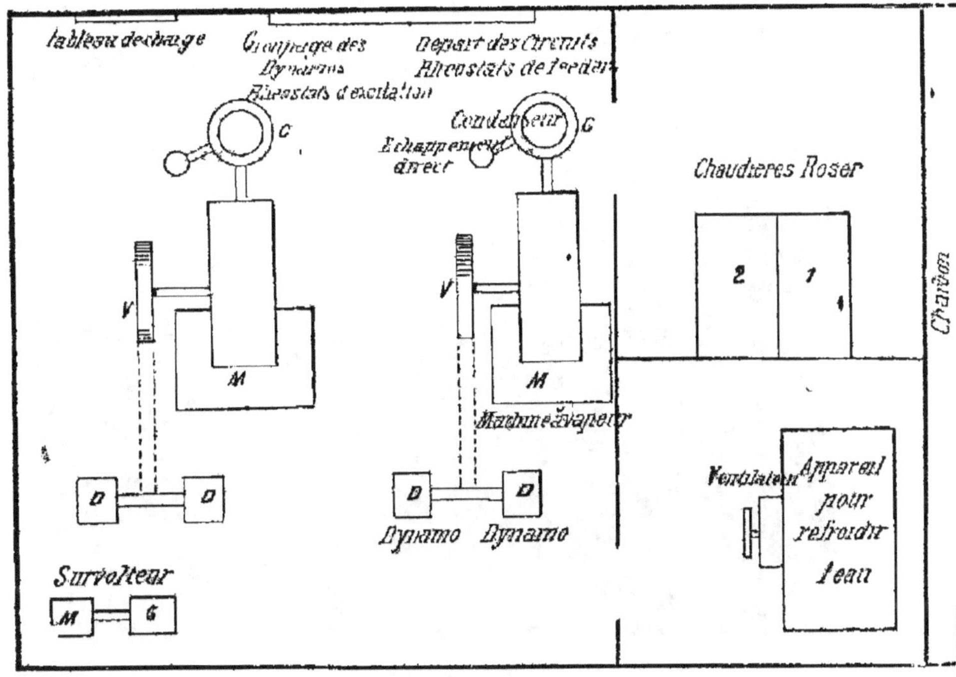

Fig. 145. — Plan de l'usine électrique à la gare Denfert, à Paris.

Chaligny a permis d'utiliser l'eau de la ville avec une dépense raisonnable. Le réfrigérateur des eaux de condensation est formé par une caisse en tôle, placée sur une cuve en maçonnerie. Sur le côté et dans le fond se trouve une tuyère aboutissant à un ventilateur actionné mécaniquement. A l'intérieur, la caisse contient plusieurs

Fig. 146. — Vue générale du tableau de distribution (p. 289).

étages de fascines, de cloisons et de chicanes, ainsi
qu'un filtre à coke et un filtre à éponges pour retenir
les matières grasses. L'eau chaude, sortant du condenseur, est refoulée par la pompe à air à la partie supérieure du réfrigérant et est distribuée dans une série de
gouttières. Elle tombe en rencontrant l'air froid envoyé
par le ventilateur ; une faible partie de cette eau est éva-
porée, mais la plus grande partie est refroidie et peut
servir de nouveau à la condensation. La dépense d'eau
est donc réduite dans de grandes proportions.

Les circuits des machines dynamos sont réunis à un
tableau de connexion, situé sur la partie gauche du tableau d'ensemble de distribution, que représente la
Fig. 146. Sans insister sur tous les détails de ce tableau
de connexion, nous dirons qu'il renferme des voltmètres, des ampèremètres, et des interrupteurs de dynamos
comportant des systèmes automatiques d'enclenchements
électromagnétiques qui ne permettent le couplage de la
machine que si la différence de potentiel est suffisante et
qui suppriment automatiquement cette machine du circuit général en cas d'accident. On aperçoit ces appareils
à gauche vers le milieu du tableau au-dessous des ampèremètres. A la partie inférieure sur le sol se trouvent
les rhéostats d'excitation qui peuvent être manœuvrés
séparément ou ensemble à l'aide de transmissions ; on
voit au centre du tableau les volants nécessaires pour
cette opération. Des appareils enregistreurs sont installés
sur une planche. Le tableau de départ des circuits est
placé à droite dans le fond du tableau de distribution. Il
comprend 3 circuits qui desservent les 3 centres dont
nous avons parlé plus haut. Chacun d'eux renferme un
rhéostat de réglage spécial placé à la partie inférieure du

tableau. Des indicateurs de tension à double enroulement font connaître à l'usine à chaque instant la différence de potentiel à chacun des centres, et allument des lampes rouge ou verte, ou font fonctionner des sonneries pour prévenir l'électricien. Aux circuits précédents il faut en ajouter un autre qui sert pour les divers signaux à exécuter à l'aide de lampes électriques, et qui peut être desservi par les dynamos ou les accumulateurs. La Fig. 147 nous donne le schéma général complet de l'installation et nous indique les divers appareils d'utilisation que nous allons retrouver.

L'installation comprend 2 batteries de 122 accumulateurs Tudor, chacune d'une capacité de 240 ampères-heures. L'une est placée à la gare Denfert et l'autre à la gare du Luxembourg. La charge des accumulateurs est faite dans ces deux centres par des survolteurs ou transformateurs rotatifs à courants continus branchés sur le circuit général. On voit en G (Fig. 145) la dynamo génératrice et en M le moteur électrique du transformateur installé à l'usine. Ces accumulateurs sont d'une grande utilité pour la distribution de force motrice aux ascenseurs et plaques tournantes, et pour l'éclairage pendant l'arrêt de l'usine.

Toutes les canalisations ont été établies en fil nu posé sur isolateurs en porcelaine dans le souterrain, et dans les gares en câbles isolés fixés sur poulies en porcelaine sous les trottoirs.

La conduite de l'éclairage est des plus faciles ; tous les circuits peuvent être allumés ou éteints aux centres de distribution. La durée d'éclairage est en moyenne de 20 heures par jour. Le remplacement des charbons des lampes à arc se fait pendant la journée, en mettant en court-circuit à l'aide d'un interrupteur spécial la lampe

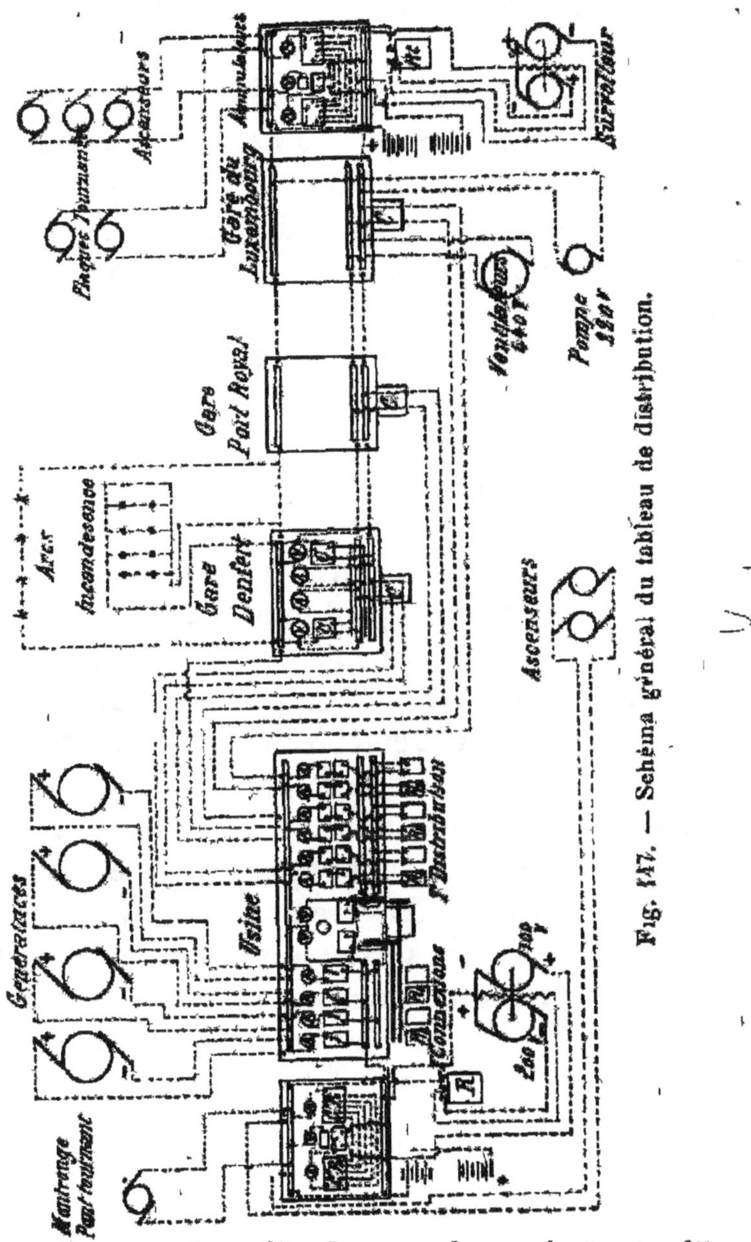

Fig. 147. — Schéma général du tableau de distribution.

sur laquelle on opère. Pendant quelques instants, l'intensité augmente un peu dans les 3 lampes restant en circuit ; mais cette augmentation ne présente aucun inconvénient.

L'installation électrique du chemin de fer de Sceaux est surtout intéressante par les nombreuses applications mécaniques qui ont été faites de l'énergie électrique. Nous allons passer successivement en revue ces diverses applications, qui consistent en 3 ascenseurs, 2 plaques tournantes, une pompe d'épuisement et un ventilateur à la gare du Luxembourg, en 2 ascenseurs à la gare Denfert, et en un pont tournant au dépôt de Montrouge. A la gare du Luxembourg sont installés un ventilateur électrique et une pompe électrique.

Le ventilateur est actionné par un moteur électrique série de 15 chevaux qui tourne à la vitesse angulaire de 260 tours par minute. Il peut fournir un débit de 180 000 mètres cubes d'air par heure à 80 tours par minute. Il est destiné à ventiler la gare du Luxembourg et la partie du souterrain comprise entre cette gare et la gare de Port-Royal. Par des conduites appropriées, il aspire dans le souterrain l'air qui pénètre par les ouvertures ménagées à cet effet sur la voie publique sur tout le parcours de la ligne souterraine. Il le refoule ensuite à l'air libre dans une cheminée qui se trouve dans une cour intérieure de l'immeuble où la gare du Luxembourg a été installée. Quelques essais faits sur l'air du souterrain par M. Gréhant ont prouvé que la ventilation était assurée dans les meilleures conditions et qu'il n'y a pas à craindre que l'air intérieur soit vicié par les dégagements de gaz provenant des locomotives.

Le moteur électrique actionnant le ventilateur est excité en série : sa mise en marche est effectuée à l'aide d'un rhéostat à liquide commandé par la manette d'un commutateur établi sur le tableau. Lorsque les lames du rhéostat sont complètement plongées dans l'eau, celui-ci est mis en court circuit par la disposition même du commutateur. Nous mentionnerons également un dispositif très ingénieux pour éviter l'emballement du moteur dans le cas où la courroie viendrait à sauter. Un système électromagnétique agit dès que l'intensité du courant traversant l'induit du moteur s'abaisse au-dessous d'une valeur déterminée, et couple le rhéostat liquide en dérivation sur l'induit du moteur. L'induit est alors shunté, et la vitesse angulaire ne dépasse pas une certaine valeur.

A la gare du Luxembourg se trouve aussi une pompe électrique qui a pour but de remonter à l'égout les eaux de vidange d'une fosse établie sous la gare. La pompe centrifuge est commandée à l'aide d'une courroie par un moteur électrique placé au-dessus de la fosse. En dehors d'un interrupteur à déclenchement électromagnétique et d'un relais de mise en court circuit automatique du rhéostat de démarrage, il existe un système spécial de contacts pour avertir des manœuvres à effectuer soit pour mettre la pompe en marche lorsque la fosse est pleine, soit pour commander automatiquement l'arrêt de la pompe quand la fosse est vidée.

A la gare du Luxembourg se trouvent encore deux plaques tournantes actionnées par des treuils électriques, et trois ascenseurs du même modèle que ceux installés à la gare Denfert et que nous allons retrouver plus loin.

Les plaques tournantes, les ascenseurs et le pont tournant ne sont pas alimentés directement par le réseau de distribution, mais par les accumulateurs. Ces appareils en effet au moment de leur mise en route absorbent une puissance élevée. En raison des nombreuses manœuvres souvent répetées, il en serait résulté de grandes variations sur les circuits de distribution ; les accumulateurs parent à ces inconvénients. Les plaques tournantes sont mises en mouvement par une chaîne entraînée par un treuil électrique. Des dispositions analogues sont utilisées pour le pont tournant du dépôt de Montrouge que nous allons décrire. Les manœuvres de ces plaques sont réalisées à l'aide de relais de démarrage qui intercalent en circuit au départ une résistance assez élevée, et qui la suppriment ensuite dès que la vitesse atteinte est suffisante. Ces plaques ont des services chargés ; l'une d'elles au Luxembourg effectue plus de 60 manœuvres par jour.

Les ascenseurs électriques sont au nombre de 3 à la gare du Luxembourg, et au nombre de 2 à la gare Denfert. Ils appartiennent tous au même modèle que représente la Fig. 148. Un moteur électrique actionne une vis tangente qui vient commander le tambour sur lequel s'enroule le câble qui maintient la cabine. Ces ascenseurs servent également aux voyageurs et aux bagages ; ils peuvent élever une charge de 700 kilogrammes à une vitesse de 0,4 à 0,5 mètre par seconde. La mise et l'arrêt sont obtenus par le déplacement d'un curseur sur les touches d'un réhostat à l'aide d'une corde que l'on peut actionner directement dans la cabine. Pour l'arrêt, le commutateur introduit d'abord en circuit des résistances, puis à la fin met l'induit du moteur en court-circuit.

Au dépôt de Montrouge on a installé pour un pont tournant une commande électrique à l'aide d'un treuil. La Fig. 149 nous montre une vue d'ensemble de ce pont tournant. La commande du moteur est obtenue par un

Fig. 148. — Vue d'ensemble d'un treuil électrique commandant un ascenseur (p. 295).

Fig. 149. — Vue d'ensemble du pont tournant électrique au dépôt de Montrouge (p. 295 .

FIG. 150. — Vue d'une plaque tournante électrique à la gare de Cassel (p. 295).

Fig. 151. — Voie roulante électrique sur un Chemin de fer privé à Düsseldorf (p. 275).

simple interrupteur à l'aide de relais, ainsi que les changements de marche.

L'installation que nous venons de faire connaître constitue certainement un exemple frappant des avantages multiples que peut procurer une distribution d'énergie électrique pour l'éclairage, et la force motrice surtout quand il s'agit de manœuvres difficiles, rapides et qu'il est impossible d'obtenir par les modes de transmission jusqu'ici en usage. La question économique est également des plus importantes, et ces applications méritent de fixer sérieusement l'attention quand on trouve, comme dans les essais officiels du mois de mai 1895, une consommation de 1 kilogramme de charbon pour 596 watts-heure utiles aux centres de distribution.

Distribution de force motrice aux ateliers de la Compagnie du chemin de fer du Jura-Simplon.

La Compagnie du chemin de fer du Jura-Simplon a effectué dans ses ateliers de Bienne une distribution de force motrice que M. Ch. Jacquin a fait connaître dans deux articles de *La Lumière Électrique*, et qui mérite de fixer un instant notre attention.

A Boujean, la rivière la Suze en se déversant dans le lac de Bienne fait une chute de 50 mètres, à environ 2 kilomètres de Bienne. Cette chute, d'une puissance de 850 chevaux environ, a été utilisée par la compagnie pour alimenter ses ateliers de force motrice.

Le principe de la distribution employée est celui de la maison Lahmeyer de Francfort. A l'usine primaire, les génératrices produisent des courants polyphasés à 80 volts ; des transformateurs élèvent la tension à 1800 volts au départ des lignes de distribution. Des moteurs sont branchés directement sur ce réseau, et mettent en marche à leur tour des dynamos à courants continus qui fournissent la distribution à 110 volts.

L'usine de Boujean dispose d'une puissance de 850 chevaux dont 150 sont utilisés pour le moulin lui-même, et 350 pour les ateliers de la Cie du chemin de fer, à Bienne. Il en reste encore 350 chevaux qui seront utilisés ultérieurement. La turbine, d'une puissance utile de 275 chevaux, consomme 700 litres d'eau par seconde sous une chute de 50 mètres de hauteur ; sa vitesse angulaire est de 300 tours par minute, constante à 3 pour 100 près pour une variation de charge de 50 pour 100. Le rendement normal est de 75 pour 100 Elle a été construite par la maison Rieter et Cie de Winterthur. Elle actionne directement 2 alternateurs Lahmeyer à courants triphasés donnant 80 volts. Le courant d'excitation est fourni par 2 dynamos Lahmeyer à courants continus, à 4 pôles, d'une puissance de 8,8 kw à 110 volts et à 1100 tours par minute. A la sortie du tableau de distribution se trouvent les transformateurs, avec le couplage en étoile, qui élèvent la différence de potentiel à 1800 volts.

Au départ de l'usine, les lignes en cuivre nu sur isolateurs en porcelaine, sont au nombre de 2, formées chacune de 3 fils. Elles se séparent au pont de Bienne. L'une d'elles se rend aux ateliers de réparation du matériel et de la traction, et l'autre à la gare de Bienne. Dans cette dernière gare, il existe un transformateur rotatif qui actionne une dynamo à courants continus pour la charge des accumulateurs servant à l'éclairage des voitures des trains express.

Aux ateliers de réparation, deux dérivations partent de la ligne principale. La première alimente un petit atelier séparé, où se trouve un moteur asynchrone à courants triphasés de 15 chevaux, tournant à la vitesse angulaire de 800 tours par minute et commandant diverses machines-outils. La deuxième ligne dessert l'atelier principal où est installé un moteur synchrone à courants triphasés de 50 chevaux. Ce moteur actionne l'arbre de commande générale de l'atelier fixée au plafond.

Les prix de revient sont à signaler. La redevance à payer au propriétaire de la chute d'eau est de 0,05 francs par cheval-heure à la turbine. Le kilowatt-heure utile à la gare de Bienne pour la charge des accumulateurs revient donc, tous frais compris, à 0,125 fr. Le rendement industriel de la transmission de force motrice et de la transformation est estimé à 50 pour 100. Les conditions sont sensiblement les mêmes pour les ateliers de Bienne.

Installations électriques diverses pour gares.

La gare de Cassel en Allemagne possède des installations électriques importantes qui ont été établies par l'*Elektrizitäts-Aktiengesellschaft,* Vormals Schuckert et Cie. Nous mentionnerons en particulier la plaque tournante dont la Fig. 150 représente les principales dispositions. Un moteur électrique de 3 chevaux, soit 2 760 watts, tournant à la vitesse angulaire de 1100 tours par minute, entraîne la plaque à l'aide d'engrenages. Cette plaque d'un poids propre de 20 tonnes peut supporter un poids de 80 tonnes et faire un demi-tour par minute. Il y a également à Cassel une voie roulante mûe par un moteur électrique de 9 chevaux, 7 850 watts à 800 tours par minute. La voie pèse 20 tonnes et peut en porter 80 ; la vitesse de déplacement est de 0,5 mètre par seconde. Un mécanisme spécial permet d'obtenir le renversement de marche.

A Düsseldorf, sur une ligne de chemin de fer privé, on a installé la voie roulante électrique que représente la Fig. 151. Cette voie est commandée par un moteur électrique de 10 chevaux, 8680 watts à 850 tours par minute. La voie pèse 15 tonnes et peut en porter 35 à la vitesse de 0,51 mètre par seconde. La longueur de la voie est de 160 mètres.

La maison Ganz et Cie de Budapest a également fait en diverses gares des installations de voies roulantes à l'aide de moteurs électriques.

Installations électrique de la gare de Dresde.

La maison Siemens et Halske a établi à la gare de Dresde une distribution d'énergie électrique très importante par courants triphasés, avec production à basse tension par les alternateurs et double transformation au départ de l'usine et à l'arrivée au point d'utilisation.

L'installation comprend 5 chaudières de la *Maschinenfabrik germania* de 150^{m2} de surface de chauffe chacune, donnant 2600 kilogrammes de vapeur par heure à la pression de 8 atmosphères, et 4 machines à vapeur horizontales compound en tandem d'une puissance de 300 à 330 chevaux à la vitesse angulaire de 100 tours par minute, avec une course de piston de 0,9 mètre. Chaque machine à vapeur commande directement un alternateur, donnant à 150-220 volts une puissance maxima de 220 kilowatts en courants triphasés à la fréquence de 52 périodes par seconde. Le nombre des pôles inducteurs est de 60. L'excitation est assurée par 4 dynamos continues, montées chacune sur le même arbre que l'alternateur et donnant 182 ampères à 110 volts. A la sortie des machines, les circuits passent dans des transformateurs qui élèvent la différence de potentiel de 115 à 3118 volts. La canalisation est faite en partie en câbles souterrains et en grande partie en câbles aériens. Les transformateurs à l'arrivée d'une puissance de 10 kw sont placés dans des colonnes en fonte spéciale.

L'éclairage comprend 207 lampes à arc et 780 lampes à incandescence. Nous nous arrêterons principalement sur les applications mécaniques de l'énergie électrique. Celle-ci est en effet utilisée en plusieurs endroits pour fournir la force motrice. A l'usine est branché un circuit qui alimente un moteur de 20 chevaux destiné à actionner une pompe. Cette pompe doit puiser de l'eau dans le Brunnen, rivière voisine, pour maintenir toujours dans un étang l'eau nécessaire à la condensation.

Les autres moteurs desservis par l'usine sont au nombre de 44 d'une puissance variable de 1 à 20 chevaux, avec une puissance totale de 183 chevaux. Dans ce nombre 3 de 23 chevaux se trouvent à l'usine, 1 de 10 chevaux pour la grue servant à la décharge du charbon et 40 dans les ateliers de construction. Les moteurs utilisés sont des moteurs Siemens et Halske, fonctionnant à 120 volts, avec des résistances en dérivation aux bornes de l'induit. Leur rendement industriel varie entre 70 et 90 pour 100 suivant leur puissance.

La répartition des moteurs dans les ateliers de construction est la suivante :

1º *Ateliers des Locomotives*

Commande séparée	Moteurs		Puissance totale
	Nombre	Puissance en chevaux	
2 ponts roulants à déplacer les locomotives.	2	10	20
2 grues roulantes.	2	3	6
1 machine à percer des trous profonds	1	1	1
1 machine a percer.	1	1	1
3 tours à chariot.	3	1	3
2 tours à chariot.	2	2	4
1 tour à planer	1	2	2
1 machine à fraiser, verticale . .	1	2	2
1 machine double à couper . . .	2	2	4
1 grue roulante, avec appareil de levage.	1	3	3
1 cisaille à fer, combinée avec poinçon	1	5	5
1 presse à friction	1	7,5	7,5

Commande par transmissions

Transmission dans la forge pour la soufflerie et pour la machine à essayer les ressorts	1	15	15
Transmission dans la forge pour le polissage.	1	10	10
Transmission pour les machines-outils dans l'atelier des roues .	1	7,5	7,5
Transmission pour les machines-outils dans la fonderie de cuivre.	1	3	3
Transmission pour les machines-outils dans l'atelier des tourneurs.	2	5	10
Transmission pour les ascenseurs et les grues.	1	3	3

2º *Magasins*

Ascenseur	1	5	5
Total.	**40**		**152**

Fig. 152. — Vue d'ensemble des Ateliers de la gare de Dresde avec les commandes électriques des diverses mach'nes-outils (p. 501).

Fig. 153. — Vue d'un pont roulant électrique à déplacer les locomotives (p. 301).

Fig. 154. — Vue d'une grue roulante électrique dans les Ateliers de la gare de Dresde (p. 301).

Fig. 155. — Machine à percer commandée par un moteur électrique (p. 361).

La puissance maxima pour alimenter le nombre des moteurs simultanément en service ne dépasse pas 70 chevaux.

Nous donnons dans les quelques figures ci-jointes les vues des principales installations. La Fig. 152 nous représente la vue d'ensemble des ateliers. On peut distinguer quelques moteurs spécialement attelés sur diverses machines-outils, et d'autres au contraire commandant diverses lignes de transmission. La Fig. 153 nous montre un pont roulant électrique destiné à transporter les locomotives. Tous les appareils sont réunis sur une plateforme installée sur le devant, et sur laquelle se tient l'électricien. Des frotteurs installés sur un mât spécial établissent les contacts avec les lignes de distribution.

Dans la Fig. 154 nous trouvons les principales dispositions d'une grue électrique roulante. On aperçoit à la partie supérieure le moteur qui commande par courroie les engrenages de transmission. Un levier agissant sur les rhéostats permet à l'électricien de faire ses manœuvres d'un côté ou d'un autre.

Enfin, dans la Fig. 155 nous voyons les détails de l'installation d'un moteur électrique pour commander une machine à percer. Ce moteur est placé à droite sur le sol et actionne par une courroie tout le mécanisme d'une belle machine à percer.

Cette installation est, comme on le voit, des plus intéressantes et prouve bien que l'énergie électrique peut rendre de réels services dans des ateliers de ce genre.

Installations électriques des usines de Crewe du London and North-Western Railway.

Les grandes usines de Crewe du chemin de fer *London and North-Western Railway* ont également fait dans le courant de l'année 1895, une distribution d'énergie électrique dans leurs divers ateliers. Les dynamos génératrices ont été installées en divers points avec des machines à vapeur spéciales. Une batterie d'accumulateurs sert de réserve générale. Parmi les principales applications, nous trouvons une grue roulante électrique de 20 tonnes dans la chaudronnerie. Divers leviers de manœuvre permettent de soulever la charge et de la présenter très aisément à la riveuse. Dans l'atelier des trains est une grue de 4 tonnes; le moteur servant à élever la charge consomme 9 chevaux et tourne à la vitesse angulaire de 1 800 tours par minute; le moteur du déplacement latéral consomme 4,5 chevaux et tourne à 1 250 tours par minute; le moteur du déplacement longitudinal prend 7,5 chevaux et tourne à 1 860 tours par minute. Il nous faut aussi mentionner l'installation des foreuses électriques portatives et les coupe-tubes électriques Webb, destinés à couper les tubes défectueux des locomotives et à dresser les tubes nouveaux. Ces coupe-tubes sont formés par un long arbre portant à une extrémité une scie circulaire et à l'autre extrémité un moteur électrique. Un dispositif de cames permet de faire agir la scie circulaire concentriquement ou excentriquement. On introduit la scie dans le tube à couper, on la fait fonctionner à 3 000 tours par minute environ en mettant le moteur en marche, et on la dévie graduellement du centre en faisant porter les dents contre les parois du tube. Cette façon d'opérer permet de faire en 1 heure et demie le travail qui demandait près d'une journée entière. Il y a également une installation de soudure électrique pour souder et forger des barres de fer et d'acier de 37 millimètres de diamètre.

Installations électriques dans des ateliers de locomotives en Amérique.

Un grand nombre de fabriques de locomotives en Amérique sont pourvues de transmissions électriques.

Fig. 156. — Vue d'un moteur électrique actionnant un laminoir.

Entre toutes, nous en citerons deux. La *Brooks Loco- motive Works, Dunkirk,* de New-York possède dans ses ateliers une distribution d'énergie électrique pour éclairage et force-motrice. Une machine à vapeur de 200 chevaux à 175 tours par minute actionne une dynamo de 130 kilowatts à 225 volts. L'énergie électrique est transmise en divers centres de distribution à des moteurs de 30 et 40 chevaux pour actionner des transmissions, des machines-outils etc. La Fig. 156 montre un moteur électrique mettant en marche un laminoir.

La grande maison Westinghouse, dont nous avons déjà fait connaître précédemment les intéressantes installations dans ses propres ateliers, a établi dans l'usine de *the Baldwin Locomotive Works* de Philadelphie une distribution électrique de 500 chevaux.

Comme on le voit par ces quelques exemples, bien isolés du reste, l'énergie électrique a rendu également de grands services dans les ateliers des compagnies de chemin de fer.

II. — Applications mécaniques de l'énergie électrique dans les ports de mer.

Les applications mécaniques de l'énergie électrique pourraient être nombreuses dans les ports de mer, qui exigent un outillage mécanique compliqué et rapide. Nous n'avons pas malheureusement jusqu'ici un grand nombre d'exemples à citer ; mais il est à présumer que dans peu de temps les installations se feront en grand nombre.

Nous rappellerons tout d'abord ici les essais que nous avons mentionnés dans notre premier chapitre p. 81 et qui se rapportent aux grues électriques du Hâvre. Il s'agissait d'appareils utilisés dans des installations particulières, mais dont l'emploi se généralisera certainement avant peu.

Nous trouvons ensuite, en 1891, l'installation de 2 grues électriques d'une force portante de 2 500 kilogrammes dans le port de Hambourg. Nous avons donné dans notre premier volume p. 275 quelques détails sur cette installation faite par l'*Allgemeine Elektricitäts Gesellschaft*.

Dans le courant de l'année 1892, deux grues de construction semblable furent installées au port de Rotterdam. Ces grues avaient une force portante de 1 500 kilogrammes et étaient commandées par un moteur électrique de 20 chevaux. Ces grues pouvaient se déplacer le long des quais, en empruntant le courant à des lignes aériennes au moyen de frotteurs. La station génératrice renfermait des machines dynamos Schuckert de 135 volts et 145 ampères.

En septembre 1894, une grue électrique était placée dans le port de Duisburg. Cette grue avait une force portante de 2 500 kilogrammes et pouvait soulever cette charge à la vitesse de 0,6 mètre par seconde. Une disposition permettait de faire déplacer un poids de 5 000 kilogrammes à la vitesse de 0,3 mètre par seconde. Le bras mobile de la grue avait une longueur de 12 mètres ; cet appareil pouvait se déplacer sur une longueur de 150 mètres. Une station centrale avait été établie provisoirement par la compagnie *Aktien-Gesellschaft-Helios* pour alimenter cette grue. Quelques essais ont été faits, et on a noté l'intensité nécessaire à 110 volts pour les diverses manœuvres. A vide le moteur électrique consommait 5 ampères. Pour soulever la charge de 2 500 kilogrammes plus 600 kilogrammes de supplément, soit au total 3 100 kilogrammes à la vitesse de 0,3 mètre par seconde, l'intensité montait à 120 ampères. La rotation du bras mobile demandait à vide 10 ampères et en charge de 3 100 kilogrammes 25 ampères. Le déplacement de la grue non chargée exigeait 50-60 ampères à la vitesse de 0,3 mètre par seconde et 60-70 ampères à la vitesse de 0,5 mètre par seconde. Le déplacement de la grue chargée demandait 60-65 ampères à la vitesse de 0,3 mètre par seconde et 80-85 ampères à la vitesse de 0,5 mètre par seconde. L'opération simultanée du soulèvement et de la rotation de la charge de 3 100 kilogrammes consommait 130-135 ampères ; le soulèvement et le déplacement de la charge exigeait une intensité de 160-170 ampères.

La maison Siemens et Halske de Berlin a fait les installations suivantes dans les ports que nous mentionnons.

	Volts	Chevaux	Moteurs	Chevaux	
Rotterdam. . . .	440	900	51	3-45	Grues du port, ascenseurs.
Mannheim port et atelier . . .	240-310	750	45	1 80	Grues, monte-charges machines-outils.
Dusseldorf. . . .	125-250	300	21	6 35	Grues, ascenseurs.

Il y aurait aussi diverses autres applications à mentionner.

Au mois d'octobre 1894, une très importante installation a été faite au port de Copenhague par l'*Allgemeine Elektricitäts gesellschaft*. Il ne s'agit pas ici de quelques grues électriques, mais de l'ensemble de tous les appareils qui existent dans un port. Ces installations ont été faites pour compléter les grands travaux entrepris dans le but d'améliorer la situation de ce grand port et de lui conserver son vieux renom de lieu d'entrepôt dans les meilleures conditions. L'outillage électrique a permis d'accroître les rapidités des manœuvres dans des conditions étonnantes. On a pu arriver à décharger d'un navire 2 800 tonnes en 31 heures avec une dépense de 700 kilowatts-heure ; les anciens procédés auraient demandé 8 à 10 jours. Nous signalerons aussitôt tous les dispositifs les plus heureux et les plus maniables pour faciliter l'éclairage d'un navire à son arrivée. Les lampes à arc sont déplacées, leurs bras sont inclinés, et en quelques instants le pont du navire est inondé de lumière. Les manœuvres commencent aussitôt. L'emploi de l'énergie électrique seul a permis cette rapidité.

La distribution est faite à 3 fils et à 2 110 volts pour l'éclairage et à 2 240 volts pour la force motrice. L'installation comprend 3 chaudières d'une surface de chauffe de 105,2 mètres carrés chacune, 4 machines à vapeur verticales compound de 100 chevaux chacune à 210 tours par minute, et 2 dynamos à 4 pôles de 240 volts et 135 ampères à 730 tours par minute ainsi que 3 dynamos à 6 pôles de 240 volts et 280 ampères à 490 tours par minute. Il y a également une batterie de 140 accumulateurs de 800 ampères-heure.

L'éclairage total est assuré par 107 lampes à arc de 6,18 et 15 ampères et 2 000 lampes à incandescence de 16 bougies. Les moteurs électriques sont au nombre de 57 se répartissant de la façon suivante : 7 pour ventilateurs de modèles divers, 2 pour pompes accouplées directement, 6 pour ascenseurs de 1 500 kilogrammes à la vitesse de 0,4 mètre par seconde, 5 pour ascenseurs de 1 500 kilogrammes à la vitesse de 0,25 mètre par seconde, 8 monte-charges de 1 000 kilogrammes à la vitesse de 0,5 mètre par seconde, 7 grues roulantes de 0 500 kilogrammes avec bras de 00,8 mètres de longueur à 2 moteurs chacune, 10 moteurs de 20 chevaux pour élévateurs de grains, et 6 moteurs de 5 à 6 chevaux pour diverses machines-outils. La Fig. 157 nous montre une vue intérieure de la salle où se trouvent les moteurs électriques de 12 chevaux pour la commande des monte-charges. La Fig. 158 nous fait voir les divers dispositifs de commande adoptés pour les ascenseurs électriques. Un moteur électrique de 12 chevaux actionne par vis tangente le tambour du treuil de l'ascenseur. La Fig. 159 nous représente les grues roulantes électriques sur les quais du port de Copenhague. Dans ces grues un moteur électrique de 4,5 chevaux sert au déplacement et un moteur de 20 chevaux au levage. Elles peuvent soulever un poids de 1 500 kilogrammes à la vitesse de 0,6 mètre par seconde, et en se déplaçant à la vitesse de 1,5 mètre par seconde.

Cette installation, qui rend chaque jour les plus grands et les plus utiles services, est un exemple remarquable des applications électriques que l'on peut réaliser dans les ports de mer.

Enfin en dernier lieu nous signalerons le port de Dresde où se trouvent également 4 grues de 1 500 kilogrammes. L'énergie électrique est fournie par la station centrale de la gare de Dresde, dont nous avons donné la description dans le paragraphe précédent.

Fig. 157. — Vue de l'installation des moteurs électriques pour monte-charges au port de Copenhague (p. 308).

Fig. 158. — Ascenseur électrique au port de Copenhague. — Dispositifs de commande (p. 309).

FIG. 159. — Grues roulantes électriques sur les quais du port de Copenhague (p. 309).

III. — Applications mécaniques de l'énergie électrique dans les carrières.

Quelques applications mécaniques de l'énergie électrique ont également été réalisées dans les carrières ; nous pouvons en citer quelques exemples :

MM. G. Dumont et G. Baignères ont eu l'occasion d'étudier l'installation électrique des carrières de pierres d'Euville, et nous en ont fait connaître tous les détails dans un remarquable travail présenté à la *Société des Ingénieurs Civils* en novembre 1894. L'installation comprend 1 dynamo Sautter-Harlé de 50 chevaux, donnant 135 ampères et 240 volts à la vitesse de 760 tours par minute. L'énergie est fournie en divers points du chantier à 4 moteurs de 8 chevaux. Ces moteurs commandent des trancheuses portées sur une plate-forme mobile et consistant en un outil fixé à l'extrémité inférieure d'une pièce coulissant entre deux glissières. L'outil peut monter et descendre et avancer suivant son axe. Les moteurs électriques ont remplacé des moteurs à air comprimé et des moteurs à vapeur qui existaient avant. La Fig. 160 nous donne une vue d'ensemble d'une trancheuse électrique. Le rendement industriel de l'installation peut être estimé à 63,3 pour 100. Il y a en outre un moteur de 6 chevaux qui actionne une pompe pour refouler à 60 mètres de hauteur l'eau nécessaire aux trancheuses.

L'installation électrique a réalisé une économie de 28,5 pour 100 par rapport à la dépense qui avait été nécessitée par le matériel de tranchage par l'air comprimé. L'exploitation a donné des résultats très remarquables ; en tenant compte de toutes les dépenses d'entretien, d'amortissement et du plus grand travail fourni, on arrive à une économie d'environ 33 pour 100.

Fig. 160. — Vue d'ensemble d'une trancheuse électrique.

M. Félix Leconte a fait une étude de l'emploi de l'électricité dans les carrières de Belgique, étude qui a paru en septembre 1895 dans l'*Electricien*. En quelques mots il a fait très nettement ressortir tous les avantages de ces installations, puis il a décrit les applications faites par la Société anonyme des carrières du Hainaut.

Les avantages principaux qui résultent des installations électriques sont d'abord la suppression du service des charbons, souvent très coûteux à transporter, la suppression de nombreux frais de réparation et d'entretien, consommation d'une seule qualité d'huile pour tous les moteurs, suppression d'un grand nombre d'accidents, et réduction du personnel des mécaniciens. Les démarrages électriques sont très avantageux. Les moteurs électriques peuvent fonctionner presque sans surveillance.

La société anonyme des carrières du Hainaut, à Soignies est une importante société qui exploite des carrières de pierres remarquables d'une superficie de 41 hectares.

Dans une exploitation de ce genre, il se trouvait un grand nombre de moteurs à vapeur de diverses puissances. En 1892, la société les a tous remplacés par une seule machine Sulzer compound de 300 chevaux pour commander les scieries et les dynamos fournissant la distribution de l'énergie électrique à l'éclairage et aux pompes, cabestans, treuils, grues, ponts-roulants, etc. La dynamo génératrice était une dynamo Lahmeyer à 4 pôles donnant 420 ampères et 120 volts à 525 tours par minute.

L'énergie électrique est fournie à 2 moteurs installés dans une même salle et actionnant par courroies à 300 tours par minute, deux arbres intermédiaires placés dans le prolongement l'un de l'autre. Ces 2 arbres peuvent être accouplés par des manchons. Un de ces moteurs, d'une puissance de 14 chevaux à 650 tours par minute actionne une pompe électrique tournant à 24 tours par minute. Le second moteur, prenant 180 ampères à 110 volts à 650 tours par minute commande par vis tangente un tambour de treuil sur lequel s'enroule une corde servant à tirer les pierres une fois extraites de la carrière. Les grosses pierres, d'un poids de 60 tonnes, sont traînées sur des rouleaux en bois de 20 à 30 centimètres de diamètre, avec une vitesse de déplacement de 2 mètres par minute.

Une deuxième installation a été faite dans ces carrières au mois de mars 1894 par la Cie internationale d'électricité de Liège. Elle comprend une dynamo génératrice de 100 kilowatts, 800 ampères à 125 volts à 470 tours par minute, pour desservir 3 moteurs électriques.

Un moteur de 300 ampères à 125 volts commande par courroie un treuil Baillion et Cuvelier à 3 vitesses. Les réductions de vitesses sont obtenues par engrenages à chevrons et engrenages droits. Ce treuil est destiné à remonter les charges ; sur une pente d'une longueur de 105 mètres et avec une rampe de 34 centimètres par mètre, il peut remonter 12 tonnes en 5 minutes, 25 tonnes en 8 minutes et 60 tonnes en 18 minutes.

Un deuxième moteur consommant 200 ampères à 125 volts commande un autre treuil pour le traînage des blocs.

Un troisième moteur prenant 30 ampères à 125 volts actionne la poulie motrice de la grue d'un pont roulant de 10 tonnes installé dans le magasin.

Ces installations électriques ont donné un rendement industriel que M. F. Leconte a estimé à 75 pour 100. Elles ont rendu de très réels services dans ces carrières que nous venons de mentionner.

Les ateliers d'Oerlikon ont fait également dans les carrières de M. Vincqz, à Soignies une intéressante installation. Trois chaudières Cornwall Gallovay de 80 mètres carrés de surface de chauffe fournissent la vapeur à un moteur compound de la maison Carels de 350 chevaux à 65 tours par minute. Celui-ci actionne par une transmission un alternateur à courants triphasés de 200 chevaux à 380 volts à 360 tours par minute et à la fréquence de 48 périodes par seconde. Une dynamo à courants continus de 37 kilowats sert à l'éclairage. L'énergie électrique est fournie à 2 moteurs de 24 chevaux pour actionner des scieries, à 2 moteurs de 24 chevaux également pour mettre en marche des cabestans servant à remonter les blocs de pierre du fond de la carrière sur une longueur de 120 mètres et avec une rampe de 30 centimètres par mètre, à 1 moteur de 18 chevaux pour une pompe et à un moteur de 9 chevaux pour la forge et l'atelier de réparation. Les moteurs ne démarrent pas sous charge ; un embrayage permet de ne les mettre sous charge que lorsqu'ils ont atteint leur vitesse normale.

Les résultats ont été très satisfaisants. M. Montpellier nous apprend que la dépense de charbon qui était autrefois avec des moteurs à vapeur spéciaux et disséminées de 4 à 5 kilogrammes par cheval-heure utile, ne dépasse pas 1 kilogramme par cheval-heure avec la distribution électrique.

Les applications mécaniques de l'énergie électrique sont nombreuses en Amérique. La Thomson Van Depoele Electric Mining Company a fait établir une sorte de scie à pierre mue par moteur électrique, qui est très utilisée. On peut en voir le détail dans la Fig. 161.

Les exemples d'installation dans les carrières que

nous avons pu nous procurer ne sont pas très nombreux : mais ils nous montrent quelles pourraient être ces diverses applications.

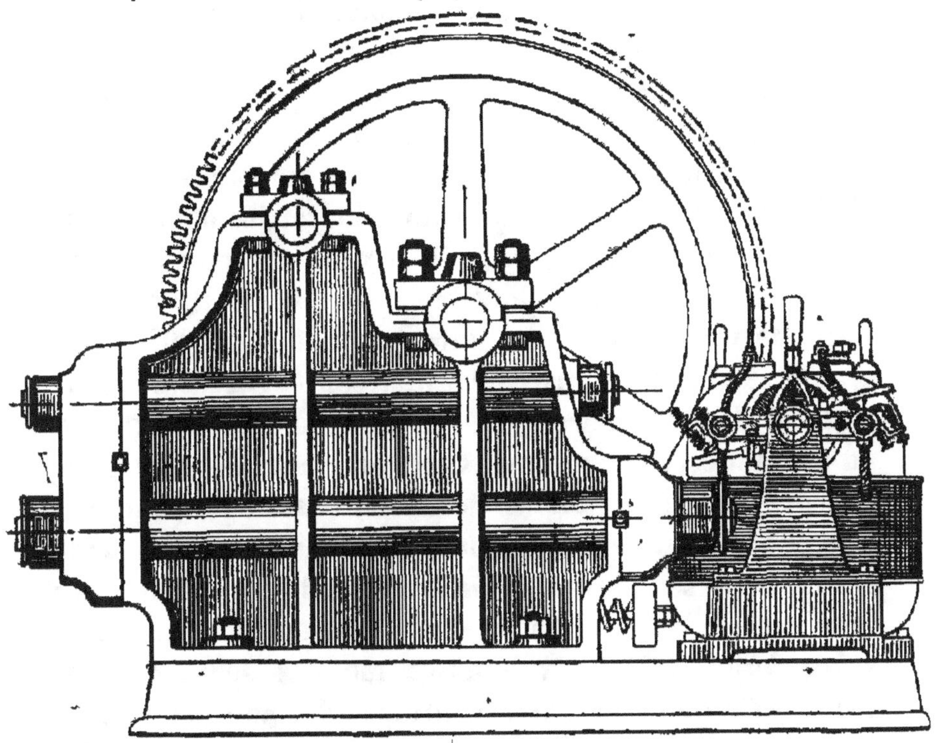

Fig. 161. — Scie à pierre mue par moteur électrique.

VI. — Applications mécaniques de l'énergie électrique dans divers établissements.

Les applications mécaniques de l'énergie électrique ont été utilisées dans un très grand nombre d'industries diverses. Nous en avons déjà passé en revue un certain nombre ; mais il nous reste encore quelques applications que nous n'avons pu classer dans les chapitres précédents, nous allons les faire connaître en quelques mots.

M. G. Dumont, dans l'intéressant mémoire dont nous avons parlé plus haut, nous a donné la description de l'installation électrique de l'établissement vinicole de MM. Puech et Baudoin à Abziza, en Algérie. Cette installation, dont le matériel a été fourni par la maison Sautter Harlé et Cie, comprend un moteur à vapeur Chaligny et Cie et une dynamo génératrice compound. L'énergie électrique est fournie aux lampes pour l'éclairage et à 7 moteurs de diverses puissances. Un moteur actionne une grue d'une force portante de 1000 kilogrammes avec une portée de 4 mètres. La vitesse d'ascension est de 0,27 mètre par seconde et la course verticale du crochet est de 12 mètres. Cette grue sert à soulever les charges de raisin ; on les décharge ensuite sur une trémie pour les amener aux fouloirs. Dans la salle où sont ces derniers se trouvent trois moteurs de 6 à 10 chevaux pour mettre en marche les transmissions des pressoirs et des fouloirs. Enfin trois autres moteurs de 6 à 10 chevaux également servent à actionner des pompes centrifuges pour la circulation du moût dans les foudres. La Fig. 162 nous représente une de ces pompes en action. Le moteur électrique et la pompe sont installés sur un chariot mobile sur une voie qui est établie devant les foudres. Des câbles souples avec prises de courant permettent d'établir les communications. La pompe centrifuge est munie de tuyaux souples d'aspiration et de refoulement.

Cette installation est très intéressante en raison de la nouveauté des travaux auxquels elle a été appliquée.

Diverses installations électro-mécaniques ont été faites aussi au Bureau central télégraphique de Lyon. L'énergie électrique est produite par deux dynamos Brown de 55 volts et de 100 ampères à 1400 tours par minute. Des petits moteurs de 20 watts à 40 volts servent à remonter des poids de 60 et 70 kilogrammes pour les appareils télégraphiques. Le rendement de ces moteurs est faible et ne dépasse pas 30 pour 100 ; mais ils accomplissent bien le service auquel ils sont affectés.

Fig. 162. — Pompe électrique pour travaux vinicoles.

La Société anonyme des anciens établissements Cail a fait une très intéressante application à l'observatoire de Meudon. Elle a établi une installation électrique pour donner à la coupole de l'observatoire d'un poids de 120 tonnes un mouvement de rotation dans les deux

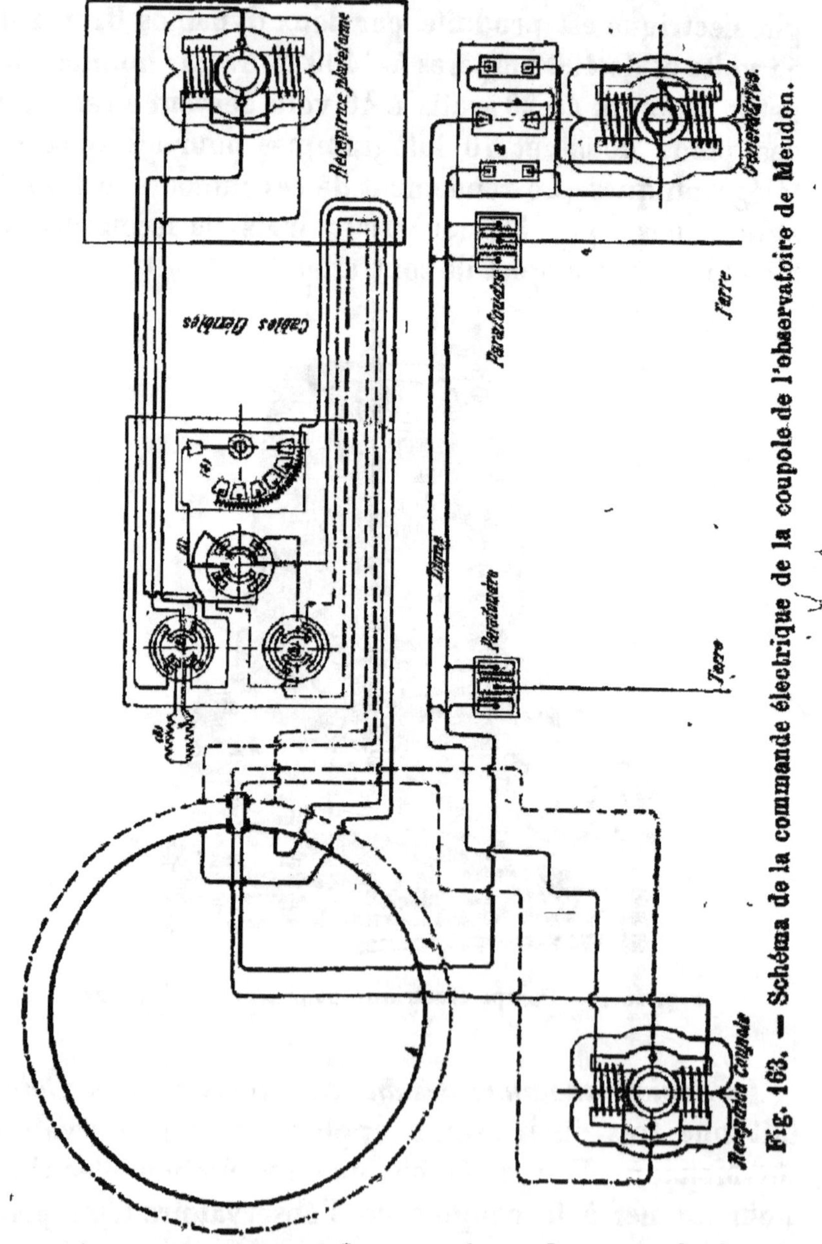

Fig. 163. — Schéma de la commande électrique de la coupole de l'observatoire de Meudon.

sens et un mouvement de montée et descente de la plateforme d'observation avec débrayage automatique. La Fig. 163 nous donne le schéma de cette commande électrique. A droite est installée la génératrice avec tableau de distribution et départ de la ligne. A gauche se trouve le moteur actionnant le mouvement de la coupole ; à la partie supérieure de la Figure et à droite, est monté le moteur, commandant la plate-forme. A côté de ce moteur et sur la plate-forme même est installé un tableau de distribution comprenant en 1 un commutateur pour envoyer le courant dans le moteur de la coupole ou dans le moteur de la plateforme, en 2 et 3 des inverseurs pour le changement de rotation des moteurs, en 4 un commutateur de mise en marche et d'arrêts et en 5 une ré-istance intercalée dans le circuit du moteur de la plate-forme pour la descente.

Dans les laboratoires de la nouvelle Sorbonne à Paris, et notamment dans les laboratoires de MM. Lippmann, Bouty, Pellat, etc. plusieurs moteurs électriques ont été installés pour la commande de tours, de machines-outils, de ventilateurs, d'essoreuses... etc. Nous mentionnerons en particulier les dispositions adoptées dans le laboratoire de M. Riban, professeur de chimie à la Faculté des Sciences, et combinées par M. Riban lui-même pour ventiler énergiquement et faire disparaître au fur et à mesure de leur production les traces de fumée et de vapeur dégagées par les opérations chimiques. Le ventilateur qui peut débiter environ 6 000 mètres cubes d'air par heure est actionné par un moteur électrique de 1 cheval environ. Des conduites spéciales installées dans les murs permettent d'aspirer l'air dans tout le laboratoire et de le refouler au dehors. Cette disposition très intéressante a donné des résultats très satisfaisants ; elle montre tout l'intérêt que peut présenter une ventilation électrique bien établie. Les moteurs sont actuellement desservis par la distribution de l'énergie électrique de la Sorbonne provenant du secteur de la rive gauche ; mais une usine spéciale doit être installée dans la suite.

A l'orphelinat Prevost, à Cempuis, une pompe électrique est alimentée par le courant produit par une dynamo de 7 chevaux qui est placée dans la salle des machines. Cette pompe, installée à une distance de 100 mètres, aspire l'eau pure d'un puits et la refoule dans un réservoir élevé sur une tourelle en maçonnerie qui est située à une distance de trente mètres du puits. De là l'eau est distribuée par une série de tuyaux dans les divers bâtiments et jardins, à la cuisine, à la buanderie, aux bains et à la piscine de natation.

Dans leurs grands ateliers pour la préparation des plaques photographiques à Lyon, MM. Lumière ont établi une distribution d'énergie électrique à 110 volts qui alimente 25 petits moteurs consommant au total 450 ampères. Ces moteurs actionnent diverses transmissions et divers appareils.

Dernièrement encore M. G. Séguy, ingénieur, a combiné un générateur tubulaire sursaturateur à Ozone qui peut être actionné par un moteur électrique. Celui-ci met en marche une dynamo donnant 6 à 8 volts et 15 à 18 ampères. Cette puissance est fournie à des bobines à induction qui agissent sur l'appareil producteur d'Ozone. On peut obtenir ainsi très facilement un débit de 9 mètres cubes par heure d'oxygène ozoné à 14 à 20 milligrammes par litre.

Il nous faudrait enfin signaler en terminant toutes les applications des petits moteurs électriques pour manœuvrer à distance toutes sortes d'appareils, et auxquels on a donné le nom de *servo-moteurs*. Nous mentionnerons notamment les petits moteurs pour horloges. Ces applications sont extrêmement nombreuses, et nous ne pouvons nous y arrêter ici.

CHAPITRE VI

PRIX DE REVIENT D'INSTALLATION ET D'EXPLOITATION
RENSEIGNEMENTS DIVERS

Dans tous les chapitres précédents nous nous sommes contenté de donner les descriptions des diverses intallations, en mentionnant chaque fois que cela nous a été possible, les divers prix de revient d'installation, d'exploitation et les économies réalisées par les applications électriques. Il est cependant nécessaire de fixer les idées par quelques chiffres. Il n'est guère possible de donner des valeurs nettes et bien déterminées pour les prix de revient ; les circonstances et diverses conditions locales varient, on peut le dire, suivant chaque nouvelle application, et les diverses dépenses ne peuvent s'appliquer qu'à une seule installation. Il est cependant possible, dans certaines conditions, et en s'entourant de divers renseignements, de donner quelques indications générales qui pourront, sinon fixer complètement les idées, tout au moins donner quelques éléments d'appréciation et de discussion. Mais nous le répétons encore, les chiffres que nous donnons n'ont aucune valeur absolue.

Dans un atelier, une fabrique, une usine, la force motrice est de première nécessité. Mais *quelle force motrice choisir, et comment l'utiliser ?* Ce sont là les deux questions premières à examiner. Il est donc évident qu'il convient d'abord de choisir la nature de la force motrice, et qu'il faut ensuite la transmettre dans l'usine aux diverses machines-outils, ou dans les différentes parties d'une grande fabrique occupant une surface étendue, par les moyens les plus simples, les plus économiques et les mieux appropriés. Nous laissons de côté bien entendu les installations où il s'agit d'alimenter des appareils par des moteurs électriques à une certaine distance, dépassant quelques centaines de mètres. Cette question se rapporte à la transmission de force motrice à distance, et il est hors de doute que la transmission électrique est le mode le plus avantageux à tous les points de vue. Nous n'examinons que les transmissions à faible distance, ne dépassant pas 50 à 100 mètres environ.

Les deux questions que nous avons posées plus haut sont celles qui doivent à juste titre préoccuper tout d'abord le propriétaire d'une fabrique. Sans avoir la prétention de résoudre complètement la question pour tous les cas qui peuvent se présenter et qui peuvent bien souvent comporter chacun des solutions variées, nous donnerons cependant dans les paragraphes suivants quelques exemples choisis dans les divers projets d'installation que nous avons eu à examiner.

Nous diviserons notre étude en deux grandes parties.

A. — Nature de la force motrice à établir.

B. — Transmission de la force motrice dans l'usine.

Chacune de ces parties va donner lieu à diverses études et discussions.

A. — Nature de la force motrice à établir.

La force motrice peut être fournie par divers agents : la vapeur, le gaz ordinaire (en supposant une usine de distribution dans le voisinage), le gaz pauvre, des chutes d'eau (dans la fabrique même ou à faible distance d'après notre hypothèse). Il est évident que suivant les régions, les contrées, les prix du combustible (houille maigre, grasse, anthracite... etc.), les prix du gaz pourront varier dans de grandes proportions. Le propriétaire d'une fabrique sera donc définitivement fixé par cette première considération.

Supposons cependant le cas absolument idéal où les conditions seront sensiblement les mêmes, et nous pourrons établir une série de devis approximatifs.

Prix d'installation.

Considérons d'abord les prix d'installation.

Pour les moteurs à vapeur fixe à condensation, verticaux ou horizontaux, en comprenant l'installation de la chaudière, nous pouvons donner les prix approximatifs suivants :

MOTEURS A VAPEUR

Puissance utile en chevaux	Dépense totale environ en francs	Dépense par cheval en francs
10	8 000	800
20	11 000	550
50	20 000	400
100	30 000	300
200	50 000	250

Les turbines de Laval, dont il est grandement question en ce moment, atteignent des dépenses inférieures aux précédentes. On trouve, en effet, toujours en comprenant le prix de la chaudière.

TURBINES DE LAVAL

Puissance utile en chevaux	Dépense totale environ en francs	Dépense par cheval en francs
10	6 200	620
20	9 500	475
50	19 000	380
100	30 000	300

En ce qui concerne les moteurs à gaz ordinaire, les prix sont assez variables suivant les constructeurs. On trouve cependant :

MOTEURS A GAZ ORDINAIRE

Puissance utile en chevaux	Dépense totale environ en francs	Dépense par cheval en francs
10	6 500	650
20	12 000	600
50	25 000	500
100	35 000	350

Pour les moteurs à gaz pauvre, les renseignements ne sont pas encore bien établis ; quelques constructeurs même ne peuvent donner de prix généraux, ces prix étant à établir suivant les diverses installations. Dans les renseignements que nous avons pu recueillir, nous avons donc trouvé des limites très variables. Les moyennes peuvent être fixées de la façon suivante :

MOTEURS A GAZ PAUVRE

Puissance utile en chevaux	Dépense totale environ en francs	Dépense par cheval en francs
10	8 500	850
20	14 000	700
50	27 000	550
100	38 000	380
200	65 000	325

Enfin si nous considérons des turbines hydrauliques pour des chutes d'eau moyennes de 3 mètres et pour des installations ne nécessitant que des travaux ordinaires de montage, il vient les prix suivants :

TURBINES HYDRAULIQUES

Puissance utile en chevaux	Dépense totale environ en francs	Dépense par cheval en francs
10	3 500	350
20	4 500	225
50	7 000	140
100	10 000	100
200	18 000	90

Nous pouvons résumer tous les prix que nous venons de trouver dans le tableau suivant :

PRIX D'INSTALLATION PAR CHEVAL UTILE

Puissance utile en chevaux	Nature de la force motrice				
	Vapeur		Gaz ordinaire	Gaz pauvre	Turbines hydrauliques
	Machines	Turbines Laval			
10	800	620	650	850	350
20	550	475	600	700	225
50	400	380	500	550	140
100	300	300	350	840	100
200	250	—	—	825	90

Ces résultats sont représentés graphiquement dans les courbes de la Fig. 164. On voit que les plus faibles dé-

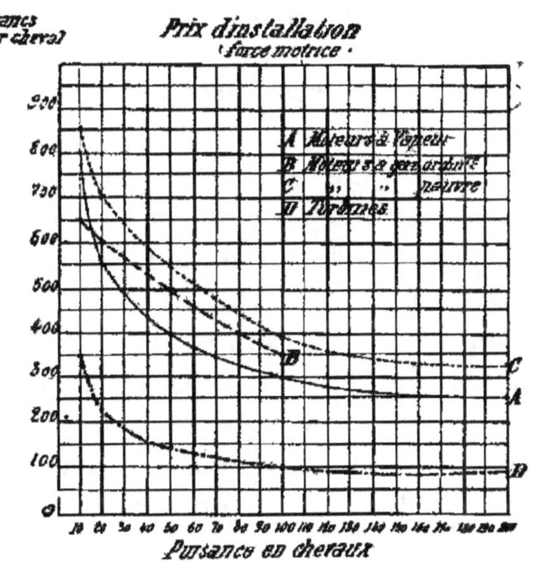

Fig. 164. — Prix d'installation de la force motrice en fonction de la puissance utile.

penses d'installation sont données par les turbines

hydrauliques dans les conditions où nous nous sommes
placé. Viennent ensuite les machines à vapeur à partir
de 15 chevaux : au dessous de cette puissance, les moteurs à gaz tiennent l'avantage, mais la dépense augmente
dès qu'il s'agit d'atteindre une certaine puissance. Les
moteurs à gaz pauvre nécessitent des dépenses d'installation plus élevées d'après les chiffres que nous avons
pris ; mais ces chiffres peuvent varier notablement suivant les installations. Dans nos courbes, nous n'avons
pas porté les résultats pour les turbines à vapeur de
Laval ; mais on voit nettement que ces appareils tiennent la place entre les machines à vapeur et les turbines
hydrauliques.

Avantages et inconvénients. Prix d'exploitation.

Les considérations précédentes ne suffisent pas pour
fixer un choix sur un système de force motrice plutôt
que sur un autre. Il faut également considérer les divers
avantages et inconvénients des uns et des autres, ainsi
que les prix respectifs d'exploitation. Souvent même, un
industriel aura plus d'intérêt à prendre un système dont
le prix d'établissement sera plus élevé, mais dont tous
les avantages auront été reconnus, et qui pourra procurer de réelles économies dans les prix d'exploitation.
Ces dernières économies permettront d'amortir bientôt
le supplément de dépense et de recouvrer ensuite un bé-
néfice net.

Examinons d'abord les avantages et inconvénients ré-
ciproques des divers systèmes.

La chaudière et la machine à vapeur exigent une surveillance sérieuse et constante. La chaudière crée un danger d'explosion, si tout n'est en bon état et bien entretenu. La mise en marche ne peut être instantanée, et pour être prêt à toute demande de charge, le chauffeur doit toujours tenir en réserve une certaine quantité de vapeur qui doit être renouvelée. Des soutes à charbon sont nécessaires, ainsi qu'un certain approvisionnement. La chaudière et la machine à vapeur doivent être visitées et nettoyées très souvent.

Le moteur à gaz ordinaire demande une surveillance moins active. La mise en marche peut offrir plus de difficultés, mais il n'y a pas de chaudière à pousser, à charger. En marche, le moteur exige un certain entretien. Le moteur à gaz demande aussi des nettoyages fréquents.

Le moteur à gaz pauvre demande peu de surveillance pour l'entretien des gazogènes. La charge des foyers ne doit être faite que de temps à autre ; il n'y a pas besoin de chauffeur spécial. Le moteur lui-même n'exige qu'une très faible surveillance en fonctionnement.

Tous ces avantages en faveur des moteurs à gaz méritent d'être pris en sérieuse considération et de fixer l'attention des ingénieurs.

Les turbines hydrauliques fonctionnent sans grands soins particuliers ; il est cependant nécessaire de visiter, de temps à autre, les aubes des turbines, d'éviter les herbes ou feuillages qui peuvent glisser entre les barrages établis, d'assurer un graissage suffisant de tous les organes de frottement etc.

Si nous passons maintenant aux prix de revient obtenus dans l'exploitation, quelques difficultés se présentent. Il est certain, que pour établir ces prix, il serait nécessaire de tenir compte des durées de marches aux charges différentes. On sait que les conditions de fonctionnement sont loin d'être aussi avantageuses si les durées d'utilisation et si les charges varient également dans certaines proportions.

Pour établir les prix de revient d'exploitation suivants, nous avons admis une durée uniforme de 1 200 heures par an à charge maxima. Nous obtenons donc un minimum qui ne représente pas la moyenne obtenue. Mais l'étude des prix de revient en admettant des charges différentes nous aurait entraîné trop loin. Nous traiterons du reste cette question à un autre point de vue dans la deuxième partie que nous devons étudier plus loin. Nous avons admis par an une somme de 10 à 12 pour 100 de la dépense totale d'installation pour l'intérêt, l'amortissement et l'entretien des appareils.

En ce qui concerne *les moteurs à vapeur*, nous pouvons résumer nos différents prix de revient dans le tableau suivant :

MOTEURS A VAPEUR — PRIX DE REVIENT PAR CHEVAL-HEURE UTILE

Puissance utile en chevaux	Dépenses d'intérêt, amortissement et entretien en francs par cheval-heure	Dépenses de conduite (personnel, graissage, divers) en francs par cheval heure	Dépenses de combustible en francs par cheval heure	Prix total en francs par cheval-heure
10	0,066	0,080	0,075	0,221
20	0,045	0,0789	0,056	0,180
50	0,033	0,072	0,050	0,155
100	0,025	0,0635	0,0375	0,126
200	0,0208	0,0442	0,0250	0,09

Dans ces prix, nous avons supposé un combustible de 25 fr. la tonne, et nous avons admis une dépense moyenne de 3 kilogrammes de charbon par cheval-heure utile pour les machines de 10 chevaux, de 2,25 kilogrammes pour les machines de 20 chevaux, de 2 kilogrammes pour les machines de 50 chevaux, de 1,5 kilogramme pour les machines de 200 chevaux et de 1 kilogramme pour les machines de 200 chevaux. Ces chiffres sont peut-être un peu exagérés ; mais il est préférable d'être plutôt au-dessus qu'au dessous de la vérité.

Pour les *moteurs à gaz ordinaire* nous trouvons les renseignements suivants :

MOTEURS A GAZ ORDINAIRE
PRIX DE REVIENT PAR CHEVAL-HEURE UTILE

Puissance utile en chevaux	Dépenses d'intérêt d'amortissement et d'entretien en francs par cheval heure	Dépenses de conduite (personnel, graissage divers) en francs par cheval-heure	Dépenses de gaz en francs par cheval-heure	Prix total en francs par cheval-heure
10	0,0541	0,050	0,105	0,209
20	0 050	0,0435	0.0975	0,191
50	0,0416	0,0400	0,0325	0,164
100	0,0291	0,0339	0,075	0,138

Le gaz a été compté à 0 fr. 15 le mètre cube, prix moyen de revient. Nous avons admis une dépense de 700 litres de gaz par cheval-heure pour les moteurs de 10 chevaux, de 650 litres pour les moteurs de 20 chevaux, de 550 litres pour les moteurs de 50 chevaux et de 500 litres pour les moteurs 100 chevaux.

Les *moteurs à gaz pauvre* demandent une dépense totale plus faible ; voici la répartition des frais.

MOTEURS A GAZ PAUVRE

PRIX DE REVIENT PAR CHEVAL-HEURE UTILE

Puissance utile en chevaux	Dépenses d'intérêt d'amortissement et d'entretien en francs par cheval-heure	Dépense de conduite (personnel, graissage divers) en francs par cheval-heure	Dépense de combustible en francs par cheval-heure	Prix total en francs par cheval-heure
10	0,095	0,050	0,035	0,18
20	0,087	0,040	0,026	0,153
50	0,057	0,037	0,022	0,116
100	0,0316	0,030	0,0195	0,081
200	0,0270	0,015	0,018	0,06

Ces dépenses ont été calculées en prenant les chiffres de consommation de charbon indiquées par divers constructeurs et en prenant un charbon de 30 fr. la tonne. Nos prix sont peut-être un peu au-dessus de la vérité. Le moteur de 10 chevaux consomme 1 kilogramme de charbon par cheval-heure, le moteur de 20 chevaux 850 grammes, le moteur de 50 chevaux 750 grammes, le moteur de 100 chevaux 650 grammes, et le moteur de 200 chevaux 600 grammes.

Il n'est guère possible d'évaluer le prix de revient du cheval-heure utile avec les turbines hydrauliques. Ce prix est essentiellement variable avec les redevances payées pour la location des chutes, si les chutes sont louées, et avec diverses conditions locales sur lesquelles on ne peut émettre aucune hypothèse.

Nous pouvons maintenant dresser pour tous les prix d'exploitation le tableau comparatif suivant :

PRIX DE REVIENT EN FRANCS PAR CHEVAL-HEURE UTILE

Puissance utile en chevaux	Vapeur	Gaz ordinaire	Gaz pauvre
10	0,221	0,209	0,180
20	0,180	0,190	0,153
50	0,155	0,164	0,116
100	0,126	0,138	0,082
200	0,090		0,060

Les courbes de la Fig. 165 construites d'après les chiffres

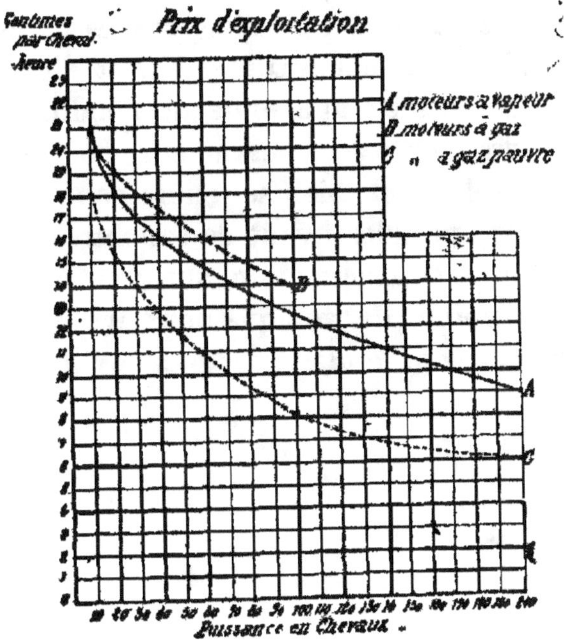

Fig. 165. — Prix d'exploitation en fonction de la puissance utile.

précédents nous montrent que le prix d'exploitation le plus faible est obtenu avec les moteurs à gaz pauvre. Les moteurs à vapeur sont plus économiques que les moteurs à gaz ordinaire au delà de 10 chevaux et la différence ne fait que s'accentuer jusqu'à 100 et 200 chevaux. On remarque que les moteurs à gaz pauvre donnent de beaucoup une dépense inférieure.

Il est intéressant de comparer entre elles les diverses dépenses nécessitées par les différents moteurs au point de vue de l'intérêt, de l'amortissement et de l'entretien, au point de vue de la conduite, et au point de vue de la dépense en gaz et en combustible. C'est encore un autre point de vue qu'il faut considérer. Dans certaines régions ou contrées les prix du combustible, des salaires peuvent varier dans des proportions assez élevées ; les dépenses d'intérêt, d'amortissement et d'entretien sont également soumises à une foule de conditions que l'on ne peut examiner en se basant sur de simples hypothèses. Il faudra donc bien se rendre compte des conditions locales spéciales avant de conclure en faveur d'un agent plutôt qu'en faveur d'un autre, et bien se placer aux divers points de vue que nous avons fait ressortir. Nous avons réuni toutes ces données dans le tableau ci-joint :

TABLEAU COMPARATIF DES DÉPENSES D'EXPLOITATION DES DIFFÉRENTS MOTEURS

Puissance utile en chevaux	Dépenses d'intérêt, d'amortissement et d'entretien en francs par cheval-heure utile			Dépense de conduite (personnel graissage, divers) en francs par cheval-heure utile			Dépenses de combustible ou de gaz en francs par cheval-heure utile		
	Moteurs à vapeur	Moteurs à gaz ordinaire	Moteurs à gaz pauvre	Moteurs à vapeur	Moteurs à gaz ordinaire	Moteurs à gaz pauvre	Moteurs à vapeur	Moteurs à gaz ordinaire	Moteurs à gaz pauvre
10	0,066	0,0541	0,095	0,08	0,05	0,050	0,075	0,105	0,035
20	0,045	0,050	0,037	0,078	0,0435	0,040	0,0562	0,0975	0,026
50	0,033	0,0416	0,057	0,072	0,0400	0,037	0,0500	0,0825	0,022
100	0,025	0,0291	0,0316	0,0635	0,0330	0,030	0,0375	0,0750	0,0195
200	0,0208	—	0,027	0,0442	—	0,015	0,0250	—	0,018

Ce tableau nous apprend qu'en ce qui concerne, les dépenses d'intérêt, d'amortissement et d'entretien, l'avantage revient au moteur à gaz pour les faibles puissances ; mais bientôt le moteur à vapeur l'emporte et maintient sa supériorité. Le moteur à gaz pauvre nécessite des dépenses assez élevées pour les faibles puissances ; elles diminuent bientôt ensuite.

Les dépenses de conduite (personnel, graissage, divers) sont plus élevées avec les moteurs à vapeur ; elles sont sensiblement les mêmes pour les moteurs à gaz ordinaire et à gaz pauvre.

Pour les dépenses de combustible ou de gaz, les moteurs à gaz pauvre montrent tous leurs avantages incontestables. Le moteur à vapeur est aussi plus économique que le moteur à gaz ordinaire.

B. — Transmissions de la force motrice dans l'usine.

Nous arrivons maintenant dans l'usine proprement dite. Quel que soit le mode de production de la force motrice, nous allons l'utiliser dans l'usine ou la fabrique, en la transmettant aux diverses machines-outils.

Plusieurs procédés peuvent être employés, et entre tous, nous distinguerons :

1° *Les transmissions par arbres principaux et secondaires avec poulies et courroies.*

2° *Les transmissions par moteurs électriques individuels appliqués à chaque engin.*

3° *Les transmissions par conduites de vapeur, portant à une certaine distance la vapeur nécessaire au fonctionnement des machines à vapeur.*

Nous examinerons ces diverses systèmes toujours aux deux points de vue d'installation et d'exploitation.

Installation.

1° *Transmissions par arbres, poulies et courroies.*

Nous supposerons d'abord des puissances de 5,10, 20 et 50 chevaux à transmettre dans une usine à diverses machines à des distances successives maxima de 20 et 50 mètres.

La Fig. 166 nous donne le schéma d'une installation de

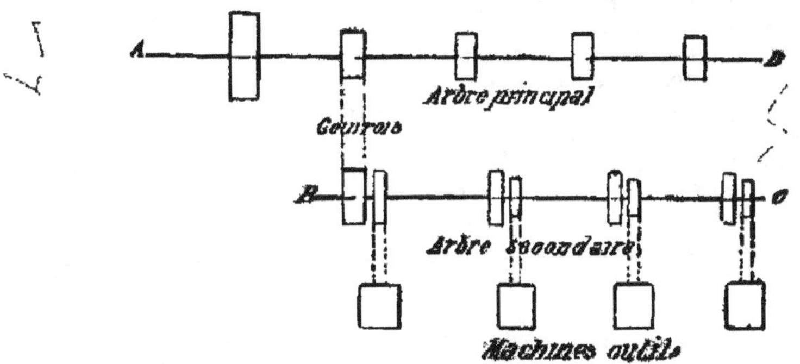

Fig. 166. — Schéma d'une transmission par arbres, poulies et courroies.

ce genre. Un arbre principal A D reçoit le mouvement de la machine à vapeur par une poulie placée à gauche ; il porte une série de poulies qui actionnent par courroie d'autres poulies installées sur un arbre secondaire B C. Celui-ci à l'aide d'appareils de débrayage spéciaux et de courroies met en marche diverses machines-outils. Nous avons là une transmission ordinaire, qui se rencontre le plus fréquemment en pratique. L'arbre AD tourne à une vitesse angulaire de 100 tours par minute, l'arbre BC à 50 tours par minute. L'arbre AD a successivement des longueurs de 20 et de 50 mètres.

Sans insister sur tous les détails, nous pouvons établir les tableaux suivants pour les dépenses nécessitées dans l'un et l'autre cas. Les dépenses sont exprimées en francs.

TRANSMISSION SUR UNE LONGUEUR DE 20 MÈTRES

Puissance en chevaux à la machine .	5	10	20	50
Puissance utile aux outils en chevaux.	1,5	3,5	10	30
Arbre principal (diamètre variable de 40 à 80 millimètres suivant la puissance), 4 chaises, 4 paliers, 5 poulies en fr.	450	550	700	1 100
Arbre secondaire (arbre, 3 chaises, 3 paliers, 4 embrayages, 4 cônes étagés) en fr.	500	600	1 250	2 000
Montage en fr.	400	500	700	700
Dépense totale en fr.	1 350	1 650	2 700	4 000
Dépense par cheval utile aux outils en fr.	900	471	270	133

TRANSMISSION SUR UNE LONGUEUR DE 50 MÈTRES

Puissance à la machine en chevaux.	5	10	20	50
— utile aux outils en chevaux	1,5	3,5	10	30
Arbre principal, (arbre, 10 chaises, 10 paliers, poulies en fr). . . .	550	700	1 850	2 250
Arbre secondaire, (arbre, chaises, paliers débrayages, courroies en fr).	675	800	2 000	4 450
Montage en fr.	500	700	900	2 000
Dépense totale en fr	1 725	2 200	4 750	8 700
Dépense par cheval utile aux outils en fr	1 150	627	475	290

Si nous prenons une puissance plus élevée, 100 et

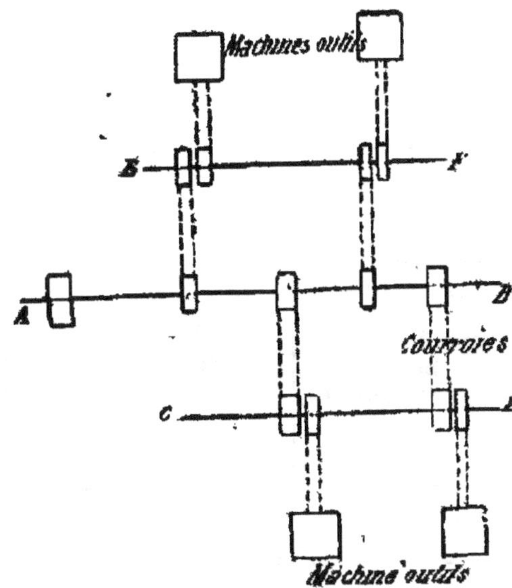

Fig. 167. — Transmission par courroie d'une puissance de 100 chevaux.

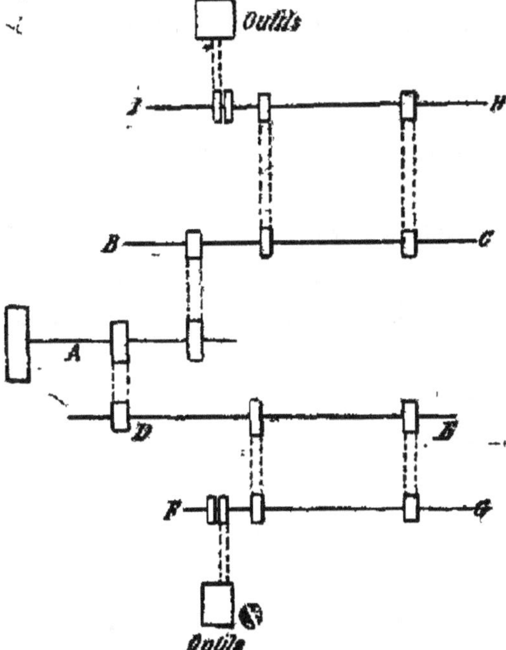

Fig. 168. — Transmission par courroie d'une puissance de 200 chevaux.

200 chevaux, nous pouvons adopter les dispositions représentées par les Fig. 167 et 168, etc.

Dans la Fig. 167 un arbre principal A B reçoit le mouvement de la machine à vapeur ; celui-ci à son tour à l'aide de poulies spéciales actionne deux arbres CD, et EF qui commandent les arbres secondaires distribuant la force motrice aux machines-outils.

Dans la Fig. 168 la machine à vapeur actionne un arbre principal A. Celui-ci à l'aide de deux poulies met en marche d'abord deux arbres B C et D E. Ceux-ci à leur tour commandent les arbres F G et I H, qui transmettent le mouvement aux machines-outils.

Nous trouvons les dépenses suivantes :

TRANSMISSION SUR UNE LONGUEUR DE 50 MÈTRES

Puissance en chevaux à la machine	100	200
— utile aux outils en chevaux . . .	65	150
Arbre principal (arbre, chaises, paliers, poulies en fr)	3 570	560
Arbres secondaires, (arbre, chaises, paliers, poulies, débrayages, courroies en fr). . .	9 280	6 050
Arbres tertiaires, (arbres, chaises, poulies, débrayages en fr).	»	12 350
Montage en fr.	4 000	7 000
Dépense totale en fr	1 7850	25 960
Dépense par cheval utile aux outils en fr. .	274	173

Les principaux cas que nous venons d'examiner sont ceux que l'on rencontre le plus fréquemment en pratique.

2° *Transmissions par moteurs électriques individuels.*

Nous pouvons établir des transmissions par moteurs électriques branchés sur une distribution d'énergie électrique, comme le représente la Fig. 169. Chaque moteur

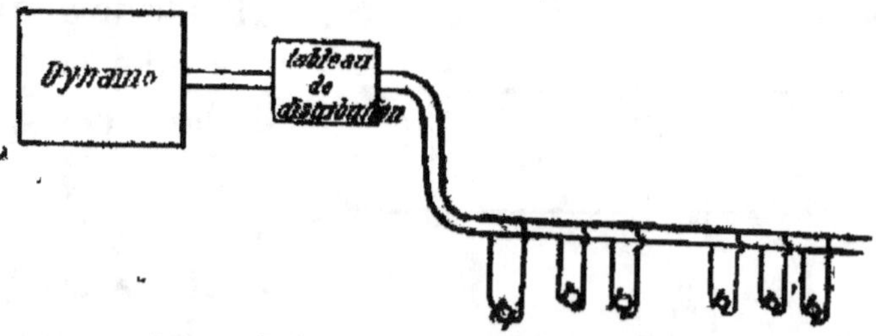

Fig. 169. — Transmission par moteurs électriques individuels.

commande spécialement une machine-outil, et comporte

lui-même tous les appareils nécessaires, coupe-circuit, interrupteur, rhéostat de démarrage, rhéostat d'excitation (Fig. 170). Dans les calculs suivants nous avons tenu

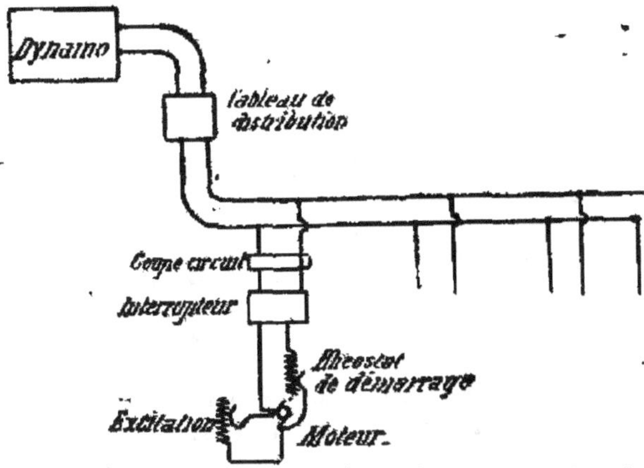

Fig. 170. — Appareils de couplage et de réglage nécessaires à un moteur.

compte que les rendements sont plus élevés que précédemment et que par suite la puissance de la dynamo génératrice peut être plus faible.

TRANSMISSION ÉLECTRIQUE SUR DES LONGUEURS DE 20 ET 50 MÈTRES

Puissance en chevaux à la machine à vapeur	5	10	20	50
Puissance utile aux outils. . .	3	6,5	14	37
Puissance de la dynamo en watts.	3 000	6 000	1 1000	30 000
Dynamo, prix en francs . . .	900	1 100	2 000	3 500
Canalisation à 20 mètres en fr .	50	80	200	580
— 50 — —	170	260	480	1 160
Moteurs, prix en francs . . .	2 000	2 200	3 600	5 600
Appareillage (tableau de distribution, interrupteurs, coupe-circuits, rhéostats, démarreurs), en francs	300	400	500	600
Montage en fr	200	300	350	450
Dépense totale à 20 mètres en fr.	3 450	4 180	6 650	10 730
— 50 —	3 570	4 260	6 890	11 310
Dépense par cheval utile aux outils à 20 mètres en fr . . .	1 150	643	475	280
— — à 50 mètres	1 190	655	492	305

Dans le cas de puissances de 100 et 200 chevaux,

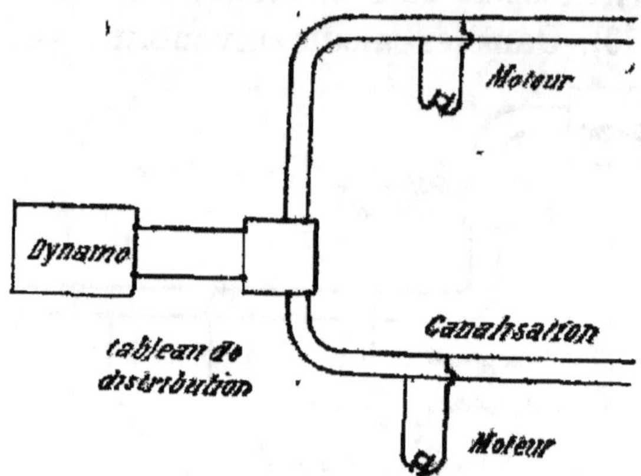

Fig. 171. — Transmission d'une puissance de 100 chevaux
par moteurs électriques.

nous sommes obligés d'installer 2 et 3 lignes de distri-

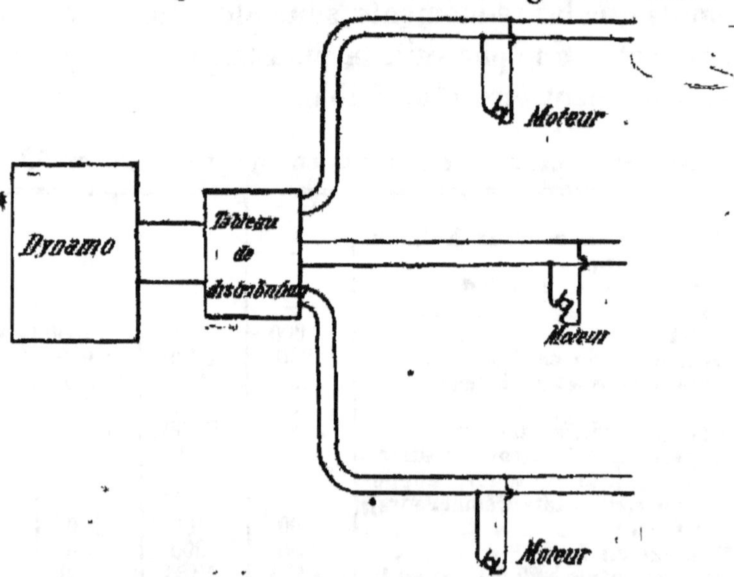

Fig. 172. — Transmission d'une puissance de 200 chevaux
par moteurs électriques.

bution, comme le montrent les Fig. 171 et 172 etc.

Dans ces deux cas, les distances de transmission sont de 50 mètres. Les dépenses sont les suivantes :

TRANSMISSIONS ÉLECTRIQUES A 50 MÈTRES

Puissance en chevaux à la machine à vapeur.	100	200
— utile aux outils en chevaux . . .	85	180
Puissance de la dynamo en watts.	70 000	150 000
Dynamo en fr.	5 000	8 000
Canalisation en fr	1 100	12 00
Moteurs en fr.	16 200	23 000
Appareillage (tableau, interrupteurs, coupe-circuits, rhéostats, démarreurs en fr) . .	2 200	3 000
Montage en fr.	900	1 500
Dépense totale en fr	23 500	36 200
Dépense par cheval utile aux outils en fr. .	300	200

Le nombre des moteurs électriques est variable suivant la puissance à distribuer.

3° *Transmissions par conduites de vapeur.*

Il est enfin possible de faire partir de la chaudière des

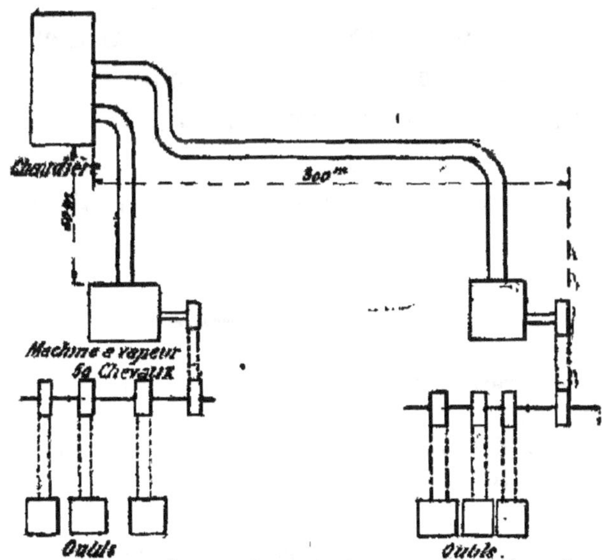

Fig. 173. — Schéma d'une transmission par conduites de vapeur.

conduites de vapeur pour alimenter des machines à vapeur situées à diverses places dans l'atelier. Comme le représente le schéma ci-joint (Fig. 173) nous supposerons une machine à vapeur de 50 chevaux située à 50 mètres de la chaudière et une machine de 20 chevaux située à 300 mètres de cette même chaudière. Ces 2 machines actionneront à leur tour diverses machines-outils.

Les prix d'établissement dans les deux cas peuvent être fixés de la façon suivante :

Tuyauterie générale. fr.	6 000
Machine de 50 chevaux (arbre principal, chaises, paliers, poulies, courroies). fr.	4 300
Machine de 20 chevaux (arbre, chaises, paliers, poulies, courroies. fr.	2 500
Total en francs	12 800
Puissance utile à la machine à vapeur en chevaux	170
— utile aux outils en chevaux.	40
Prix d'installation par cheval utile aux outils. en fr.	320

Le prix d'achat des machines à vapeur n'est évidemment pas compris dans ce prix, attendons que nous ne nous occupons que de la transmission.

La transmission électrique donne les dépenses suivantes :

TRANSMISSION ÉLECTRIQUE

Dynamo (60 kilowatts). en fr	5 000
Canalisation., en fr.	2 000
Moteurs de 10 et 4 kilowatts. en fr.	9 750
Appareillage. en fr.	2 000
Montage. en fr.	2 000
Dépense totale en fr.	20 750

Puissance utile à la machine à vapeur en chevaux.   70
Puissance utile aux outils en chevaux   55
Prix d'installation par cheval utile aux outils, en francs . .   377

Nous pouvons résumer dans le tableau suivant les différentes études que nous nous venons de faire.

PRIX D'INSTALLATION EN FRANCS PAR CHEVAL UTILE AUX OUTILS

Puissance à la machine à vapeur en chevaux	Transmissions par courroies			Transmissions électriques		
	Puissance utile aux outils en chevaux	Transmission à 20 mètres Prix en fr.	Transmission à 50 mètres Prix en fr	Puissance utile aux outils en chevaux	Transmission à 20 mètres Prix en fr.	Transmission à 50 mètres Prix en fr.
5	1,5	900	1 150	3	1 150	1 190
10	3,5	471	627	6,5	643	655
20	10	270	475	14	475	492
50	30	138	290	37	289	305
100	65	»	274	85	»	300
200	150	»	173	180	»	200

Transmissions	Puissance transmise en chevaux	Prix d'installation par cheval utile aux outils
par conduites de vapeur. .	20 + 50 chevaux	320 fr.
par moteurs électriques. .	»	377 fr.

Les chiffres sont loin d'être absolus ; mais ils nous donnent cependant quelques résultats intéressants.

En général les frais de premier établissement des transmissions électriques sont plus élevés de 10 à 50 pour 100 que les frais de premier établissement des transmissions par courroies et poulies. Pour de faibles puissances à une faible distance, la différence est d'abord assez élevée ; elle augmente ensuite avec la puissance, parce que la distance restant constante, la puissance des moteurs électriques nécessite une plus grande dépense, tandis qu'il n'en est pas de même avec les transmissions par arbres. Mais si la distance de transmission augmente, les dépenses pour établissement des arbres augmente et les dépenses pour moteurs électriques augmentent peu.

Mais nous allons voir dans le paragraphe suivant que ces augmentations de dépenses seront rapidement amorties par les économies réalisées par les transmissions électriques.

Exploitation.

Il nous faut aussi considérer l'exploitation, et savoir comment fonctionneront les transmissions que nous venons d'installer.

Les transmissions par arbres et poulies devront, en général, fonctionner, que les machines-outils soient arrêtées ou non. Les moteurs électriques individuels au contraire pourront être mis hors service, dès que la machine-outil commandée ne travaillera plus.

Il nous importe donc, au point de vue de l'exploitation, de connaître les différentes pertes à diverses charges avec les systèmes de transmissions, et d'apprécier ensuite la valeur de ces pertes avec les durées d'utilisation.

D'après les divers renseignements publiés jusqu'à ce jour, et dont nous avons déjà parlé, on peut estimer de la façon suivante les pertes dans les transmissions par courroies et dans les transmissions électriques.

Puissance de l'installation en chevaux	Perte en pour cent de la puissance totale	
	Transmission par arbres, poulies et courroies environ	Transmissions électriques
5	70	40
10	65	35
20	50	30
30	40	25
100	35	15
200	25	10

Ces chiffres comprennent toutes les pertes depuis la poulie motrice de la machine à vapeur, c'est-à-dire toutes les pertes dans les arbres, poulies, courroies d'une part et toutes les pertes dans la dynamo génératrice, dans la ligne et les moteurs.

Les chiffres se rapportant aux transmissions sont des chiffres généraux qui ont été cités pour diverses installations; plusieurs d'entre eux même ont été obtenus dans diverses expériences exécutées à ce sujet. Nous avons donc pu les admettre pour déterminer les pertes totales dûes à ces transmissions.

Ces pertes resteront sensiblement constantes, quel que soit le travail des machines-outils, avec les transmissions par courroies. Il n'en sera pas de même avec les transmissions électriques; nous avons calculé les divers rendements d'après les bases suivantes, en supposant les pertes en ligne constantes et en donnant aux moteurs les puissances les plus élevées possibles.

Puissance en chevaux	Régime	Rendements divers en pour 100			Rendement total en pour 100	Perte pour 100
		Dynamo	Ligne	Moteurs		
10	pleine charge	88	95	85	70	30
	$1/2$ —	78	95	80	60	40
	$1/4$ —	65	95	65	40	60
20	pleine charge	90	95	88	75	25
	$1/2$ —	85	95	80	65	35
	$1/4$ —	70	95	75	45	55
50	pleine charge	94	95	90	80	20
	$1/2$ —	90	95	88	75	25
	$1/4$ —	75	95	80	55	45
100	pleine charge	95	95	92	90	10
	$1/2$ —	92	95	90	80	20
	$1/4$ —	85	95	80	60	40
200	pleine charge	96	95	95	92	8
	$1/2$ —	92	95	92	85	15
	$1/4$ —	85	95	80	65	35

Si nous nous plaçons maintenant à un point de vue purement industriel et que nous considérions une journée de travail de 10 heures, nous trouverons en moyenne :

Une durée de 2 heures de marche à vide
—   2   —   à pleine charge
—   3   —   à $1/2$ —
—   3   —   à $1/4$ —

Les pertes dans les arbres de transmissions resteront sensiblement constantes, quelle que soit la charge.

Nous pouvons donc apprécier d'une part dans une journée l'énergie utile fournie aux machines-outils, et d'autre part l'énergie totale fournie dans la journée par la machine à vapeur. Le tableau ci-joint contient toutes ces données calculées pour diverses installations. Nous arrivons à des économies très élevées.

TABLEAU GÉNÉRAL DES RENDEMENTS INDUSTRIELS

Puissance de la machine en chevaux	Energie utile produite aux machines-outils dans une journée de travail de 10 heures en chevaux-heure	Energie nécessaire pour alimenter les machines-outils dans une journée de 10 h. à produire à la machine à vapeur		Rendement industriel pour une journée de travail de 10 h. ou rapport de l'énergie utilisée aux machines-outils à l'énergie produite à la machine à vapeur		Différence de rendement en faveur des transmissions électriques en pour cent	Économie en pour cent réalisée par les transmissions électriques sur les transmissions par arbres et par courroies
		avec transmissions par courroies en chev.-heure	avec transmissions électriques en ch.-heure	avec transmissions par courroies en pour cent	avec transmissions électriques en pour cent		
10	17	82	26,6	20,7	63	42,3	67
20	34	137	49,5	24	68	44	64,7
50	126	326	169,6	38	74	36	48,6
100	255	605	323	42,1	78,9	36,8	46,6
200	645	1 135	787	56,8	84,6	27,8	32,8

Pour les transmissions par conduites de vapeur, il faut compter en moyenne qu'une machine de 50 chevaux exigera une dépense de combustible, compris la condensation, de 2 à 3 kilogrammes par cheval-heure. La transmission électrique dans les mêmes conditions ne demandera qu'une dépense de 1 kilogramme de charbon. Il en résultera donc en faveur de la transmission électrique une économie de 50 à 66 pour 100.

Dans les calculs précédents, nous trouvons donc pour les transmissions électriques dans l'exploitation des économies variables de 13 à 70 pour 100 sur le rendement par rapport à tous les autres modes de transmissions. Ces chiffres peuvent être très variables en plus ou en moins suivant les circonstances locales. Il serait intéressant de réunir à ce sujet des détails très complets sur diverses installations, et de connaître en même temps les dépenses nécessaires de combustible, de graissage, d'entretien, d'amortissement, et de personnel avec des transmissions par courroies et poulies ou avec des transmissions électriques. Les installations électriques, surtout pour la mise en marche des ateliers, ne sont pas encore assez nombreuses, ni suffisamment étudiées pour que nous ayions pu trouver de tels éléments. Nous citerons cependant les exemples que M. Hillairet a mentionnés dans une intéressante conférence à la *Société d'encouragement*. Aux forges de MM. Dorman, Long et Cie à Middlesbrough, 6 machines à vapeur d'une puissance respective de 27, 14, 14, 14, 16 et 9 chevaux ont été remplacées par des moteurs électriques de puissance correspondante pour actionner diverses machines-outils. Il en est résulté une économie de combustible de 30 tonnes par semaine. Dans les ateliers Siemens à Londres, 18 machines à vapeur ont été remplacées par 72 moteurs électriques d'une puissance de 100 chevaux à 1/6 cheval. La station génératrice avait une puissance totale de 1 200 chevaux. L'emploi de ces nouvelles transmissions produit une économie de 3 000 tonnes de combustible par an. Il est à présumer que les économies de graissage, d'entretien, etc., ont également une valeur importante.

Bien que les résultats industriels ne soient pas encore nettement déterminés, on peut cependant conclure que les économies probables ainsi réalisées permettront d'amortir très rapidement les dépenses supplémentaires d'installation que nous avons trouvées plus haut pour les transmissions électriques.

TABLE D'ENSEMBLE DE L'OUVRAGE

TABLE ANALYTIQUE

20°

CHAPITRE II

APPLICATIONS MÉCANIQUES DE L'ÉNERGIE ÉLECTRIQUE DANS LES MINES 178

A. — Généralités. 178

CHAPITRE III

APPLICATIONS MÉCANIQUES DE L'ÉNERGIE ÉLECTRIQUE DANS LA MARINE 223

CHAPITRE V

APPLICATIONS MÉCANIQUES DE L'ÉNERGIE ÉLECTRIQUE DANS DIVERSES INSTALLATIONS 281

CHAPITRE VI

PRIX DE REVIENT D'INSTALLATION ET D'EXPLOITATION

RENSEIGNEMENTS DIVERS   321

SAINT-AMAND (CHER). — IMP. DESTENAY, BUSSIÈRE FRÈRES